Société d'Agriculture, Industrie, Sciences et Arts

DE LA

LOZÈRE

CHRONIQUES ET MÉLANGES

TOME II

1909—1915

MENDE
IMPRIMERIE G. PAUC
RUE DE L'ORMEAU

1915

A nos Collègues

NOTA. — Après bien des efforts de la part de notre Comité de publication, nous donnons aujourd'hui, en un seul fascicule, le *Bulletin* des deux derniers trimestres de 1914.

Le personnel de notre imprimeur et de celui de ses collègues de Mende étant presque entièrement mobilisé, le Comité de publication a décidé de préparer un *Bulletin* unique pour l'année 1915.

Nous emploierons tous les moyens et ferons appel à tous les concours pour pouvoir adresser ce travail à tous les membres de la Société dans un délai convenable.

Mais si, par suite des circonstances de force majeure nous étions obligés de prolonger leur attente, nous prions nos Collègues de ne pas s'impatienter et de nous excuser.

LA RÉDACTION

Chroniques et Mélanges

TOME II

1909—1915

TABLE DES MATIÈRES

1909

1913

1914

1915

---

(1) Cette étude, formant un tirage à part, doit être insérée à la fin
du volume, avant la Table des matières, pour ne pas interrompre la
pagination des *Chroniques et Mélanges,*

Chronique et Mélanges
1909

Notes sur les Cévennes

« Les deux cuillers à encens que j'offre à la Société pour le Musée ont été trouvées au *Moulen*, sur le flanc ouest du *Serre de Vieille-Morte*, montagne orientée du Nord au Sud qui, sur une longueur de 4 à 5 kilom. fait la séparation des deux communes de St-Martin-de-Boubaux et de St-Etienne-Vallée Française. L'une d'elles est en bon état ; le manche de l'autre manque en partie : je l'ai vu cependant chez nous, absolument semblable au premier, mais je n'ai pu retrouver le morceau cassé.

Le *Moulen*, mot patois qui signifie endroit humide et marécageux, désigne une combe arrosée et fraîche, ouverte du côté de l'Aigoual, au-dessus des Abrits, hameau de la commune de St-Etienne Vallée-Française. Là est un mas assez vaste, aujourd'hui sans habitant. Or, vers 1830, le propriétaire d'alors, un nommé Nogaret, faisant quelques réparations, trouva dans un recoin, au fond de caves solidement voû-tées, divers objets, ayant servi sans doute au culte catholique : débris d'ornements, à peu près complètement pourris, statuettes en or, bois, clochette en bronze comme les cuillers, et les deux cuillers en ques-tion : sauf ces dernières, tout s'est égaré. Tous ces objets furent don-nés à mon arrière grand père, le seul catholique de tout ce quartier de Serres et des Abrits.

Ces objets avaient dû être cachés là par les moines qui desservaient la chapelle de Saint-Apollinaire, lors des premières guerres de reli-gion. Cette chapelle était située sur l'un des plus hauts mamelons de tout le Serre de Vieille-Morte, celui qui est côté 827 sur la carte de l'Etat-Major, au point où se trouve marqué le « signal de Vieille-Morte ». Dans le pays, ce mamelon est appelé *Lou serré de la Capello.* Cette espèce de ballon dénudé et pierreux, battu de tous les vents, ne semble pas avoir habité. C'est au Moulen, distant d'environ 500 mètres et fort en contre-bas, que devaient résider le ou les desservants, moines de l'abbaye de Cendras, que, du mamelon, on aperçoit distinctement au fond de la vallée du Galeizon, un peu en avant d'Alais. La chapelle, dédiée à Saint-Apollinaire, au dire de tous les vieillards du pays et comme l'attestent les actes de la famille Dardalhon à laquelle appartient le terrain, fut détruite complètement au XVI° siècle par les Réformés.

Aujourd'hui les murs affleurent à peine au dessus du sol, dans un amoncellement de pierres. J'ai pu cependant en relever à peu près intégralement le pourtour. Elle est orientée nettement du Nord au Midi, dans l'axe de la montagne. Le chœur, en demi-cercle, qui, il y a quelques années, s'élevait au-dessus de terre d'au moins 0 m. 50 et dont on peut voir encore très bien le tracé, est au midi ; la porte, dont l'emplacement est actuellement couvert par un monceau de pierres de construction à peu près toutes de même grandeur, regardait le nord ; les gens du pays se rappellent parfaitement en avoir vu les traces. La longueur de l'édifice, que je n'ai pas pu mesurer exactement, devait être d'environ 5 m. ; j'ai pu mesurer 3 m. 40 depuis la naissance du chœur jusqu'au point où l'amas de pierres m'a arrété ; la largeur à l'intérieur des murs est de 3 m. 10, et celle des murs de 0 m. 90. C'était une construction à chaux et à sable, en pierres de schiste, posées en assises régulières. La chaux et le sable ont dû être transportés d'assez loin sur ce piton d'un serre entièrement schisteux.

Autour de la chapelle, pas de traces de constructions qui en seraient contemporaines. On voit bien un long rectangle très net, sur le nord-ouest ; mais il est en pierre sèche et sûrement bien plus récent ; peut-être est-ce l'œuvre des Camisards qui essayèrent de s'y fortifier, dit-on, mais qui ne durent pas rester longtemps sur cette élévation sans eau et éloignée de toute agglomération. En avant de la porte est une excavation dans les couches de schiste et on prétend qu'il y avait là un puits, où aurait été jetée la cloche ; sous la Restauration, un nommé Lauze, propriétaire à Prades, commune de St Martin de-Boubaux, fit commencer un déblaiement qu'il n'eut pas le courage de pousser jusqu'au bout.

De temps immémorial jusqu'au commencement du XIX° siècle, le serre de Vieille-Morte était un passage fréquenté par les « Gavots » pour se rendre aux foires d'Alais et dans le Midi. Sur le flanc ouest courait une très vieille route dont il ne reste aujourd'hui que quelques rares traces et nommée depuis longtemps *Lou cami ferrat* ; on voit nettement au-dessus d'Espinassous, hameau de la commune de Saint-Etienne-Vallée-Française, on voit de fortes ornières faites par les

chars dans le rocher schisteux. Peut-être était-ce une voie romaine ?
Au Nord, je ne sais de quel côté elle se dirigeait ; du côté Sud, par le
Péreyret, lieu de péage, elle conduisait à Alais. Depuis Alais jusqu'au
Péreyret elle fut utilisée par Basville pour la route stratégique d'Alais
à St-Germain de Calberte ; au Péreyret, la route de Basville, *lou cami
royal*, d'une largeur moyenne de 8 m., incline vers l'ouest et, — par
un contrefort du serre de Vieille-Morte, dont l'orientation est du sud-
est au nord-ouest, — descend sur le pont de Burgenz. Le *cami ferrat*
passait entre le *Serre de la Capello* et le Moulen. Route stratégique
elle aussi, faite pour asservir le pays et non le desservir, elle suivait
les crêtes. Elle a été le témoin de brigandages dont on parle encore.
Sur le versant est du serre de Vieille-Morte est la *drayo* de Mialet au
Lozère, par les Ayres, Jalcreste et le Bougès.

Au Cabanis de Serres, petit plateau en escalier sur le versant-ouest
au-dessus du hameau de ce nom — lieu où au moyen-âge on raconte
que se seraient donnés des tournois et où, après la révocation de l'Edit
de Nantes, se réunissaient les protestants, — on signale des monuments celtiques qu'on a essayé de fouiller ; de même, au dessus d'Espinassous. Je n'ai vu ni les uns, ni les autres, et ne puis rien en dire. Je
me propose de les visiter.

Voici quelle serait l'origine de cette dénomination de Vieille-Morte
donnée à la montagne toute entière. Assez à l'ouest du point coté 864
sur la carte de l'Etat Major, sur le versant méridional du contrefort
dont j'ai parlé plus haut, on trouve une pierre tombale de près de 2 m.
de longueur. C'est une pierre plate de schiste, assez peu épaisse,
arrondie au haut bout, qui est un tantinet plus large que l'autre, dont
les coins forment deux angles légèrement ouverts. Sur le haut bout
est gravée au trait une croix à branches égales ; on n'y voit aucune
trace d'inscription. Cette pierre ne se trouve certainement pas à l'endroit où elle avait été posée ; elle a été déplacée et, depuis peu, les
bergers ont essayé de gratter la croix. D'après la légende, à une
époque indéterminée, une grande et vieille dame, en déplacement,
serait morte là et y aurait été enterrée ; la montagne depuis s'appela
le *Serré de Vieillo-Mouorto*.

Ce serre est un vrai condensateur des nuées méditerranéennes et,
quand *lou serré de la Capello* prend son chapeau, on peut s'attendre à
la pluie. Du sommet la vue est splendide. Au Nord, assez près, c'est
le noir Bougès et les grisâtres rochers du Lozère qui dominent Vialas ;
sur le couchant se déroule l'Aigoual et se distingue l'Observatoire
dont les vitres flamboient au soleil levant. Du côté du midi, le serre
domine les premiers moutonnements des Cévennes et la plaine du

Gard ; à ses pieds pour ainsi dire, se détachent, sur le vert profond des châtaigniers, les maisons et les mas du vallon de St-Jean, aux murs blanchis à la chaux, aux toitures d'un noir argenté ; plus loin, c'est Anduze et la plaque luisante du Gardon qui, un moment resserré entre les rochers coupés net en aval du bourg, s'étale au-delà miroitant dans le vert bleuissant de la Gardonnenque ; et sur l'horizon, par un temps clair, s'allonge, en une barre bleu foncé, la mer. A l'est, par delà Alais et ses fumées, par delà la falaise dolomitique de Bouquet et du lointain pain de sucre du Ventoux, apparaissent quelquefois, au moment du lever du soleil, dans l'atmosphère sèche, les rochers des Alpes, gros à la vue, suivant la comparaison des paysans, comme des maisons. Abbé De Lafont.

Les évêques de Viviers originaires du Gévaudan

Martin de Ratabon (1)
(1713-1723)

Ecusson gravé : *D'azur au lion d'argent, accompagné de trois croissants de même.*

« La famille de Ratabon (2) est originaire de Servières, canton de St-Amans (Lozère).

« *Antoine de Ratabon* était, en 1641, trésorier général de France au bureau des finances de Montpellier. Un autre membre de la famille était, à la même époque, syndic en Gévaudan.

« *Guillaume de Ratabon,* bourgeois de la ville de Mende, acheta, en 1647, un pré au sieur Roch Serre.

« *Christophe de Ratabon,* surintendant des bâtiments de Louis XIII et de Louis XIV, qui aurait fait, d'après Louvreleuil (3), le plan de la magnifique façade du Louvre, fut probablement le père de :

« 1° Louis de Ratabon, qui mourut résident de France à Gênes, le 20 août 1693.

(1) Cf. Remize : *Les évêques de Viviers originaires du Gévaudan,* dans *Archives Gévaudanaises,* T. I. p. 229-250 (Bull. Loz.). Cet évêque a été omis par oubli.

(2) Roche : *Armorial généalog. et biograph. des évêq. de Viviers.* T. II p. 270-76. Brun. Lyon, 1894.

(3) *Mém. hist. sur le Gév.* p. 119 : « Christophe de Ratabon, intendant des bâtiments du roy Louis quatorzième, qui a fait le devis de l'édifice de la façade du Louvre. » (N. de l'éd.).

2° Martin de Ratabon, notre évêque.

Celui-ci naquit à Paris en 1654. Ses hautes qualités d'esprit lui valu-
rent d'assister à l'assemblée du clergé de 1682. Il s'y montra serviteur
complaisant de la Cour, contre le Pape, et signa, le 13 juillet, l'aver-
tissement que cette assemblée adressa aux protestants de France, pour
les engager à se convertir. »

Docteur en théologie de la Maison de Navarre, en 1684, puis aumô-
nier du roi et vicaire général de Strasbourg, abbé de St-Hertz, en
Alsace, en 1687, il fut sacré évêque d'Ypres, le 6 décembre 1693, dans
la chapelle de la Ste Vierge, en l'abbaye de St-Germain-des-Prés, par
le cardinal de Furstemberg, évêque de Strasbourg. En 1689, il reçut
l'abbaye de Vormezelles.

Il correspondit, en 1700, avec Fénelon. « Fénelon pensait qu'on ne
devait lui donner aucune place, qu'on ferait bien, pour beaucoup de
raisons, de lui donner des revenus, mais sans aucun diocèse... C'était,
dit l'abbé Legendre, dans ses *Mémoires*, un homme à vapeurs, et quelquefois à vapeurs violentes, et incapable de toute application sérieuse.
Toutefois c'était un homme d'esprit et il était très lié avec Bossuet. (1) »

En 1713, il se démit de l'évêché d'Ypres, qui n'appartenait plus à la
France, et le 22 avril fut nommé évêque de Viviers. St-Simon, à cette
occasion lui a décoché des traits de sa verve caustique : « Ratabon,
évêque d'Ypres, ne bougeait guère de Paris et prétendait qu'il y avait
une vapeur, dans sa cathédrale, qui le faisait évanouir toutes les fois
qu'il y entrait. C'était un homme d'esprit, du monde, et qui était si
bien avec les Jésuites, que ce pouvaient être les cendres de Jansénius,
son célèbre prédécesseur, qui opéraient cet effet sur lui. On lui donna
l'évêché de Viviers. (2) »

Il fut donc l'ami des Jésuites et l'adversaire de Jansénius. A l'assemblée de février 1714, il signa avec la grande majorité des évêques qui
acceptaient la Bulle *Unigenitus*. Louis XIV l'aurait même chargé de
ramener le cardinal de Noailles.

Il arriva enfin, à Viviers, le 23 décembre 1714 et s'occupa de son
diocèse. L'un des actes qu'on lui a vivement reproché, c'est la vente
de la baronnie de Largentière, à François de Beaumont-Brison, au
prix de 41.000 livres, vente d'ailleurs approuvée par le chapitre, par le
Conseil d'Etat, par l'archevêque de Vienne, par le Parlement de Toulouse et la Cour des Comptes de Montpellier. Les évêques de Viviers
perdirent, par là, leur droit d'entrée parmi la noblesse aux Etats du
Languedoc.

(1) Salhens ms.
(2) Mém. de S. Simon, VI. 402.

En 1718, il obtint du roi des lettres patentes, confirmant les droits du péage de l'évêché de Viviers. La même année, il acheta, à Bourg-St-Andéol, un immeuble que son successeur affecta aux écoles des Frères et des Sœurs. Il obtint aussi, le 2 janvier 1720, des lettres patentes pour son Petit-Séminaire de Bourg-St-Andéol.

Cependant sa santé déclinait. S'il faut en croire Géraud-Soulavie « il était tourmenté du mal caduc ». Le .20 février 1723, il résigna sa charge, se réservant une pension de 7.000 livres. Il remit des lettres de grand-vicaire à l'abbé de la Fare-Montclar, qui lui succéda, et renonça en sa faveur aux abbayes de Mortemart (dioc. de Rouen) et de Noyan (arrond. de Compiègne).

Mgr de Ratabon se retira à Paris, où il mourut le 9 juin 1728, âgé de 74 ans. **F. Remize**

Achat de la Valette
Par Pierre Chirac, 1" médecin du Régent

Certifie, je notaire royal à Montpellier, soubsigné, avoir receu le 27° jour du mois d'aoust dernier (1720), le contract de vente de la terre, place, seigneurie et domaine de la Valette et autres dépendances, passé par M° Philibert Guérin de Chavagnac, seigneur et baron de Montialoux, au nom et comme procureur deuement fondé de M° Pierre Guérin de Chavagnac, baron et seigneur de Montialoux, son fils unique et de deffunte dame Françoise de Planque de la Valette, à M. M. Pierre Chirac, conseiller du Roy, premier médecin de S.A.R. Mgr le Duc d'Orléans, régent du royaume, pour et moyennant le prix et somme de 38.500 livres, sur quoy a esté payé 6500 livres, et, sur les 32.000 livres restantes, ledit sieur Chirac est chargé de payer sans délai, à la décharge du vendeur, les sommes suivantes, scavoir : à M° Joseph Marie Le Mazuyer, marquis de Montegut, conseiller du Roy et son procureur général au Parlement de Toulouse, la somme de 4.000 et tant de livres. Plus pareille somme de 4.000 et tant de livres à M. de Malassagne, seigneur d'Estables, avec les intérêts que ledit sieur vendeur lui doit. Plus à M. de Martineau, prebtre et curé de l'église cathédrale de Mende et à dame Marie de Martineau, dame de la Fage, sa sœur, la somme de 1.000 livres en rente constituée en les avertissant trois mois à l'avance. Plus aux héritiers du s° Jacques, juge d'Aiguemortes, la somme de 6.000 liv. que ledit sieur vendeur leur doit... **Vernet, notaire, signé.**

A la fin d'une sommation à M. de Malassagne, faite par Pierre Chirac et sa femme, Claire Issert, celle-ci est signée *Issert de Chirac*. **F. Remize**

Le transport des étoffes au XVII' siècle

Dans l'étude publiée par M. Fages sur l'*Industrie des laines*, no a pu lire que les étoffes du pays étaient exportées loin de leur centre de fabrication. Nous avons trouvé, dans un registre de notaire, une note relative au transport des cadis.

C'est un contrat passé devant notaire, le 12 novembre 1666, entre André Giscard et Pierre Eymar, marchands de Marvejols et Antoine Roux, muletier de St-Laurent-des-Vans, en Vivarais.

Roux s'engage, à dater du jour du contrat, à porter pendant un an, les charges de cadis du pays que lui fourniront ces deux marchands de Marvejols à Lyon, « les rendre bien et duement conditionnées dans la douane de la ville de Lyon, quittes de toutes choses, mesme de la douane de Valence que ledit Roux se charge de payer sur le prix de sa voiture et rendre l'acquit d'icelles à ceux à qui lesdites charges seront adressées ; pour prendre lesquelles, ledit Roux se rendra en la présente ville avec ses mulets, trois fois de chaque mois, pour le port desquelles charges, comprins la douane de Valence, les dits sieurs Eymar et Giscard lui fourniront des lettres de voiture, à raison de 27 livres 15 sols chacune charge complète et ainsi des autres de moindre poiz.

Et outre ce, ledit Roux promet de se rendre en droiture audit Lyon quatre fois l'année et au temps du comptant des payemans de ladite ville de Lyon et prendre tout ce qui lui sera baillé par les sieurs Eymar et Giscard pour porter en ceste ville, à raison de 4 livres 10 sols le quintal ou 18 livres la charge complète à son choix, le tout à peine de tous despens, dommages et intérets.

Et au cas la douane du dit Valence serait augmentée pendant le présent traité, ies sieurs Eymar et Giscard payeront ladite augmentation... ». (1)

A cette époque, la foire de Montagnac était un des lieux de réunion des muletiers qui exportaient nos étoffes (2).

D' BARBOT

(1) Saumade, fol. 513. Etude de M' Valgalier, au Monastier.
(2) Ibidem, 1693, fol. 49.

L'Hôpital de Chirac

Dans un mémoire sans date, mais postérieur à l'an IX, adressé sans doute aux administrateurs du département, on lit que la ville de Chirac possédait au XII° siècle un hôpital, dont la nécessité se fit vivement sentir à l'epoque des troubles qui désolèrent le Languedoc. La guerre civile ayant ruiné nombre de familles, celles ci n'eurent d'autres ressources que de se retirer dans cet hôpital. Le Conseil politique d'alors sentant la nécessité de placer à la tète de cet établissement un bon administrateur et connaissant le zèle des hospitaliers d'Aubrac, en confia la direction à un religieux de cet ordre (1), auquel le dom accorda la permission de résider dans l'hôpital.

Le zèle déployé par ce religieux pour gérer les affaires de l'hôpital fit penser, après sa mort, qu'on ne saurait mieux s'adresser qu'à la maison d'Aubrac pour lui trouver un digne successeur. Le dom fut donc prié de présenter un nouvel administrateur : peu à peu on s'habitua à l'appeler *Commandeur*, nom qui lui resta dans la suite, les consuls gardant le privilège de le choisir parmi les moines d'Aubrac.

Mais le dom s'arrogea un beau jour le droit de désigner le directeur de l'hôpital et nomma des sujets, qui, pour lui être agréables, n'hésitaient pas à faire profiter l'abbaye d'Aubrac des bénéfices de l'hôpital de Chirac, au détriment des pauvres. (2)

Les auteurs du mémoire déclarent que s'ils ont loué le zèle des premiers administrateurs, quoique la chose soit pénible, ils n'hésitent pas à critiquer la malheureuse gestion de leurs successeurs. Pour éviter de venir à Chirac, ils aliénèrent certains biens, en donnèrent d'autres à locaterie perpétuelle, entr'autres le riche domaine du Massibert ; de sorte que le Commandeur venait une fois par an à Chirac pour toucher les revenus de l'hôpital.

Indignés par de tels abus, les consuls de Chirac songèrent à faire un procès à l'abbaye d'Aubrac : mais ils hésitèrent à cause des lenteurs de la procédure et de la fortune considérable des moines d'Au-

(1) Il se nommait Vidal et était originaire de Chirac.

(2) Nous avons trouvé une *Mise en possession du Commandeur* de l'Hôpital de Chirac, Marc de Beaupuy, par le dom d'Aubrac en février 1762. — Grégoire, notaire, 1762, fol. 374.

brac qui pouvaient éterniser la cause la plus juste. D'ailleurs, tous les titres de l'hôpital ayant été confiés par les consuls au dom, on avait eu soin de faire disparaitre tous ceux qui auraient pu établir leurs droits. Transportés au couvent d'Aubrac et mêlés aux archives de cette maison, ils devinrent en l'an II la proie des flammes.

La commission administrative de l'hospice de Chirac, autorisée par la loi du 4 ventôse, an IX, à faire des recherches, a pu retrouver une partie des titres, établissant les revenus de l'établissement, dans les registres des notaires. Elle espère que les administrateurs du département voudront bien les seconder dans cette circonstance. (1)

D' BARBOT.

La fourniture du tabac en Gévaudan au XVII' siècle

Au mois de mars de l'année 1688, le sieur Darras, directeur du domaine du Roi aux pays de Velay et Gévaudan, résidant à Marvejols, passe un contrat, par devant notaire, avec Bernard Peletier, marchand à Mende, au sujet suivant :

Darras s'engage à fournir à Peletier la quantité de cinq quintaux de tabac en poudre, prêt à être distribué à Mende, Bagnols, Cubières, Chanac, la Canourgue, Ste Enimie, Ispagnac, Florac, Barre et toutes les basses Cévennes, pour une période de cinq années et demie, à dater du premier avril, « au prix de cent septante cinq livres par quintal de *tabac commun à la cordelière*, faisant trente cinq sols par chacune livre, et, en cas le dit sieur Peletier aye besoin de *tabac noir*, ledit Darras s'oblige à lui fournir un quintal moyennant le prix de deux cens livres qui est à raison de quarante sols par livre. »

Chaque année Peletier s'engage à prendre en tout cinq quintaux de tabac aux magasins de Darras : les frais de voiture sont à sa charge. Au cas où il faudrait plus de cinq quintaux par an, Darras fournira le tabac à la cordelière à raison de trente un sols et le noir au prix de trente six sols la livre. Peletier devra faire connaitre à son fournisseur les noms des contrefacteurs, la quantité des amendes dressées. (2)

D' BARBOT

(1) Le document inédit dont nous donnons l'analyse nous a été communiqué par M. Vaissade, mécanicien à l'usine St-Pierre, par Chirac. Nous remercions cet aimable correspondant.

(2) Saumade, fol. 110.

L'exercice illégal de la chirurgie à Marvejols

L'an 1686 et le 3 avril, par devant moy notaire royal, ont été personnellement établis, Maurice Chastanier, Jacques Ferlet et Pierre Duranc, maîtres chirurgiens jurés de ladite ville, lesquels pour éviter les abus qui se commettent sur l'exercice de la chirurgie par des gens qui, dépourvus de savoir et d'industrie s'ingèrent à traicter de playes et faire toutes les fonctions requises audit art, mal à propos et à contre temps, ce qui porte un grand préjudice au public ; auquel voulant remédier, ont cru qu'il estoit nécessaire de nommer l'un d'eux pour empêcher que désormais les mesmes abus ne se commettent.

A ceste cause, ils ont nommé et créé pour sindic et procureur ledit Duranc pour, au nom de tous trois, faire exécuter ponctuellement les statuts qui leur ont esté bailhés par le sieur Paul Pontier — commis à l'establissement de la maîtrize de chirurgie du pays de Gévaudan, ville d'Alès et viguerie du Vigan, suivant le pouvoir qui lui en estoit donné par M. de Félix, premier barbier chirurgien du Roi — à eux laissés par extrait vidimé par M. Augustin de Laurens, lieutenant de juge en la cour royale de la présente ville.

Auquel Duranc est donné pouvoir de faire faire commandement à tous les barbiers chirurgiens de ladite ville de fermer les boutiques, ne prendre point d'aprentif et ne faire aucune fonction de barbier ni de chirurgien, non pas mesme en chambre, s'ils ne sont pourvus de bonnes et valables lettres données en conformité des statuts ; les faire assigner en cas de refus... et faire condamner... »

Ce Chastanier était chargé de « faire les rapports des corps morts, blessés, mutilés, noyés, prisonniers et autres qui se font par autorité de justice dans la ville, faubourg et banlieue ». A la date ci-dessus, comme il était âgé et beaucoup trop occupé, il céda sa charge à son collègue Duranc, homme de « bonne vie, mœurs, capacité et expérience, faisant profession de la religion catholique, apostolique et romaine. » (1)

Dr Barbot

(1) Saumade, fol. 104 et 105.

Arrentement d'une métairie du causse au XVII' siècle

Le contrat est passé devant M' Quarante, notaire de La Canourgue, le 6 août 1660. Le fermier déclare avoir reçu du propriétaire « deux cent cinquante brebis à laine, savoir : trente vassieux (1), trente nouvelles (2), trente-six chaptals (3), trente-quatre chaptales ; dix-sept moutons de trois à quatre ans, cinq non verez (4), vingt secondes (5), trente-sept brebis qui marquent (6), trente-quatre brebis non berques (7), sept arets (8), savoir : quatre vassieux blancz, deux blancs non verez et un roux qui marque.

Plus trois paires de bœufs évalués à soixante six livres chacun, un taureau évalué à vingt-quatre livres, une vache évaluée à vingt deux livres.

Plus vingt-deux cestiers, deux coupes froment, vingt-deux coupes seigle, quinze cestiers et demy orge, huit cestiers et demy avoine, trois coupes pois noirs, trois coupes pois blanc, six coupes lentilles, la moitié hivernenques (9), et l'autre marsenques (10), quatre coupes herces (11), quatre coupes gairotes (12), deux coupes besses (13), trois coupes graine de chanvre pour ensemencer, le tout mesure de la Canourgue.

(1) *Vassieux, vassives,* jeunes moutons ou brebis d'un an.

(2) *Nouvelles,* brebis de premier port.

(3) *Chaptals, Chaptales,* agneaux sevrés.

(4) *Verrés,* chatrés.

(5) *Secondes,* brebis de 2ᵉ port.

(6) On dit que les brebis *marquent,* quand elles ont tombé la dernière dent de lait, ce qui arrive à 4 ans.

(7) *Berques,* qui commencent à tomber les dents de vieillesse.

(8) *Aret,* mouton non chatré (pour la reproduction).

(9) *Hivernenques,* semées en automne.

(10) *Marsenques,* semées au printemps.

(11) *Herces,* en patois, *esses,* légume excellent pour engraisser les bestiaux.

(12) *Gairotes,* légume pour les bestiaux ; en patois *cairels.*

(13) *Besses,* la vesce, plante à fourage, de la famille des légumineuses.

Plus un mulet valant soixante livres, deux anneaux fer de charrette fort grands, trois araires garnis, trois joucz avec le julhet (1) uzées, une charrette fort uzée, un lit uzé avec une litoche avec le fonds et chelict, une pastière grande, un bois de lit pin neuf, un seau cuivre servant à puiser l'eau avec une chesne de fer valant cinq livres douze sols, les clefs de la maison, les estables estant garnies de cresches.

A la fin du bail, le fermier s'engage à rendre au propriétaire le bétail, les greniers, meubles et instruments énumérés ci-dessus, à laisser dans la grange la dernière année les pailles et foins, à rendre le parc neuf avec la tuech ou cabane et le mastin (2) de trois ans reçu avec le bétail...... » (3).

Dans d'autres contrats de même nature, il est question de « tarnencs » et de « tarnenques » (4), de « doublencs, et de « doublenques » (5) de « tersonnes » (6).   Dr BARBOT

Les vents en Lozère

Dans le Guide *La Lozère* (7), de MM. Ernest et Gustave Cord, nos collègues, à propos des vents, on lit ceci :

« Les vents dominants sont ceux de l'Ouest et du Nord.

Le premier, ou vent de l'Océan, est le *vent d'Aubrac* ou l'*Auro Neigre* du Montagnard, le *Rouergue* du Caussenard ; il amoncelle les nuages dans les hautes vallées, amenant toujours avec lui beaucoup de pluie par ondées ou même de la neige pendant l'hiver ; soufflant pendant plusieurs jours consécutifs, il tombe brusquement après une forte rafale.

Le vent du Nord lui succède toujours et avec lui le beau temps ; très violent et très froid en hiver, il dure peu et est remplacé par le vent du Nord-Est ou de l'Est qui sont eux-mêmes très froids pendant l'hiver.

(1) *Julhes,* courroie en cuir pour joindre les bœufs au joug.
(2) *Mastin,* chien.
(3) Saumade, 1661, fol. 331.
(4) *Tarnenques,* brebis de 3 ans.
(5) *Doublenques,* brebis de 2 ans.
(6) Saumade 1671, fol. 440 et 1662, fol. 50.
(7) Paris, Masson, 1900.

Le vent du Sud-Est ou *Auro* amène les grandes pluies d'automne ainsi que celui du Midi qui est le hâle des moissons.

Dans la région lozérienne, les vents se succèdent donc dans l'ordre indiqué par la courte énumération précédente, c'est-à-dire dans le sens des aiguilles d'une montre, ce qui permet jusqu'à un certain point, de prédire quelques jours à l'avance le temps qu'il fera ».

A ces notions, nous allons ajouter quelques renseignements complémentaires.

Les vents les plus violents ou les plus froids sont ceux du N.-O., connus dans le pays sous le nom de *Cantalaise* ou *Auro négro* et les vents du N.-E., dénommés *Vent solaire* ou *Soulèdre*.

La *Cantalaise* est toujours accompagnée de froid vif ou de neige en hiver, de giboulées et de grésil au printemps ou en automne, et de quelques averses froides en été.

Le vent *Solaire* dure longtemps, quand il règne au printemps ou en été : il est dangereux au moment de la floraison, il meurtrit la plante et dessèche tout. Calme la nuit, il devient violent au lever du soleil et paraît suivre la direction de cet astre dans la journée. En hiver, il est extraordinairement froid : pendant les fortes gelées, c'est toujours lui qui règne. C'est le plus désastreux de tous les vents, le plus redouté des chasseurs.

Les vents d'Est, connus dans le pays sous le nom d'*Ayalas* amènent des torrents de pluie, cause unique des inondations du Lot, traversant le vallon de Mende de l'Est à l'Ouest.

Les vents d'Ouest ou *Rouergas* sont très humides, presque toujours accompagnés d'averses ou d'orages en été, de froid et d'abondantes chûtes de neige en hiver. C'est aussi la *Traverse* ou *Trabesso*, différenciée en haute et basse, suivant que les nuages sont plus ou moins rapprochés. En été, c'est celui qui dans une journée souffle avec le plus d'intermittence, laissant tantôt voir le ciel bleu, tantôt accompagné d'averses ou de bourrasques de peu de durée.

Les vents du Sud et du Sud-Est donnent les pluies chaudes et fertilisantes : ils sont quelquefois très violents, ce qui les rend dangereux à l'époque des moissons.

Les vents du Sud sont quelquefois très forts et se terminent ordinairement par la pluie : ils sont les plus favorables à la végétation. Mais en été, il en est un dit *marin blanc*, qui, lorsqu'il règne longtemps est particulièrement désastreux, car il grille toute la végétation et cause les chaleurs les plus cuisantes.

Dans le canton de la Canourgue, ces divers vents ont reçu des appellations variées; on dit communément la *bize* pour les vents du Nord, l'*auro basso* pour ceux de l'Ouest, l'*aoubigot* (venant de l'Albigeois) pour ceux du Sud-Ouest, *lou mari* au vent du Sud, *lou ben barrés* (venant du côté de Barre des Cévennes) pour les vents du Sud-Est.

Il serait intéressant de noter les différents noms que portent dans notre région les vents qui y règnent suivant les saisons.

Dᵣ BARBOT

Les monuments mégalithiques des Causses

D'un article sur les *Monuments mégalithiques des Causses et des Cévennes,* publié par M. E. Rahir, dans la *Nature* (n° du 13 novembre 1909), nous détachons ce qui suit :

« Dans les Causses, s'il n'y a pas de cromlechs, les dolmens ou monuments sépulcraux sont plus nombreux, plus même qu'en Bretagne. Malheureusement, comme ils sont d'un volume moins considérable que ceux du nord-ouest de la France. ils ont été plus facilement détruits par l'homme. Pour se faire une idée de l'abondance des dolmens dans cette région, il suffira de dire que la Lozère et l'Aveyron à eux seuls en renferment près de 700. Les Caussenards sont, dit-on, assez portés à la destruction de ces monuments.

Les tumulus ou galgals qui recouvrent ces dolmens sont très fréquents ; il est en effet très rare de rencontrer un de ces monuments sans y remarquer au moins les vestiges d'un tumulus·

Le dolmen type (fig. 1) que l'on rencontre le plus fréquemment sur les plateaux calcaires des causses, est formé de deux dalles latérales, très souvent inclinées l'une vers l'autre, et deux terminales, sur lesquelles repose une table d'une seule pièce et assez généralement plus épaisse que les supports. L'entrée (en A) devait être clôturée très fréquemment par un mur de pierres sèches, car on ne constate guère de dalles de fermeture. A. de Mortillet considère comme très rares les entrées qui sont placées dans l'axe de la chambre ; c'est un peu exagéré. On peut dire plus exactement que les entrées latérales sont très fréquentes dans certaines parties des Causses.

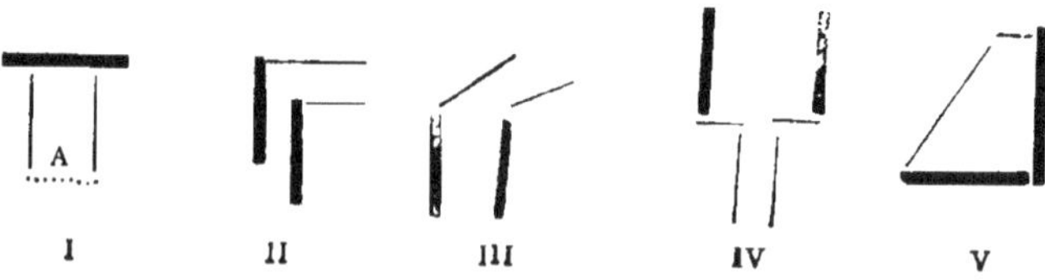

I   II   III   IV   V

Les dimensions moyennes de ces monuments sont : largeur 2 m. 40, longueur 3 m. 30. Le grand axe de la chambre est, pour un grand nombre (environ 80 p. 100 pour ceux que nous avons vus) orienté exactement ou à peu près est-ouest, l'ouverture à l'est. On a souvent dit qu'il n'y avait pas d'orientation spéciale ; c'est possible pour certaines régions, mais ici la coïncidence serait au moins étrange si le hasard seul avait conduit l'homme à orienter ses monuments sépulcraux dans une direction est-ouest.

Dans l'Aveyron et la Lozère, nous rencontrerons, en plus de ce type classique – très fréquent — d'autres dispositifs, notamment le dolmen coudé à angle droit (fig. 2) ou à angle obtus (fig. 3) formé de la chambre (2 fortes dalles et une table) et d'un vestibule d'entrée constitué de deux supports plus minces que ceux de la chambre.

Un type assez rare se remarque dans la Lozère : il est formé de deux chambres d'inégale grandeur et adossées l'une à l'autre dans le sens de la longueur, le tout enfermé dans un tumulus oval. Tel est le dolmen de la Noujarède (fig. 4).

Dolmen et coffre des « Grands Lacs » : sur le territoire de Laval-du-Tarn et dans un espace restreint d'un demi hectare environ, existe un groupe de 16 tombes de toutes dimensions, mais généralement petites. Ajoutons que le plus grand nombre de ces monuments a été en grande partie détruit. Les petits coffres qui sont creusés dans le sol sont constitués d'une chambre formée par la réunion de quatre dalles dressées. Nous avons pu mesurer deux de ces coffres qui avaient respectivement 50 et 55 centim. de largeur et 80 centim. et 1 mètre de longueur (fig. 5).

A Saint Georges de Lévéjac, non loin du « Point-Sublime » d'où l'on domine si merveilleusement les Gorges du Tarn, existe un très pittoresque dolmen dont la grande table seule dépasse le tumulus qui l'environne. Ce monument est particulièrement intéressant par ce fait qu'il a été surmonté d'une borne en pierre dont l'extrémité porte une croix. En Bretagne, nombre de menhirs ont été ainsi christianisés, mais le dolmen de St Georges de Lévéjac est le seul de ce genre que nous connaissions...

Si nous comparons maintenant les monuments mégalithiques de Bretagne avec ceux de la région des Causses, nous serons frappés de la notable dissemblance qui existe entre eux. Non seulement les dolmens des Causses sont de proportions plus réduites et sont plus simples que ceux du nord-ouest de la France, mais ils sont aussi édifiés sur d'autres plans Les longues allées couvertes, les dolmens à chambres multiples, les nombreuses et si intéressantes gravures qui ornent les monuments mégalithiques de la Bretagne n'existent pas dans les Causses.

Cette dissemblance si nette nous prouve une fois de plus, que les dolmens n'ont pas été construits — comme on le croyait jadis — par des populations en migration, mais sont bien l'œuvre de tribus sédentaires qui ont pu acquérir des caractéres propres et bien différents suivant la région qu'ils occupaient ».

|E. RAVIR.

Une statue au rebouteur Pierrounet

L'année dernière, dans les *Chroniques et Mélanges*, p. 184, nous annoncions la mort du rebouteur Pierrounet.

Le 26 septembre courant, on a inauguré, sur la place publique de Nasbinals, un monument destiné à commémorer la figure du légendaire rebouteur Lozérien. Les journaux locaux — voir le *Soc*, le *Moniteur*, le *Courrier* — et de grands périodiques de la capitale — le *Temps ;* le *Figaro*, 18 octobre — ont publié un compte rendu de la cérémonie : nous en citons un extrait.

« Sans bruit, sans apparat, sans rien d'officiel, le conseil municipal a procédé à l'inauguration d'un monument élevé avec le produit d'une souscription publique à un modeste cantonnier, Pierre Brioude, plus connu sous le nom de Pierrounet, mort il y a deux ans, et que les habitants de la région considéraient comme leur bienfaiteur.

A sa profession de cantonnier, Brioude joignait celle de rebouteur et il s'était acquis dans cet art une réputation telle, que chaque soir il lui arrivait un nombre de malades venus de la France entière, des autres pays d'Europe et même d'Amérique.

Son habileté et ses connaissances en anatomie (?) eurent plusieurs fois l'occasion de se manifester d'une façon éclatante. Un fait entre autres était souvent cité par les admirateurs de Brioude. Traduit devant le tribunal de Marvejols à la requête des médecins de la région, sous l'inculpation d'exercice illégal de la médecine, le rebouteur comparut, son habit de bure recouvert d'une longue blouse bleue sous laquelle il dissimulait un corps assez volumineux. Comme les juges lui demandaient ce qu'il avait à dire pour sa défense, il sortit de sa blouse un jeune agneau dont il avait au préalable désarticulé les jambes, le posa sur le plancher, et s'adressant aux médecins présents : « Remettez-le en état de marcher », leur dit-il. Le défi n'étant relevé par aucun, Brioude prit l'agneau, promena ses grosses mains sur les jambes, et rendu à la liberté, celui-ci se mit à gambader, à la grande stupéfaction du public et des juges, qui acquittèrent le rebouteur.

Brioude ne réclamait jamais d'honoraires , mais il acceptait volontiers les « dons » que les malades reconnaissants faisaient aux membres de sa famille. Il avait acquis ainsi une petite fortune.

La mort du rebouteur Pierrounet fut un deuil public pour ces rudes populations dont la gratitude vient de se traduire par l'érection, au milieu de la place publique de Nasbinals, du buste du cantonnier-rebouteur. »

M. Philippe de Las Cases, qui avait pris l'initiative de la souscription, a remis officiellement le buste du rebouteur à la municipalité de Nasbinals. Ce bronze est l'œuvre d'un jeune sculpteur Millavois, M. Mallet.

Nous faisons grâce à nos lecteurs des discours pathétiques prononcés en cette circonstance mémorable.

Prétendus voyages à Rome des évêques de Mende au XIIe siècle

On lit dans la *Gallia christiana* (1) que Guillaume III et Aldebert III, évêques de Mende, reçurent *à Rome* des hommages de leurs vassaux. L'abbé Charbonnel (2) accepte encore cette donnée. Elle ne laisse pourtant pas d'être assez invraisemblable. Il serait étrange que les seigneurs du Gévaudan se fussent transportés à Rome en même temps que leur évêque pour lui rendre un service féodal dont ils pouvaient s'acquitter dans leur pays. Nous avons heureusement conservé les actes originaux de ces hommages et ils nous permettent de nous rendre compte de l'origine de cette opinion singulière. La date d'un hommage de Guillaume de Randon à l'évêque Guillaume III (3) est

(1) T. 1, c. 90.

(2) *Origine et histoire abrégée de l'église de Mende.* — Mende, 1859, p. 118.

(3) Archives de la Lozère, G 117.

ainsi conçue : *Hoc sacramentum factum est in festivitate omnium sanctorum anno ab incarnatione Domini, millesimo C. XL. VIII. in urbe Roma papa Eugenio, et Ludovico rege Francorum regnantibus sub Domino. Amen.* La date d'un hommage de Garin de Randon à l'évêque Aldebert de 1151 (1) est libellée d'une façon semblable, de même celle d'une hommage au même de Giraut et Richard de Peire (2). Il est clair qu'il ne faut pas rattacher *in urbe Roma* à *factum* mais qu'il faut le faire porter sur le membre de phrase suivant dont il n'est séparé par aucun signe de ponctuation et traduire sans le moindre doute : « en l'an 1148, sous le règne du pape Eugène *à Rome* et de Louis roi de France ». Le contre sens est la source d'une erreur que l'on répète sous la foi de la *Gallia christiana* et qui montre une fois de plus combien il est nécessaire de remonter aux sources.　　Cl. Brunel.

Nouvelles d'il y a cent ans

Ces nouvelles paraîtront, à dater de ce jour, régulièrement chaque année : elles intéressent uniquement notre département. Ceux de nos Collègues de la Société qui auraient quelques faits inédits à signaler, sont priés de les communiquer au rédacteur de l'article avant le 15 février de chaque année.

— 1809 —

5 janvier. — Le Moniteur officiel (*Journal de la Lozère*, n° 417, à Mende, chez J.-J.-M. Ignon, imprimeur de M. le Préfet), rend compte de la fête célébrée le dimanche précédent à Mende en l'honneur des vainqueurs d'Espinosa, Burgos, Tudela, Sommo-Sierra. Ce jour-là, il y a eu grande soirée à la Préfecture. La Société d'amateurs dont nous aurons l'occasion de reparler maintes fois, a joué, avec un succès considérable deux pièces nouvelles, avec orchestre.

6 janvier. — La foire dite des Rois n'a pas été bien animée, — On mande de Florac que le nommé Pierre Alcais, voiturier, a été trouvé mort, ainsi que son mulet, tous deux apparemment tués par le froid sur la Cam de l'Hospitalet.

9 janvier. — La saison d'hiver promet cette année, à Mende, d'être très animée. Vendredi dernier, la troupe d'amateurs a donné *La Ga-*

(1) Arch. de la Lozère. G. 117.
(2) Arch. de la Lozère, G 104.

geure imprévue et *M. Trévif*. Les deux pièces ont été jouées avec tout l'ensemble désirable. Le talent des amateurs, l'ordonnance et les jolies décorations du théâtre ont mérité les suffrages de tous les spectateurs.

11 janvier. — Dans le courant de 1808, on a tué en Lozère 6 loups, 3 louves et 39 louveteaux. (Rapport du Préfet).

28 janvier. — Mende. Première représentation du *Charlatan*, comédie en 3 actes, suivie de l'*Amant auteur et Valet*.

Il a été consommé à Mende en 1808. (Relevé de l'octroi).

Vins......................	6.644	hectolitres
Eau-de-vie, liqueurs......... }	104	id.
Bière................... }		
Bœufs....................	111	
Vaches....................	35	
Veaux....................	1.502	
Moutons..................	4.644	
Cochons..................	770	

3 février. — Mende, au théâtre, première des *Ménechmes* précédée des *Fausses infidélités*, comédie.

15 février. — Mende. Les derniers jours du Carnaval ont été très brillants dans notre ville ; on a multiplié cette année les plaisirs consacrés à célébrer ce temps de joie et de divertissements. Festins, bals et mascarades ont eu lieu tour à tour, mais nous devons placer au premier rang le plaisir procuré par la Société dramatique de la ville.

20 février. — Ordre de départ pour les conscrits dont les garnisons sont : Paris, Alexandrie, Lunéville, Carmagnole, Milan, Como et Mondovi.

31 mars. — Par arrêt de la Cour de Justice criminelle de ce département, le 17 de ce mois, le nommé B. C. a été condamné à 14 années de fer, à l'exposition au poteau et aux frais de la procédure, pour vols chez le sieur Bonnefoi, à St-Chély.

5 avril. — St-Chély du Tarn. M. le Préfet vient de signaler à l'autorité supérieure le dévouement du sieur Gibert, de cette commune.

20 avril. — M. Broussous, Secrétaire général de la Lozère, vient de recevoir la médaille d'or de la Société d'agriculture de la Seine pour son travail remarquable sur les « Améliorations agricoles en Lozère ».

22 avril. — La neige couvre les Causses. Le Courrier de Lyon a manqué se perdre sur le « Palais » qu'on aurait dit une mer de neige.

30 avril. — A Mende, début d'une nouvelle troupe de comédie, brevetée pour le 11ᵉ arrondissement théâtral, sous la direction Combette. On donnera aujourd'hui *Les 2 frères*, 4 actes de Kotzebue suivis de *Haine aux femmes*, opéra en 1 acte de Boully, musique de Doche. Les artistes ont la précaution de prévenir le beau sexe que malgré l'originalité de son titre, cette production est toute à l'honneur des Dames. Pour mardi, première des *Deux petits Savoyards*, opéra en 1 acte de Daleyrac et *La jeune Hôtesse*, comédie.

13 mai. — St-Julien-d'Arpaon. La Cour de Justice de la Lozère vient de condamner le vagabond J.-B., dit Chanson, à 12 années de fer et à l'exposition au poteau pour avoir volé dans une maison de St-Julien d'Arpaon la somme de 123 livres tournois.

31 mai. — Le *Journal de la Lozère* consacre 5 pages aux réjouissances qui ont suivi, à Mende, la délivrance de Mme Flourens, femme du Préfet.

5 juin. — Le Malzieu. Le Dʳ Martin, de cette ville, qui avait donné ses soins à la femme du Préfet, lors de son accouchement, est vivement félicité par le corps médical.

10 juin. — Le Préfet de la Lozère, considérant que les gages des domestiques ont beaucoup augmenté, qu'on ne se peut procurer que difficilement des serviteurs, que la journée des ouvriers journaliers à beaucoup renchéri, que les travaux dans les campagnes deviennent d'une exécution difficile, prévient ses administrés Lozériens qu'il va demander au Gouvernement un certain nombre de prisonniers de guerre et que les maires pourront lui faire, avant le 25, connaître le nombre d'hommes qui seraient nécessaires dans leur commune.

25 juin. — Mende. Parmi les jeunes Lozériens ayant mérité d'être signalés dans la carrière militaire, le journal cite MM. Randon-Mirandol et Marcel Bergogne, de Mende, fusiliers de la Garde, nommés sous-lieutenants à l'armée d'Allemagne, et M. André, de Villefort, sergent au 28ᵉ léger, nommé membre de la Légion d'honneur, comme s'étant distingué à l'armée d'Espagne.

11 juillet. — Le *Journal de la Lozère* signale les effets bizarres produits par la foudre sur la maison du sieur Pierre Martin maréchal-ferrant au Pont-de-Montvert.

Ce soir, à Mende, après l'arrivée du courrier, plusieurs salves d'artillerie ont été tirées à l'occasion de la victoire remportée sur les Autrichiens par l'Empereur, à Wagram.

20 juillet. — Les 19 et 20 de juillet, à Châteauneuf, élevé au-dessus de Mende d'environ 200 toises, des personnes de bonne foi ont marché sur la glace.

10 août. — Hier M. le Préfet s'est rendu au Collège pour y procéder à l'examen annuel des élèves. Cette séance a offert, d'après le premier magistrat, des résultats beaucoup plus satisfaisants que l'année dernière.

25 août. — Mende. Les amateurs formant la Société dramatique de cette ville donneront, mardi prochain, 29 de ce mois, la représentation du *Provençal* ou M. *Trévif*, comédie en 3 actes et en prose, précédée d'un prologue en vers, par l'auteur de la Comédie.

1ᵉʳ septembre. — Mende. Il doit arriver ici, le 5 prochain, 200 prisonniers espagnols qui seront mis à la disposition de M. le Préfet pour être employés aux travaux de la campagne.

2 septembre. — Instructions au Préfet de la Lozère pour régler les dépenses relatives au couronnemeut d'une rosière.

4 septembre. — On mande de Paris que le théâtre de l'Ambigu-Comique donne, avec un succès extraordinaire, un mélodrame en 3 actes, *La Bête du Gévaudan.*

16 septembre. — M. le Préfet est rentré hier d'une tournée à Florac.

— M. le Directeur du Collège prévient les pères de famille que la rentrée est fixée au 16 octobre. Cet établissement placé dans le beau local de l'ancien Collège des Doctrinaires est très bien disposé : le Directeur fera la classe de philosophie ; les autres professeurs, au nombre de 5, enseigneront les belles-lettres, les langues latine et française, la géographie, la mythologie et l'histoire... Le prix de la pension est fixé à 32 fr. par mois, la demi pension à 25 fr. ; de plus les élèves pensionnaires et externes paieront 4 fr. par mois pour l'instruction et 1 fr. 60 centimes par mois pour la rétribution concernant l'Université impériale.

17 septembre. — Les équipages du maréchal Augereau ont traversé hier la ville de Mende, gagnant la frontière espagnole.

18 septembre. — Le *Journal de la Lozère* publie une polémique entre les Dᵣˢ Girard et Gras, relative à la façon d'user des Eaux de Bagnols. Le second de ces praticiens insiste pour que les malades, au sortir de l'étuve brûlante aillent se jeter immédiatement dans les eaux glacées du Lot. Ce moyen curatif est fort controuvé.

1ᵉʳ octobre. — On mande de Marvejols que le 30 septembre dernier, à 7 heures du soir, le feu a pris à la maison de M. Biron, aîné ; seuls quelques gros meubles ont été sauvés.

10 octobre. — 3 conscrits de 1810 viennent d'être condamnés par les tribunaux de Mende et de Marvejols pour infraction à la loi sur les déclarations.

18 octobre. — Le Général de division Chabot est arrivé en tournée d'inspection à Mende. M. le Préfet, accompagné du capitaine commandant la Gendarmerie et du capitaine de Recrutement a été, à cheval, à sa rencontre. Une foule de citoyens de tout âge et de tout sexe (sic), s'était portée sur son passage. La mairie en corps et en grand costume, lui a présenté ses hommages.

19 octobre. — Le département de la Lozère fournit 127 hommes dans la levée complémentaire de 136.000 conscrits ordonnée par l'Empereur. Nos Lozériens sont ainsi répartis :

> Fusiliers de la Garde, à Paris............. 4
> Conscrits et tirailleurs de la Garde, à Paris. 11
> 37ᵉ de ligne, à Perpignan................. 112

30 octobre. — Jeudi dernier, salves d'artillerie et illuminations générales, à Mende, pour fêter la signature de la Paix entre la France et l'Autriche.

5 novembre. — La Foire de la Toussaint a été favorisée par un très beau temps. La partie de la cadisserie a eu la plus grande faveur, il n'a pas été fourni à toutes les demandes. Beaucoup de chevaux et de mulets ; un de ceux-ci a été vendu mille francs. Maximum du prix de la paire de bœufs : 528 francs.

5 décembre. — M. Urbain de Retz de Servières, ex-capitaine au régiment de Chartres, ancien premier consul, maire de la ville de Mende, membre du Collège électoral et de la Société d'agriculture de ce département, vient de mourir en cette ville à l'âge de 78 ans. On doit à son goût pour l'agriculture l'établissement de pépinières, au moyen desquelles il avait acclimaté plusieurs espèces d'arbres dont la culture n'avait pas encore été tentée.

10 décembre. — Le *Journal de la Lozère* publie le tableau suivant :

ÉCONOMIE POLITIQUE

Prix moyen, par hectolitre, des grains du département de la Lozère pendant la dernière quinzaine de novembre 1809.

Nature des grains	Arrondissements		
	Marvejols	Mende	Florac
Froment...................	22 75	20 36	21 43
Méteil....................	21 50	» »	16 90
Seigle....................	20 12	18 59	17 97
Orge.....................	15 57	15 25	12 25
Avoine...................	7 75	9 48	7 93
Châtaignes...............	» »	12 50	11 »

25 décembre. — Le *Journal de la Lozère* publie le tableau du mouvement de la population dans le département, en 1806.

Naissances	Enfants légitimes.........	3.487
	id. naturels........ .	49
	id. abandonnés.......	33
		3.569

Décès........Ñ......................... 2.653

Mariages	Entre garçons et filles.....	840
	Entre garçons et veuves...	31
	Entre veufs et filles.......	49
	Entre veufs et veuves.....	21
		941

D'après ce tableau, les naissances en Lozère ont, en 1806, surpassé les décès de 896 individus.

Cette année a offert des exemples de longévité qui sont une nouvelle preuve de la salubrité de notre climat.

On remarque le décès de 15 individus de 90 à 95 ans, celui de 7 individus de 95 à 100 ans, enfin celui de 3 personnes de 100 ans et au-dessus.

(Extrait du *Journal de la Lozère* publié avec l'autorisation de M. le Préfet du département, année 1809, à Mende, chez J.J.-M. Ignon, imprimeur de M. le Préfet et rédacteur du Journal).

P. Agulhon.

Les Garnisons de la Lozère depuis la Révolution

Sous l'Empire, l'unique garnison de la Lozère fut la Compagnie départementale de réserve. Ces corps furent créés par le décret du 24 floréal XIII (14 mai 1805) ; ils comportaient un lieutenant-commandant, 1 caporal-fourrier, 1 sergent, 2 caporaux, 1 tambour et 30 soldats et devaient être organisés le 1ᵉʳ vendémiaire XIV. Le commandant, le sergent et le fourrier partirent pour l'armée d'Espagne en 1808 ; le second caporal était mort et en 1809 il ne restait que cinq hommes avec quelques conscrits de 1810 (1). Ces compagnies furent supprimées par ordonnance du 31 mai 1814 ; celle de la Lozère fut licenciée le 28 Juin.

Pendant la 1ʳᵉ Restauration, le service fut assuré par la Garde Nationale. Sous les Cent Jours, on rappela les retraités ; quand, le 30 juin, les Mendois se déclarèrent pour le Roi, les chefs du mouvement se rendirent maîtres de la caserne de cette dernière troupe qui n'avait d'ailleurs aucune velléité de révolte.

La loi du 23 novembre 1815 créa les Compagnies départementales. Celle de la Lozère qui comprenait 36 hommes était déjà formée le 9 janvier 1816 ; elle fut licenciée le 30 juin 1818, en exécution de la loi du 10 mars.

Les légions départementales furent établies par l'ordonnance du 3 août 1818 ; la 46ᵉ, dite de la Lozère, fut formée par le dépôt du 93ᵉ de ligne qui arriva de Chatellerault à Mende dans le courant de septembre ; les hommes qui étaient revenus dans le pays, en raison du licenciement de l'armée, furent organisés en compagnies provisoires. Le Conseil d'administration de la légion se réunit le 11 octobre et le colonel arriva à la fin du mois. Mais le corps ne resta pas à Mende : il partit le 27 mars 1816 pour St-Hippolyte du Gard.

Aux termes de l'article 4 de l'ordonnance du 10 mars 1819, le colonel, le lieutenant-colonel et le cadre du 2ᵉ bataillon devaient tenir garnison au chef-lieu du département : le 2ᵉ bataillon quitta Toulon pour se rendre à Mende ; mais, en route, il reçut l'ordre de se diriger sur St-Hippolyte ; la Compagnie de dépôt seule resta en Lozère, et l'augmentation de l'effectif rendit nécessaire son dédoublement.

Lors de la suppression des légions, la 46ᵉ fut incorporée au 10ᵉ de

---

(1) L'empereur appela souvent par anticipation plusieurs classes.

ligne à Grenoble ; la compagnie de dépôt quitta Mende le 1er janvier 1821. Elle fut remplacée par une compagnie du 18e de ligne et, le 6 juin 1822, arriva une compagnie du 60e qui partit pour l'Espagne en 1823 et ne fut pas remplacée.

L'ordonnance du 26 novembre 1830 créa, par département, une compagnie de vétérans, composée d'un capitaine, un lieutenant, deux sous-lieutenants, et 152 sous-officiers et soldats. Le 30 juillet 1831, arriva la 13e compagnie de fusiliers sédentaires venant du Puy ; ces corps avaient été supprimés le 21 juillet et devaient être incorporés dans les vétérans ; l'amalgame fut opéré le 24 août par le général commandant le département de l'Hérault. Les compagnies de vétérans étaient désignées par le nom du département et ne portaient pas de numéro ; mais elles furent successivement réduites : une première fois, par l'ordonnance du 14 janvier 1834, qui réunit celles de l'Aveyron de la Lozère et de l'Ardèche en une seule, la 15e, avec Mende comme garnison ; une seconde ordonnance du 10 septembre 1834 incorpora la 15e dans la 14e qui était à Cette, et la 26e prit le numéro 15 et vint à Mende , elle fut remplacée dans le courant de 1835 par la 14e qui resta jusqu'en 1840.

Le 7 avril 1831, le 4e bataillon du 34e de ligne arriva à Mende pour y tenir garnison, mais sur un contr'ordre il continua sa route vers Nimes. Il fut remplacé le 26 novembre par le 4e bataillon du 6e de ligne ; ce corps partit pour Privas, revint à Mende, envoya deux compagnies à Marvejols et une à Florac ; mais le jeudi avant le 24 décembre, les compagnies se réunirent à Mende et le bataillon partit le 24 pour une autre ville. C'est le seul exemple qu'un corps de troupe ait tenu garnison ailleurs qu'à Mende, car les Suisses qui avaient séjourné à Florac en 1823 n'avaient été envoyés que pour réprimer des menées révolutionnaires.

Quatre compagnies du 3e bataillon du 34e de ligne vinrent de Nimes le 3 janvier 1832 et dès le 13 février elles partirent pour Toulouse. L'état-major et 3 compagnies d'un bataillon du 21e de ligne les remplacèrent le 9 mars ; ils partirent le 24 novembre pour Lyon. Le 15 décembre 1832, arrive le dépôt du 4e léger et une partie du 2e bataillon ; deux compagnies partent pour Rodez le 19 février 1833 ; ce corps est remplacé le 18 mai 1833 par une compagnie du 18e léger venant de Rodez. Au mois de novembre 1833, quatre compagnies du 60e de ligne passent à Mende et laissent la moitié de l'effectif pour remplacer le 18e léger qui part pour Rodez. Ces compagnies se rendent à Lyon le 7 mai 1834. Dans le courant du juin, deux compagnies du 3e bataillon du 34e viennent tenir garnison jusqu'au 28 décembre.

Le 25 avril 1840, la 1ʳᵉ compagnie de vétérans arrive pour absorber ja 14ᵉ ; le 24 juin 1850, la 4ᵉ vient de Saintes pour s'incorporer dans la 1ʳᵉ ; elle comprend deux officiers, 119 sous-officiers et soldats, 8 femmes et 10 enfants. Le 28 juin, tout le monde part pour une destination que l'on croit être les iles d'Hyères.

Les détachements de troupes de ligne se succèdent rapidement : c'est d'abord la 1ʳᵉ compagnie du 3ᵉ bataillon du 16ᵉ léger du 27 juin au 26 septembre 1850, époque où elle part pour Rodez et l'Afrique. Le 28 septembre, dit le journal, on attend deux compagnies du 5ᵉ de ligne, comprenant 3 officiers, et 100 sous-officiers et soldats ; mais cette troupe retourna à Alais, dans le courant du mois d'octobre ; en réalité elle ne comprenait qu'une compagnie. Le 2 novembre 1850, deux compagnies du 2ᵉ bataillon du 40ᵉ de lignes, fortes de 5 officiers et 200 hommes de troupe arrivent pour rester jusqu'au 29 décembre 1850, jour où elles partent pour Avignon et où deux compagnies du 16ᵉ de ligne les remplacent. Ce détachement part lui-même pour Agen le 27 avril 1851. Une compagnie du 13ᵉ léger qui prend la suite, quitte Mende le 16 octobre 1852 pour St-Hippolyte et cède la place à une compagnie du 5ᵉ léger, forte de 3 officiers et 56 hommes de troupe qui reste jusqu'au 14 avril 1853. Le surlendemain une compagnie du 20ᵉ léger à peu près de la même force, vient la remplacer et part elle-même le 17 mai.

La veille était arrivée une compagnie du 39ᵉ qui permute avec une du même corps le 21 novembre 1853 ; celle-ci va rejoindre le régiment le 18 mars 1854. Le 13 à midi arrivait une compagnie du 60ᵉ qui resta jusqu'au 26 juin, jour où une autre compagnie du même régiment la remplaça. Cette unité détacha le 18 octobre 1854 un lieutenant et 90 hommes pour l'Algérie. Une compagnie du 25ᵉ de ligne, forte de 3 officiers et de 60 hommes tient garnison du 6 novembre 1854 au jeudi avant le 17 mars 1855 ; du lundi avant le 24 mars au 21 octobre 1855, une compagnie du 60ᵉ remplacée par une autre du même corps qui part le 19 juillet 1856 pour se rendre à Uzès. Le même jour, une compagnie du 23ᵉ de ligne vint la relever ; elle est remplacée en avril 1858 par la 4ᵉ du 2 ; le 7 juillet 1858 cette dernière est renforcée par la 5ᵉ compagnie du même bataillon qui cède la place le 1ᵉʳ novembre 1858 aux 1ʳᵉ et 6ᵐᵉ qui elles-mêmes quittent Mende vers la fin de mars 1859 pour rejoindre l'armée d'Italie.

Dans le courant du mois de septembre 1859, le 41ᵉ envoie de Montpellier un détachement qui part pour Lodève le 23 janvier 1861, et qui est remplacé trois jours après par une compagnie du 27ᵉ de ligne, relevée elle-même le 30 mars par une compagnie de grenadiers du 93ᵉ.

Le détachement du 41ᵉ dont nous ne connaissons pas la date d'arrivée, mais qui était déjà à Mende au commencement de 1862, part pour Lyon le 5 mai 1864.

Le 3 octobre de la même année, sur la demande du Préfet, le 82ᵉ envoie de Rodez 120 hommes, nombre maximum que peut contenir la caserne ; ce détachement fait partir le 27 novembre pour Nimes, un officier, un sergent, 2 caporaux, 1 tambour et 70 hommes ; le reste part en avril 1865 pour céder la place à une compagnie du 67ᵉ.

Le *Moniteur de la Lozère*, annonçait qu'une compagnie du 46ᵉ devait arriver le 3 mai 1866 ; mais le 67ᵉ qu'elle devait relever resta et en raison des inondations, la garnison fut augmentée d'une compagnie jusqu'au 4 décembre 1866. Le *Moniteur* du 6 avril 1867 annonce l'arrivée d'un détachement du 83ᵉ destiné à remplacer la dernière compagnie du 67ᵉ qui était restée ; ce nouveau détachement était constitué par des voltigeurs qui par suite de la suppression des compagnies d'élite partirent le 18 février 1868. Les diverses compagnies du même 83ᵉ se remplacèrent successivement à Mende les 19 avril, 9 octobre 1868, 17 avril 1869 ; la dernière partit le 2 avril 1870. Le détachement du 56ᵉ qui la remplaça quitta la garnison le 20 juillet à deux heures de l'après-midi pour rejoindre les bataillons de guerre.

Le 17 octobre 1870, le dépôt du 50ᵉ composé de la section hors-rang vint occuper la nouvelle caserne ; il y resta jusqu'à la réorganisation définitive de l'armée, envoyant de temps en temps des détachements en Corse et en Algérie. La musique partit le 11 octobre 1871.

Ce fut le 12ᵉ de ligne qui fut désigné pour tenir garnison à Mende ; le 25 octobre 1873 arrivèrent deux bataillons qui furent suivis de trois compagnies le 3 juillet 1874 ; mais le *Moniteur* du 11 avril 1875, fait connaître que les trois premiers bataillons du 12ᵉ tiendront garnison à Lodève et que le chef-lieu de la Lozère ne possèdera plus que le 4ᵉ et le dépôt. Le 16 juillet 1882, le 2ᵉ bataillon du régiment, qui avait remplacé le 1ᵉʳ précédé lui-même du 4ᵉ, partit pour les manœuvres et fut relevé au retour par un bataillon du 142ᵉ.

En 1892, malgré les protestations de la municipalité, le 142ᵉ partit le 23 août ; le 20 septembre, un bataillon du 122ᵉ vint occuper la caserne et demeura jusqu'au 4 septembre 1896. Le 16 du même mois, à 10 du matin, il fut remplacé par un bataillon du 142ᵉ.

C'est ce dernier régiment qui est encore là. La relève des bataillons ne se fait plus et actuellement c'est le 2ᵉ qui est ici à demeure

De 1898 à 1901, le quartier abrita une 5ᵉ Cⁱᵉ.

P. WEYD.

Les riches héritières lozériennes en 1810

Dans le courant de l'année 1810, l'Empereur demanda à tous les Préfets un état des jeunes filles de famille, âgées de plus de 14 ans, avec l'indication de leurs dots et de leurs espérances. Le but de cette enquête était la conclusion de mariages entre les riches bourgeoises et les jeunes officiers de la noblesse nouvelle.

Sans que rien ne soit spécifié dans la circulaire, qui se borne à dire que « le travail ne peut que tourner à l'avantage des jeunes personnes », on peut facilement lire entre ces lignes l'intention du souverain.

Le préfet adressa son état le 4 mars 1811 ; malheureusement les registres de correspondance ne font mention que de la lettre d'envoi ; d'autre part, les recherches que nous avons faites aux Archives nationales sont restées sans résultat ; le dossier F 7 6614 ne contient aucun document relatif à la Lozère.

Tout ce que nous pouvons faire ressortir, c'est qu'au commencement du XIXe siècle, on regardait, en Lozère, comme riche héritière, une jeune fille qui possédait une fortune de 50,000 fr. en capital.

(Correspondance du Préfet, N°s 634, 704. 1089, 1147).

P. WEYD.

Mort d'un guérisseur

Après le guérisseur cévenol Vignes et le rebouteur Pierrounet, voici qu'un troisième empirique local vient de disparaître : les derniers journaux de l'année rapportent la mort du sieur Pierre Crespin, plus connu sous le sobriquet de *Pierret lou Sapur*.

Crespin habitait Marvejols, où il fut longtemps conseiller municipal et même une fois conseiller d'arrondissement. Sa clientèle était assez nombreuse.

Il formulait surtout des tisanes et des pommades plus ou moins complexes. Certaines de ses prescriptions seraient à citer : nous nous bornons à mentionner sa tisane de *romo de fraissé* et ses *fumigations de plumes de perdreau*, qui lui avaient valu un certain succès... d'originalité.

Dr BARBOT.

La porcelaine lozérienne

Le compte-rendu de la séance du 8 juillet 1909 mentionne le don fait par M. H. Fabre, pour le musée, de divers objets en porcelaine, fabriqués avec des kaolins provenant des gisements des Fourches près le Chastel-Nouvel et de Verdezun près le Malzieu.

Voici quelques notes indiquant comment un industriel parisien avait procédé pour obtenir ces essais céramiques.

Les terres ont été lavées pour rejeter les matières organiques, triturées ensuite au marteau, malaxées et façonnées, les unes au tour, les autres au moyen de moules. Les vases obtenus ont été mis au four, au grand feu et s'y sont parfaitement comportés.

Un gobelet blanc (voir le fond) provient de la terre des Fourches : il avait été rempli d'eau, placé sur le tampon chauffé au rouge blanc d'un poêle en fonte. Successivement, pendant dix fois, en pleine ébullition de l'eau, il a été brusquement plongé dans un bassin rempli d'eau froide. Ce n'est qu'à la dernière épreuve que le gobelet s'est fendu en couronne à la base.

On n'a pas fait la même expérience pour les objets fabriqués avec la terre provenant de Verdezun. Le bloc parallélipipède est un modèle de carreau céramique fait avec cette terre, qui, semble-t-il fournirait des pavés très durs et plus résistants que ceux d'Auxeuil et de Maubeuge.

En délayant les terres des Fourches, on obtient une eau laiteuse, qui, par décantage, laisse une masse savonneuse au toucher, laquelle n'est autre chose que l'émail (la couverte).

La tonalité des objets fabriqués avec les terres des Fourches est à remarquer et comparable à celle des porcelaines de Chine. Par un décor approprié, on obtiendrait un rapprochement très heureux des porcelaines orientales.   H. Fabre.

L'ancien costume des montagnards

Le troisième *Bulletin* de 1909 contenait une étude du D^r Ph. Barbut sur l'Agriculture, avec quelques aperçus sur le costume du paysan lozérien. Le lecteur pourra rapprocher de cette description celle que nous publions aujourd'hui, empruntée à l'ouvrage de M. Marchessou, *Velay et Auvergne,* annoncé plus loin dans la *Bibliographie.*

« Dans le canton de Saugues et la partie de l'ancien Gévaudan rattachée à la Haute-Loire,la veste, de couleur grise ou verte,était courte et étriquée, aux basques tranchées net aux ciseaux en forme de sifflet, avec de gros boutons bleu d'acier et deux petites poches de chaque côté, très haut placées... D'abord, sans revers et à col roide et droit pour garantir la nuque contre le froid et la neige, le devant de la veste fut ensuite coupé avec revers et col baissé. Les jours de fête, le col de la chemise relevé apparaissait au-dessus du col de la veste et une grosse cravate de couleur vive était enroulée autour du cou sur la chemise.

Le pantalon était large et très montant avec une bande ou des festons de velours au bas de chaque jambe. Il avait en outre une forme toute particulière qui mérite d'être décrite parce qu'elle fut commune à tout le département. La brayette du pantalon actuel était remplacée par une large pièce d'étoffe dite à *renversement,* dont le nom même indique bien le mode d'emploi. Couvrant tout le bas-ventre et la partie supérieure des deux jambes, elle était maintenue à la ceinture par trois boutons spéciaux,dont un de chaque côté sur le prolongement de la couture du pantalon. Celui du milieu, de plus forte dimension que les autres, portait le nom de *bouton maître, charriot* ou *chariolon.* Cette pièce avait donné son nom au pantalon que l'on désignait sous l'épithète de pantalon à « *cléde* » ou à *renversement, à pont levis* ou à *portail.*

Le gilet, assez court et à deux rangées de bouton, était croisé et, parfois, les jours de fête notamment, d'une étoffe différente de celle de la veste ou du pantalon, rayée horizontalement, à fleurs et d'une nuance plus claire.

La chaussure consistait en sabots de forme particulière, à « deux talons », massifs et hauts,ferrés avec des fers de vache ; ils rappelaient ceux des montagnards de Mézenc. Les souliers ou les bottes étaient un luxe presque inconnu.

Comme coiffure, un chapeau en feutre noir à capsule ronde, aux larges ailes relevées au beau temps ou rabattus à frimas sur les oreilles, à l'aide de deux mentonnières. La chevelure laissée longue, retombe sur la nuque et de chaque côté sur les oreilles.

Les jambes étaient renfermées dans des guêtres étroitement boutonnées qui recouvraient les sabots.

Signalons encore l'inséparable tablier de cuir jaune ou « basane » qui faisait corps avec l'homme des champs et lui donnait l'air d'un sapeur marchant à l'assaut ; c'était le « feudal » des montagnards du Vivarais. Au lourd camail à capuchon de l'Auvergne et au manteau de serge correspondait le « sanlhe », lourd manteau en poil de chèvre, l'antique *sagum* des Gaulois.

Le signalement sera complet en mettant dans la main du montagnard de l'ancien Gévaudan un bâton pesant et noueux ».

Julien PEYRILLER.

L'auteur de cette étude s'est inspiré, en grande partie, d'une curieuse page de Aimé Gibon, insérée dans le volume d'où nous avons tiré cette note, sous le titre : *Etude de nos mœurs locales* (La Haute-Loire, 30 mars 1880).

Construction d'un bac sur le Lot en 1665

Le 22 septembre 1665, Dlle Claude de Pelamourgue, veuve de Jean Julien, sieur de Moriers, baille à prix fait à Jacques Alméras, charpentier à la Canourgue, la construction d'un « bâteau ou barque de la lon_ gueur et largeur qu'elle voudra, pour passer les personnes et le bestail, gros et menu, sur la rivière d'Olt, proche le lieu de Moriès, pour lequel bâteau ladite demoiselle fournira le bois et autres choses nécessaires...» (1).

Alméras demanda 51 livres et un délai de 6 semaines pour construire le bac.

D' BARBOT

Le Budget de Marvejols en 1691

Le Registre du *collecteur* Gausserand (vol. in-4') comprend deux parties : la première est consacrée à la liste des contribuables : 81 feuillets parafés dans leur ordre, au bas du recto par le juge Rouvière. La seconde, sous le titre de *Préambule du rôle*, donne les chapitres du Budget, avec mention des pièces justificatives (fol. 81-89).

LE BUDGET : *14.511 livres.*

Le « préambule » a été fait par devant MM. Pierre de Rouvière, juge, Aldebert Aldin, curé sacristain, J.-B. de Retz, baron de Serviè-

---

(1) Saumade, not., fol. 410.

res, Guillaume Gausserand, praticien, Etienne Périer, hôte, Antoine Aldin de la Bastide, lieutenant de juge, Ignace-François Vidal de la Saniole, procureur du roi, Jacques de Barrau de Chardonnet, Antoine Malzac, bourgeois, Jean Icher, marchand, « partiteurs et taxateurs nommés par délibération municipale du 9 mars 1691 ».

La quotité des impôts fixée par l'assiette du diocèse est de 11.178 livres 13 sols, d'où il faut déduire la portion du Causse Méjean (1.453 livres 13 sols 1 denier). Reste pour Marvejols........ 9.724 l. 11 d.

Auxquelles il faut ajouter :

Pour la maille d'or que toute la ville donne au roi... 17 s 6 d.

Droit de quittance du receveur.................... 5 l. 18 s.

Droit de contrôle................................. 45 s.

Dépenses ordinaires et frais municipaux............ 845 l.

Droit de garde des archives et greffier............. 150 l.

Au P. Fontanes, prédicateur de la Théologale et de l'octave du S. Sacrement. 200 l. — Au prédicateur de l'Avent et du Carême, 100 l. Total. (Réserve de demande en réduction)..................................... 300 l.

Aux régents des écoles. (Réserve de demande en réduction)... 400 l.

Pour le vicaire de la ville, 50 l. (le Chapitre lui payant le reste) sous réserve de demander une réduction, ci... 50 l.

Aux PP. Jacobins, 105 l. pour la rente du pré de Lorte, pris à nouveau bail par la ville, plus 30 livres oubliées l'année précédente........................... 135 l.

Intérêt de 2.750 l., reste des 4.400 l. empruntées à M. de Ressouche pour « l'achat de la maison qui sert de maison de ville, d'auditoire et de prisons pour les Cour royale et Baillage de cette ville et pays de Gévaudan et au Présidial de Nimes »........................... 137 l. 10 s.

Intérêts de diverses autres sommes dues............. 649 l. 12 s.8

A imposer 1500 liv, pour l'achat de 150 fusils, 150 baïonnettes, 150 fourniments, pour armer les trois compagnies de bourgeoisie, pour trois tambours, poudre et plomb. (Ord. de l'Intendant, 16 févr. 1691)............ 1500 l.

A imposer pour le sol pour livre des 845 liv. (frais municipaux)..................................... 42 l. 5 s.

Total........ 13.981 l. 19 s. 1 d m.

A déduire : 271 l. imposées l'an dernier en faveur de Gabriel Guyot, docteur médecin.................... 271 l.

Reste pour Marvejols.................... 13.710 l. 19 s. 1 d. m.

Collecteurs. — La levée sera faite par le baron de Servières, Guillaume Gausserand et Etienne Périer, hôte, consuls modernes et collecteurs volontaires (aucun adjudicataire ne s'étant présenté). Ils seront rémunérés, « pour le droit de levure » à 14 deniers pour livre, ce qui fait en tout . . . . 799 l. 9 s.

Total général. . . . 14.511 l. 8 s. 1 d m.

Répartition. — Cette somme est départie également, sur 459 livres, dont 392 du compois terrier et 60 livres des cabaux et industries. Chaque livre du compois est taxée à 31 l. 12 s. 6 d.

A la fin du registre, sur une feuille à part, se trouve le barème employé pour fixer les côtes, conformément au point de départ ci-dessus.

Le calcul est fait de 1 à 2 livres, de 1 à 19 sols, de 1 à 12 deniers et de la maille à la demi-pite, de sorte qu'une simple multiplication, au vu du compois, suffit pour établir la côte du contribuable.

Il est intéressant de retenir la valeur des menues monnaies qui sont peu connues. La livre comprenait 20 sols. Le sol contenait 12 deniers. Le denier valait 2 mailles ou oboles. L'obole valait deux pogèses, la pogèse deux pites, la pite deux demi-pites.

Si au compois on était taxé pour une livre, on payait 31 l. 12 s. 6 d., pour un sol on payait 1 l. 11 s. 7 d.; pour un denier, 2 s. 7 d. maille, pite ; pour une maille, 1 s. 4 d.; pour une pogèse, 8 d.; pour une pite, 4 d.; pour une demi-pite, 2 deniers.

Les contribuables. — Les contribuables sont inscrits à raison de 4 à 6 par page. A la suite de leur nom est mentionnée leur côte cadastrale, et en avant, en marge, la côte de la taille. Les intervalles sont consacrés aux « reçus » par le collecteur. Les rôles acquittés sont croisés.

Les contribuables figurent dans l'ordre et au nombre suivant:

111 au quartier du Téron, 127 au quartier de la Daurade, 161 au quartier de Borelle, 95 au quartier de Fourdoule; 97 résidents, 29 pour les faubourgs ; pour les villages : 3 à la Valette, 11 au Rogourdol, 6 à Antrenas, 1 à la Tieulade, 2 à Larcis, 2 à Gimels, 2 au Serre, 1 à Marquès, 1 à Montrodat, 27 à Valadou, 2 à Combettes, 7 à Inosses ; pour les cabaux et industries, 11.

Total des contribuables: 706, sur une population de plus de 3.000 habitants. (1)

Payements en nature. — Les fonds entraient difficilement parfois et en retard. On se libérait quelquefois en nature, au profit du collecteur.

(1) D'après les délib. comm. des 11 et 18 juin 1722, plus de la moitié de la population avait péri par la peste, et il restait 1507 habitants.

On lit des mentions de cette espèce :

« Reçu 5 mitadens orge en août 1694 (pour 1691), valant 25 sols le mitaden qu'est 5 livres ».

« Reçu au moyen de la garde de la vigne, 1692, 5 sols ».

« Reçu une paire de chardes ».

« A payé le restant, compris le port de ma vendange ».

« Reçu une journée à fossoyer que je lui devais, 10 sols ».

« Plus m'a fait une journée à la vigne, avec son fils, 20 sols ».

« Reçu une journée à labourer, 15 sols ». « Plus reçu un picher d'huile de noix valant 3 l. 10 s. ». Reçu en fumier 9 livres, une coupe orge mondé. 2 sols ». « 5 sols pour m'avoir tué un pourceau ce 3 janvier 1693 », etc.

F. REMIZE

Fouilles à l'Hospitalet

Les habitants de Lajo ayant acheté, par souscription, le terrain où coule la fontaine dite de St-Roch, des travaux importants y ont été faits. Ce terrain était rocailleux et marécageux ; il a été nivelé et assaini par des drainages. De plus, la fontaine qui sourd verticalement, a été isolée de toutes les eaux environnantes, et sera désormais à l'abri du mélange avec l'eau du ruisseau. Un monument assez grandiose remplacera l'ancien et portera une statue en fonte de saint Roch.

Les fouilles faites ont fait reconnaître exactement l'emplacément et les dimensions de l'ancien Hospitalet. Les grandes lignes de son histoire nous sont désormais connues.

Voici son origine : Hugues de Thoras et Hélye de Chanaleilles fondèrent, en 1198, une maladrerie ou *hospitalet*, à frais communs, sur les limites de leurs terres, la dotèrent et y affectèrent une chapelle pour la desservir. (Poplimont : *La France héraldique*).

D'après les fondations retrouvées, cet hôpital comprenait deux bâtiments distincts et séparés par le chemin de St-Alban à Thoras,

Le premier bâtiment mesurait 20 mètres de long sur 8 de large et était orienté vers l'ouest ; la petite chapelle formait angle et mesurait 8 mètres de long sur 4 de large, Nous savons qu'en cet endroit précis était la chapelle, parce qu'une croix commémorative y avait été dressée par ordre de l'Hôtel Dieu du Puy, devenu possesseur de l'Hospitalet au moment de sa ruine.

Le second bâtiment, séparé seulement du premier par la largeur du chemin, avait à peu près les mêmes dimensions, et était orienté au midi; un mur le coupait en deux parties égales.

L'hôpital et la chapelle étaient dédiés à saint Jacques et avaient été confiés aux religieux Templiers. La famille de Chanaleilles comptait du reste plusieurs Templiers parmi ses membres, entr'autres Guillaume frère d'Hélye le fondateur de l'Hospitalet.

Les Templiers furent condamnés à disparaître en 1314, leurs biens furent confisqués et l'Hospitalet fut attribué à l'Hôtel-Dieu du Puy, qui en continua le service.

C'est à cette époque qu'il faut placer le passage de saint Roch (vers 1320). On nous demande des preuves, les voici :

D'abord, la tradition a noté rdmirablement le parcours du Saint, du Puy à l'Hospitalet, et sur les anciennes voies qui reliaient le Velay au Gévaudan, nous trouvons ces noms bien indicateurs : le *Chemin de Saint Roch,* le *Pont de Saint-Roch,* le *Gué de Saint-Roch,* etc. Quoi qu'on en dise, la tradition *possède* et l'argument a plus de valeur que ne lui en donne la critique moderne ; ce serait à elle de démontrer le contraire.

Mais l'histoire corrobore parfaitement la tradition : Saint Roch avait fait son voyage en Italie par la Provence et en avait visité les sanctuaires ; il quitta son disciple Gothard au nord de l'Italie et revint en France par la vallée de Rhône. Le sanctuaire de Fourvières, puis celui de Notre-Dame du Puy, lui traçaient son chemin de Montpellier.

Le Lyon, il devait nécessairement venir visiter la vierge du mont. Anis au Puy, lieu de pèlerinage le plus célèbre de cette époque et aussi le plus ancien des pèlerinages de France.

L'Hotel Dieu du Puy avait pour succursales l'hospice de Saugues et l'Hospitalet de la Margeride : ces deux étapes saint Roch du Velay en Gévaudan le mettaient sur la route de Montpellier. Ce n'est donc pas sans raison que l'on croit au passage de saint Roch à l'Hospitalet.

A. Mourgues

Réparations à l'église de la Canourgue au XVIII' siècle]

« Nous soubsignés, scachans que le grand pilier de nostre église de la présente ville du costé de Nostre-Dame est découvert et qu'aux couverts de ladite église, il y a plusieurs gouttières et autres réparations à faire, comme nous avons fait certifier, et qu'il est nécessaire que quelqu'un aye le soin d'entretenir les dits couverts et pilliers, comme on faisoit anciennement, ayant accoustumé de donner à un couvreur trois cestiers de blé de pension annuelle, et à cause que ladite pension n'a pas esté payée depuis quelques années par les fermiers de M. le prieur, ladite esglise menace ruine,

Et pour empecher une seconde démolition, il est nécessaire de continuer de faire payer ladite pension. Et Pierre Glandier, maistre couvreur de la présente ville, offre d'entretenir les couverts de ladite esglise soubs la pension de trois cestiers de bled annuellement. C'est pourquoi, nous soubsignés, prions M. de Rouvière, conseiller du Roy, juge et lieutenant général du bailliage de Gévaudan et procureur de M. le prieur, de faire bailler audit Glandier pour la présente année, à cause dudit pilier, deux cestiers seigle et un cestier orge, et pour l'avenir deux cestiers seigle chaque année payables à chaque festé de St-Michel... Fait à la Canourgue le 4 septembre 1704.

    Paradan, *sacristain ;* Aigouy, *pitancier ;* Malgoire, *capiscol ;*
    Portalier, Chambard, Pradeilles. »

« Nous soubsignés, Jacques Bonafous, notaire royal, secrétaire du couvent et prieuré St-Martin de la ville de la Canourgue et procureur de Mgr de Molé, prieur commandataire dudit prieuré, assisté de doms Jean Vidal, drapier et prieur claustral, Sylvestre Paradan, sacristain, François Aigouy, pitancier, Hyacinthe Séneschal, infirmier, Gilbert Malgoire, capiscol, Pierre Pradeilles, Jean Portalier, Jean Rouel et Antoine Chambard, tous prêtres et religieux profès dudit couvent.

Avons, nous Bonafous, en la susdite qualité, baillé à prix fait à Jean Massebœuf, maistre couvreur de la ville de la Canourgue, à remettre et réparer l'entier couvert de l'église conventuelle et parrochielle de ladite Canourgue, le couvert des voûtes du tour de ladite église, les entiers couverts des chapelles de N.-D. de Pitié, de Canillac et de Montferrand, ensemble l'entier couvert du petit et grand dôme du clocher et le couvert du degré quy va audit clocher, à la charge par ledit Massebœuf de fournir à la despense et tous les matériaux, scavoir : les achaux, sable, pierre, tuiles, ais, clous et chevilles, pour et moyennant le prix et somme de trente livres payables par nous, Bonafous, un tiers au commencement, l'autre à demy travail et l'autre à la fin d'icelluy que ledit Massebœuf promet et s'oblige avoir fait et parfait entre cy et la feste de St-André prochain, à peine de dépens.

De plus, ledit Massebœuf s'oblige d'ôter les toiles d'araignées de ladite église et d'entretenir à l'advenir et tenir hors de gouttières tous les susdits couverts, moyennant huit coupes seigle et huit coupes orge chaque année, payables chaque St-Martin.

Fait à la Canourgue le 12 octobre 1709. » (1)

Dr Barbot.

BIBLIOGRAPHIE

Almanach du Soc. 1909. Marvejols, Guerrier. (2ᵉ année).

Armanac de Louzero. 1909. Mende, Pauc. (9ᵉ année).

Atger. — *Nicolas Joany, chef camisard.* Nimes, Lavagne. 1908. 1 op. in-8°.

Barbot (Dʳ). — *Pages inédites de l'Histoire de Marvejols.* En cours de publication dans l'*Echo des Montagnes,* Marvejols, Vieilledent, imp.

Boissonnade (P.) -- *La crise de l'industrie languedocienne au XVIIᵉ siècle.* (Annales du Midi, avril 1909, pp. 169 à 198).

Ce travail contient quelques notes sur l'industrie du Gévaudan : il y est question des mines de Villefort et d'Allenc, de la houille, des verreries, des fonderies de Langogne où on traitait le cuivre, des serges et des cadis exportés en Italie, en Suisse et en Allemagne.

Bost (Ch.). — *La Persécution dans le diocèse de Mende, d'octobre 1685 à mars 1688.* (Bull. de la Société de l'Histoire du protestantisme français, 1906).

D'après un manuscrit des Archives de l'Hérault. C 273.

— *Le chant des psaumes dans les airs à Marvejols en 1686.* (Ibidem, 1907. p. 529).

— *Deux études sur la Révocation dans le Languedoc.* (Ibidem, 1908, pp. 192-226).

Intéressant article de critique au sujet de deux ouvrages publiés par l'abbé Rouquette et mentionnés précédemment dans la Bibliographie du *Bulletin.*

---

(1) Documents personnels inédits.

Chaillan (Abbé). — *Documents nouveaux sur le* Studium *du Pape Urbain V à Trets-Manosque* 1364-1367. (Mémoires de l'Académie d'Aix, 1908, t. XIX, p. 59).

Déjà, en 1898, M. l'abbé Chaillan avait publié une série de documents sur le même sujet, analysés dans le *Bulletin* d'avril 1899.

Chambon. — *Notes et documents sur la famille de Montboissier-Beaufort-Canillac.* (La Correspondance historique. 1907. p. 198-211).

Chaytor (H.-I.). — *Poésies du troubadour Perdigon.* (Annales du Midi, avril 1909, pp. 153 à 168 ; juillet, pp. 297 à 337).

L'auteur publie un certain nombre de poésies du célèbre troubadour Gévaudanais, avec une excellente traduction littérale et des notes.

Cord (E.). — *Géologie agricole.* 1 vol. in-8° de 450 pages avec 316 fig. — Paris, J. Baillière, 1910.

La base de toute culture rationnelle réside, à l'heure actuelle, dans l'étude préalable des propriétés physiques et chimiques des sols. Cette étude nécessite une connaissance des lois de la géologie. C'est cette étude théorique que fait notre collègue, M. Cord, en ayant soin de montrer les rapports qui existent entre telle et telle formation géologique et l'agriculture des diverses régions, ainsi que les conséquences qui en résultent. Nos félicitations.

Dumons. — *A propos d'une étude sur les Fugitifs du Languedoc.* (Bull. Soc. Hist. Protest. fr. 1909. p. 466).

Critique de l'étude publiée par l'abbé Rouquette sur les *Fugitifs* et annoncée plus bas.

Espérandieu. — *Recueil général des bas-reliefs de la Gaule romaine.* (t. II. p. 471. Gévaudan), Paris. Imp. nat. 1908.

Quelques mots sur le Gévaudan avec une vue du monument de Lanuéjols. — Photographie du D' Barbot.

Favier (J.). — *Notice géographique et historique sur la commune d'Auroux.* (En cours de publication dans le *Courrier de la Lozère*, 16 décembre 1909 et suivants)

Foulquier (Abbé). — *Monographie de la paroisse de St-Préjet-du-Tarn.*

Publication dans le *Courrier de la Lozère,* terminée en décembre 1909.

MARCHESSOU. — *Velay et Auvergne*. Le Puy, Marchessou, 1903. 1 vol. in-8 illustré.

Dans cet essai de folk-lore régional, œuvre de plusieurs érudits, l'auteur a réuni quelques pages sur les anciens costumes et les muletiers : on y trouve une description du costume du montagnard lozérien et quelques mots sur le commerce des muletiers. (Voir plus haut).

MOURGUES. — *Gui de Chaulhac*. (Le *Soc*, n° du 1ᵉʳ mars 1909).

Courte biographie du célèbre chirurgien Gévaudanais.

— *Le général d'Aurelle de Paladines*. (Le *Soc*, n° du 31 octobre 1909).

Biographie de ce général d'origine Lozérienne.

PANTEL. — *Orographie des Cévennes*. Mende, Planchon, 1909. 1 brochure, in-8° de 16 pages.

PHILIPPE. — *Deux églises à plan tréflé de l'ancien Gévaudan*. (Bull. monumental, 1909, t. 73, p. 258 à 274).

Intéressante page d'archéologie illustrée de deux plans et trois coupes des églises étudiées.

POIRÉE (Mˡˡᵉ M.). — *Une visite du représentant Monestier, 1794*. (Bull. de la Société archéologique du Gers, 1908, pp. 49-51).

Revue illustrée du Club Cévenol, XVᵉ année, 1909.

N° 1. H. ROUX. *St-André-de-Valborgne et ses environs*, avec cinq photos.

Dʳ DÉJEAN. *Portes et sa seigneurie*, avec une photo.

H. ROUX. *André Castanet*, avec deux dessins.

N° 2. G. FABRE. *Les rochers des Causses*, avec six photos.

Dʳ DÉJEAN. *Portes et sa seigneurie* (suite et fin), avec deux photos.

H. BOLAND. *Vers les Gorges du Tarn*, avec une photo.

N° 3. Dʳ BARBOT. *De Florac à Ste-Cécile-d'Andorge. Impressions de route*, avec 9 photos.

O. AUSSET. *Excursions et villégiatures au pays Cévenol*, avec une photo.

N° 4. *La mort de M. Henri Boland, président du* Club Cévenol, avec un portrait.

XV° assemblée générale du Club Cévenol.

ROUQUETTE (Abbé). — *Etudes sur la révocation de l'Edit de Nantes en Languedoc.* t. III. *Les Fugitifs.* Paris. Savaète, 1908. 1 vol. in-8° de 271 pages.

VALENTIN. — *Poèmes de plein vent.* Paris, Lecène et Oudin, 1909. 1 vol. in-16.

Rimes d'un Lozérien déraciné qui n'oublie point le clocher natal.

WEISS. — *Précisions documentaires sur l'Histoire des Camisards.* —*L'abbé du Chayla.* (Bull. Soc. Hist. Prot. fr. 1909. p. 249, avec une vue du Pont-de-Montvert).

X... — *La disette dans nos Cévennes en 1790.* (*L'Avant-Garde Lozérienne,* n° du 4 juillet 1909).

D' BARBOT.

Chronique et Mélanges

1910

LE TRIBUNAL DE PREMIÈRE INSTANCE

DE

MENDE

La Justice à Mende de l'an VIII à 1910

I.

DE L'AN VIII A 1811.

La Révolution abolit en 1789 toutes les juridictions de l'ancien régime, mais n'établit pas immédiatement à leur place une organisation judiciaire définitive. Les bases en furent simplement posées en 1790 par de nombreux décrets réglementaires et la justice nouvelle s'essaya en des organismes multiples, instables, se succédant, s'unifiant et se perfectionnant peu à peu pour aboutir en l'an VIII à l'état actuel, qui a survécu à tous les changements de constitutions et à l'évolution des esprits, des caractères et des mœurs.

Le tribunal de première instance de l'arrondissement de Mende fut créé avec une organisation analogue à celle d'aujourd'hui, par la loi du 29 ventose an VIII, conformément aux prescriptions de la constitution du 22 frimaire. Il remplaçait, pour sa circonscription, le tribunal civil du département de la Lozère et le tribunal de police correctionnelle, établis par la constitution de l'an III ; et, en même temps, on instituait à ses côtés, un tribunal criminel de département pour juger les affaires criminelles et pour statuer comme juge d'appel en matière de police correctionnelle.

La nouvelle juridiction de première instance de Mende, classée parmi les moins importantes, n'avait alors que trois juges, deux suppléants, un commissaire du gouvernement et un greffier. Elle connaissait des affaires civiles ou correctionnelles et des appels de justice de paix, et ressortissait du tribunal d'appel de Nimes (1). Les juges et le commissaire du gouvernement étaient nommés à vie par le premier consul, mais choisis exclusivement sur les listes communales d'éligibles : le président était pris parmi les juges et nommé pour trois ans : il touchait ainsi que le commissaire du gouvernement un traitement annuel de 1.500 fr. qui fut porté à 1.750 fr. par décret impérial du 18 juin 1806. Les juges recevaient une indemnité annuelle de 1.000 fr. qui fut élevée à 1.250 fr. par le même décret.

Le nouveau tribunal criminel du département de la Lozère créé par la loi du 29 ventose an VIII constituait ce qu'on appelait sous l'ancien régime « une cour souveraine », statuait en dernier ressort, et était constitué par trois juges, deux suppléants, un commissaire du gouvernement et un greffier, choisis par le premier-consul sur la liste départementale d'éligibles. Le président était nommé pour 3 ans et recevait, de même que le commissaire du gouvernement, un traitement annuel de 3.000 fr.: celui des juges n'était que de 2.000 fr. Ces indemnités furent portées en 1806 à 4.500 fr. et à 2.500 fr.

Les magistrats du nouveau tribunal de première instance de Mende furent nommés par décrets en date du 22 prairial an VIII et installés solennellement le 26 messidor de la même année. Ces décrets instituaient : comme président, M. François Bertrand, comme juges, MM. Daudé-Lacoste et Vincens, comme suppléants, MM. Boutin et Barbot, comme commissaire du gouvernement M. Teissonnière, enfin comme greffier, M. Fages,

On choisit pour siège de cette juridiction le local assez incommode et exigu de l'ancien tribunal civil de la Lozère. Le bâtiment avait été

(1) Le Tribunal d'appel de Nimes avait, de par la loi du 29 nivose an VIII, 14 juges pris sur la liste départementale d'éligibles, un commissaire du gouvernement et un greffier. Le président était nommé pour 3 ans : les juges recevaient un traitement de 2.000 fr., le président et le commissaire du gouvernement en touchaient un de 3.000 fr. Ces traitements furent élevés à 2.500 fr. et 4.500 fr. par décret du 20 juin 1806.

acquis par la ville de Mende en 1578 et avait servi de maison consulaire jusqu'à la révolution. Le décret-loi des 7-20 mars 1791 autorisa les administrateurs du directoire du département à l'acheter à la municipalité, et on y installa successivement le tribunal du district, le tribunal civil, le tribunal de police correctionnelle, la justice et le bureau de paix. Il était tout naturel que le tribunal de première instance de l'arrondissement prit la place du tribunal civil supprimé. On mit à sa disposition la salle d'audience qui se trouvait à l'angle des rues actuelles du Musée et de la Salle d'asile, et les services accessires furent placés au même étage du côté du jardin.

L'installation du tribunal nouveau fut faite avec la pompe coutumière de l'époque et donna lieu à un procès-verbal qui en relate soigneusement les détails :

« Le 24 Messidor an VIII de la République Française à onze heures du matin, le préfet du département de la Lozère, accompagné du secrétaire général provisoire de la préfecture et d'un nombreux cortège à la tête duquel se trouvaient les membres de la mairie, un détachement de troupes de la 106ᵉ demi brigade formant la haie, en vertu de sa lettre de convocation auxdits jour et heure adressée aux membres nommés par le premier consul, pour composer le tribunal de première instance de l'arrondissement de Mende, s'est transporté au palais de justice dudit tribunal, suivi par lesdits membres ou étant, il a annoncé que l'objet de la convocation était l'installation dudit tribunal. En conséquence, et après que la séance a été déclarée ouverte, le secrétaire général de la préfecture a donné lecture de l'arrêté du premier-consul du 22 prairial, portant nomination des membres dudit tribunal et des lettres du ministre de la justice du 3 messidor portant envoy de la commission à chacun des susdits membres et invitation au préfet de fixer le jour de l'installation et de procéder à y celle. Après quoi le préfet a exigé de chacun des citoyens dénommés dans l'arrêté du premier-consul la déclaration suivante : « *Je promets fidélité à la constitution de l'an VIII et de remplir avec exactitude les fonctions qui me sont confiées* ». Cette déclaration ayant été faite individuellement, les membres du tribunal ont pris séance, sauf le citoyen Boutin 1ᵉʳ suppléant qui ne s'est pas trouvé (1). Le préfet a ensuite, par un discours analogue, retracé aux magistrats qu'il venait d'installer les devoirs que leur impose le poste honorable auquel vient de les appeler le pre-

(1) M. Boutin prêta serment devant le tribunal et fut installé dans ses fonctions à l'audience du 19 thermidor an VIII.

mier-consul, et surtout l'intérêt que doit leur inspirer la fortune publique confiée à leur justice. Il a invité le tribunal à activer autant qu'il serait en son pouvoir l'expédition des affaires qui sont pendantes devant lui (2), afin que le justiciable ne soit pas exposé à des frais qui ne peuvent que s'accroître par le retard, et, en rendant hommage aux lumières et à la probité des citoyens nommés par le premier consul pour exercer des augustes fonctions, il a été déterminé à donner à chacun d'eux l'accolade fraternelle. Le citoyen Bertrand, président du tribunal a répondu à ce discours par un autre plein d'éloquence où il a développé toutes les circonstances qui constituent un *bon juge*, et fait sentir, très modestement, que le zèle du tribunal suppléerait à ses moyens ; puis a assuré aux justiciables qu'ils ne négligeraient jamais des fonctions qui leur étaient dues *(sic)* et qu'ils feraient tous leurs efforts pour répondre à la confiance du gouvernement. Ces discours ont été successivement applaudis par une foule très considérable de spectateurs. Les cris de « Vive la République, vive Bonaparte » se sont fait entendre de toute part. La séance a été levée.

« Le secrétaire général provisoire : Vigué ».

Le choix des magistrats du tribunal nouveau était des plus heureux et des meilleurs.

Le président, M. François Bertrand, avait fait ses preuves comme jurisconsulte et comme magistrat : il avait été successivement avocat, président du tribunal de district de Langogne, juge et président du tribunal civil de la Lozère et il remplissait encore en l'an VIII les fonctions délicates de président du tribunal de police correctionnelle de Mende. C'était le plus jeune des trois juges du nouveau tribunal, car il avait à peine 32 ans. Il parlait avec élégance et tous ses jugements concis et bien motivés témoignent d'une science approfondie du droit, sous une forme correcte, nette et précise. Il s'était définitivement fixé à Mende en l'an III, avait épousé Mlle de Charpal et demeurait « en l'enclos des ci-devant capucins ». D'une famille de magistrats, il était cousin-germain de M. Lafont, ancien accusateur public, qui fut nommé, en même temps que lui, 1" juge du tribunal criminel de la Lozère. Le suffrage de ses pairs, qui l'avaient présenté à la présidence, et le choix du premier consul, étaient absolument justifiés.

M. Louis Daudé Lacoste, 1" juge, avait 76 ans. C'était un jurisconsulte d'une érudition étonnante. Il avait exercé de nombreuses judicatures et présidé notamment le tribunal civil de l'an III. M. Jean-Antoine

______

(1) Le tribunal de première instance devait liquider le rôle de l'ancien tribunal civil supprimé et qui concernait l'arrondissement de Mende.

Vincens, second juge, né en 1746, était un praticien devenu magistrat
en l'an IV : il avait occupé avec distinction des fonctions judiciaires
aux tribunaux civil, criminel et de police, et s'était volontairement
effacé devant M. Bertrand, dont il admirait le talent, et M. Daudé-
Lacoste dont il avait été le suppléant.

Les deux suppléants MM. Boutin et Barbot étaient des avocats estimés, et le greffier M. Sage était un officier public, zélé, ponctuel dont
on peut encore admirer aujourd'hui les minutes impeccables.

M. Dominique Teissonnière, commissaire du gouvernement, originaire de l'arrondissement de Florac, avait présidé les tribunaux de ce
district depuis le 13 février 1792. Juste, laborieux, actif, prudent, il
complétait admirablement le tribunal de Mende.

M. Louis Daudé Lacoste mourut le 25 ventose an XII, à l'âge de 80
ans et fut remplacé par M. Boutin, juge suppléant, qui eut lui même
pour successeur, le 11 prairial de la même année, M. Henri-Joseph
Daudé-Lacoste fils, juge au tribunal spécial.

M. Louis Daudé-Lacoste était entouré de l'estime et du respect de
tous ; il incarnait à Mende le magistrat, et le *Journal de la Lozère* lui
consacra un article nécrologique qui mérite d'être cité dans ses naïfs
dithyrambes pour conserver la mémoire de cet homme de bien qui fut
juge 50 ans et ne laissa pas d'ennemi.

« La magistrature vient de perdre un de ses membres distingués en
la personne du citoyen Louis Daudé Lacoste père, juge au tribunal de
première instance de Mende, décédé vendredi dernier 25 du courant.
Ce citoyen exerçait depuis près de 50 ans des fonctions judiciaires dans
cette ville. Il savait par cœur les lois civiles de Domat et l'Esprit des
lois, tant la lecture de ces deux ouvrages avait été sa passion domi-
nante. Ses connaissances en jurisprudence et sa droiture lui avaient
mérité une confiance non interrompue ; ses qualités privées ne lui
avaient pas moins acquis l'estime générale. Sa vie physique avait ceci
de remarquable qu'il n'avait jamais été atteint d'aucune maladie, pas
même de la petite vérole, bien qu'il eut parcourru une carrière d'environ 79 ans. Il siégeait encore au tribunal quelques jours avant qu'une
mort presque inattendue vint l'enlever... à ses amis ».

M. Barbot démissionna le 3 nivôse an XIII. M. Daudé Lacoste fils se
départit de ses fonctions le 7 germinal de la même année pour se consacrer exclusivement à celles de juge au tribunal criminel spécial, qu'il
avait voulu conserver, et les deux postes de suppléants furent pourvus
à la fois par décret du 18 floréal nommant M. Vimont Adrien-François,
avocat, et Aulanier Jean-Etienne, avoué à Mende.

M. Boutin mourut le 6 fructidor an XIII « en son logis, rue des Clas-
res », à l'âge de 61 ans et fut remplacé par M. Vimont, 1ᵉʳ juge suppléant, dont le siège fut attribué par le même décret, le 31 janvier 1806,
à M. Pierre-Alexis Lahondès de Laborie, ancien juge de Paix.

M. le président François Bertrand, qui semblait destiné à une longue
et brillante carrière mourut subitement le 15 septembre 1806. Son éloge
funèbre nous donne sur lui des renseignements précieux qui méritent
d'être conservés.

« Le Tribunal de première instance de cet arrondissement, vient de
perdre son président après quelques jours d'une maladie aigue... M.
François Bertrand né en 1768 à la Brugerette, commune de Saint-
Paul-le-Froid, arrondissement de Mende, fit sa principale occupation
de l'étude des lois · les connaissances qu'il avait acquises dans cette
carrière le firent distinguer, lors de la formation|des tribunaux de dis-
trict, par ses concitoyens qui le nommèrent président de celui de
Langogne. Il apporta dans l'exercice de ses fonctions cet esprit de
justice et cette intégrité qui sont l'apanage de l'interprète éclairé des
lois, du vrai magistrat. Aussi le vit-on, pendant la révolution, malgré
l'instabilité des établissements et des fonctionnaires, occuper sans
interruption un rang distingué dans les tribunaux. Appelé comme
membre du tribunal civil de ce département à Mende, il se fixa dans
cette ville ; lorsque cet établissement fut remplacé par les tribunaux
de première instance il fut choisi pour présider celui de l'arrondissement de Mende. Atteint de fièvre maligne, à la fleur de l'âge, quelques
jours de maladie ont suffi à l'enlever à sa famille... encore inconsola-
ble de la perte récente de son frère cadet, conseiller de préfecture... »

Après la mort de M. Bertrand, la présidence du tribunal de première
instance resta sans titulaire pendant plus de six mois. M. Jean-Antoine
Vincens, premier juge fut enfin nommé président par décret signé au
camp impérial de Varsovie, le 25 janvier 1807 : ce décret ne parvint à
la Cour d'appel de Nimes que deux mois après, et M. Vincens ne put
prêter serment que le 14 avril.

M. Vincens avait 60 ans lorsqu'il fut élevé à la présidence qu'il conserva pendant 12 ans, malgré les changements de régime et les périodes
troublées qui bouleversèrent le pays. Il a laissé le souvenir d'un magistrat très zélé, impartial, connaissant bien la science du droit et la
pratique des affaires.

Le poste de juge vacant par la nomination de M. Vincens fut donné,
par décret du 27 janvier 1807, à M. Jean-François Rivière, ancien lieutenant au baillage de Gévaudan. Le 16 juin 1808, M. Aulanier, juge

suppléant fut nommé juge à Marvejols et remplacé par M. Olivier. M. André reprit à la même époque l'office de greffier de M. Sage.

Nous avons vu que la constitution du 22 frimaire et la loi du 29 nivose an VIII avaient créé à Mende, pour rendre la justice criminelle de toute la Lozère, un tribunal permanent, dans la composition duquel n'entrait aucun magistrat d'instance et qui jugeait en appel les affaires correctionnelles du département.

Ce tribunal criminel fut formé le 22 prairial an VIII par décrets du premier consul instituant : Président, M. Guyot ; juges, MM. Lafont et Lavie ; suppléants, MM. Chevalier de la Bessière et Bouteille ; commissaire du gouvernement, M. Valette ; enfin, greffier, M. Renouard. Les juges devaient remplir à tour de rôle les fonctions de directeur du Jury qui correspondaient à peu près à celles de juge d'instruction, sauf en ce qui concerne la police judiciaire exercée par les magistrats de sureté d'arrondissement : ces derniers étaient en outre considérés comme les substituts du commissaire du gouvernement et le suppléaient à l'audience. Cette justice souveraine fut établie dans les dépendances de l'ancien palais épiscopal où l'on jugeait au criminel depuis 1791 et où siégeait auparavant le tribunal criminel de l'an III : on lui affecta pour ses audiences une vaste salle située au premier étage, adossée aux bas côtés Nord du grand clocher de la cathédrale et mesurant 13 m. 50 de long sur 7 m. de large. Le parquet et le greffe furent placés au rez-de-chaussée.

Les magistrats du Tribunal criminel de Mende furent installés solennellement dans leurs fonctions par le préfet de la Lozère, le 24 messidor an VIII, deux jours avant ceux du tribunal. Le procès-verbal de cette cérémonie est à peu près semblable à celui qui concerne le tribunal de première instance ; on y retrouve la même pompe et le même formalisme, les mêmes discours.

Les deux justices, juxtaposées à Mende en l'an VIII avaient des caractères bien différents. Le tribunal criminel, cour souveraine et d'appel restant exclusivement une juridiction répressive, puissante, redoutable et redoutée (1), entourée d'un grand prestige, mais assez impopulaire, tandis que le tribunal de première instance qui réglait les menus procès civils, qui appliquait le droit aux difficultés de chacun, qui punissait

(1) La Cour criminelle et spéciale de la Lozère prononça de nombreuses condamnations à mort qui étaient exécutées immédiatement. Trois ou quatre heures au plus après l'arrêt, l'échafaud était dressé et le condamné avait la tête tranchée sur la place d'Angiran.

sans rigueur et sans apparat se montrait au contraire débonnaire
pratique et proche des justiciables. La faveur de tous alla à la juridiction inférieure : aussi on comprend que plus tard, quand on substitua
l'unité à ce dualisme judiciaire, la justice criminelle fut absorbée par
la justice d'instance et la Cour d'assises fut rattachée au tribunal.

Les magistrats choisis pour former le tribunal criminel de la Lozère
avaient tous été pris parmi les personnalités les plus en vue du département : hommes de loi et d'action, jouissant d'une grande autorité.

Le Président Pierre Guyot, né en 1747, était, dans son décret de
nomination, qualifié « ex législateur » : il avait été député au conseil
des Cinq cents, commissaire du directoire et président de l'ancien
tribunal criminel. Il habitait à Mende un hôtel « ci-devant de l'union,
sis au faubourg des Cordeliers » et on lui marquait la plus vive défé-
rence. Ses avis, comme jurisconsulte, faisaient autorité, il passait pour
avoir une grande influence auprès des pouvoirs publics et le premier-
consul lui témoignait une estime toute particulière. Il fut invité par
« lettre cachetée » aux fêtes du couronnement, et lorsque le 8 floréal an
X l'ordre de la légion d'honneur fut créé, il obtint une des premières
croix de chevalier accordées aux services civils.

M. Lafont remplissait en l'an VIII les fonctions difficiles d'accusateur public à Mende. Magistrat plein de zèle et d'activité, il eut souvent à présider le tribunal criminel, car M. Guyot d'une santé
délicate, lui confia fréquemment la direction pénible des débats
judiciaires dont il avait longtemps hésité à assumer la charge.

M. Lavie, second juge, était auparavant président de l'administration et juge à l'ancien tribunal correctionnel. M. Valette occupait précédemment les fonctions de commissaire du gouvernement au criminel
et M. Renouard celles de greffier : ils continuaient simplement dans le
nouvel organisme judiciaire leurs judicatures antérieures.

M. Bouteille, second suppléant, ancien juge au tribunal civil, fut un
des magistrats les plus assidus ; quant à M. Chevalier de la Bessière,
premier suppléant, avocat à Mende, il parait avoir très rarement siégé
aux audiences criminelles.

A partir de l'an IX le tribunal criminel de la Lozère fut investi du
droit de juger, comme « tribunal spécial » les crimes prévus par la loi
du 18 pluviose an IX et par celles des 23 floréal an X et 13 floréal an
XI. Il fallait alors, par une action énergique, rétablir l'ordre profondément troublé et garantir fortement la sécurité publique. Les crimes
commis sur les grandes routes, les assassinats, incendies, la fabrication et l'émission de fausse monnaie, les crimes commis en récidive,
les faux, les rébellions en armes devinrent justiciables d'une juridiction

spéciale. Pour constituer ce tribunal exceptionnel le tribunal criminel dut s'adjoindre de trois à cinq autres juges pris parmi des capitaines désignés à cet effet, des magistrats du tribunal de première instance ou même des jurisconsultes aptes à remplir les fonctions de juge. Nous avons vu que M. Daudé Lacoste fils fut nommé à cette magistrature avant d'être choisi comme suppléant du tribunal de première instance et qu'il se démit de la suppléance pour continuer à l'excercer.

Lors de la constitution de l'empire, un décret du 17 messidor an XII donna aux tribunaux criminels spéciaux le nom de Cours impériales. Le tribunal criminel de Mende prit désormais ce titre, même lorsqu'il ne siégeait pas comme juridiction spéciale, et devint la Cour impériale de la Lozère. Le commissaire du gouvernement se qualifia procureur-général impérial et les juges, MM. Lafont et Lavie, se firent appeler conseillers.

M. le président Pierre Guyot mourut le 6 prairial an XIII. Sa nécrologie nous révèle non seulement sa popularité, le respect dont il était entouré, l'estime qu'on avait pour son caractère et son talent, mais encore et surtout sa carrière si bien remplie.

« La Cour de Justice criminelle et spéciale de ce département vient de perdre son président en la personne de M. Pierre Guyot, décédé dimanche 6 prairial. Originaire de Marvejols, M. Guyot se livra de bonne heure à l'étude des lois dont il fut l'interprète éclairé, soit comme jurisconsulte, soit comme magistrat. Avant la révolution il remplissait au baillage du Gévaudan, le ministère d'avocat. Depuis 1789 il avait été successivement appelé à diverses fonctions publiques, notamment à celles de président du tribunal criminel lors de sa première formation, d'administrateur du département, de commissaire du directoire près le tribunal de police correctionnelle de Mende, de député au Conseil des Cinq-cents, et de président de la Cour de justice criminelle. Il était membre de la légion d'honneur. Il a terminé sa carrière à l'âge de 58 ans ».

M. Guyot fut remplacé le 30 thermidor au XIII comme président de la Cour de justice criminelle de la Lozère par M. Martin de la Salce, du Malzieu, juge en la Cour d'appel de Nîmes. M. Martin de la Salce fut installé dans ses fonctions le 16 octobre 1805 et les occupa jusqu'à la suppression de la Cour criminelle.

La dualité de justices à Mende, sous le régime de la constitution de l'an VIII, ne donna naissance à aucun conflit, à aucun froissement sérieux. La création de la Cour spéciale rapprocha les magistrats des deux ordres et prépara la réorganisation de 1811 qui allait faire dispa-

raître la Cour criminelle, au moins comme institution distincte et permanente, et qui allait confier au tribunal de première instance agrandi
le soin de la remplacer dans des conditions toutes nouvelles, en formant de son propre fonds, avec un magistrat de la Cour d'appel de
Nimes et le jury, la Cour d'assises de la Lozère.

II.

DE 1811 A 1819

Au mois de décembre 1808, le Code d'instruction criminelle organisa
dans ses articles 251 et suivants, les Cours d'assises de département.
La loi des 20-30 avril 1810 compléta cette réglementation, mais la nouvelle juridiction ne fonctionna en Lozère qu'après le décret impérial du
18 août 1810, qui reconstitua, sur des bases nouvelles, les tribunaux
de première instance des chefs-lieu de département et en particulier
celui de Mende, chargé désormais d'assurer avec un conseiller de la
Cour de Nimes le service de la justice criminelle de la Lozère.

Le tribunal de première instance de Mende, siège de Cour d'assises,
fut placé dans la seconde classe des tribunaux de la première catégorie
avec 9 juges, 4 suppléants, un procureur, deux substituts et un greffier:
il fut constitué par le décret impérial du 12 janvier 1811, en même
temps que la Cour d'appel de Nimes et tous les autres tribunaux du
ressort.

Cette utile réforme permit de fusionner les cours criminelles supprimées et les tribunaux agrandis ; elle unifia la justice et en simplifia
l'organisme. Tous les magistrats de la cour criminelle et spéciale de
la Lozère trouvèrent place, soit à la Cour d'appel de Nimes, soit au
tribunal de première instance de Mende. M. le président Gilbert Martin de la Salce fut désigné comme quatrième conseiller titulaire de la
Cour de Nimes ; M. Valette, procureur-général impérial devint second
substitut du procureur général de la Cour de Nimes et resta spécialement chargé des affaires criminelles de la Lozère. MM. Lafont, juge,
Daudé Lacoste, juge spécial, Bouteille, juge suppléant à la Cour criminelle, furent nommés 2e, 3e et 4e juges du tribunal de première instance de Mende. Les magistrats de l'ancien tribunal furent tous maintenus ou promus dans le nouveau. M. Vincens resta président, M. Vimont, juge-doyen, obtint la vice-présidence, M. Rivière demeura premier juge. M. Lahondès de Laborie fut choisi comme cinquième juge

et spécialement chargé de l'instruction. M. Olivier, de suppléant passa sixième juge, enfin le tribunal fut complété par M. Forestier Crouzet, avocat, qui obtint le septième poste de juge titulaire. Quatre avocats, MM. Guillaume Pelisse, Valentin, Guyot et Durand Amouroux furent nommés juges suppléants. M. Dominique Teissonnière père fut maintenu comme procureur impérial et eut pour substituts M. Bertrand, magistrat de sureté de l'arrondissement qui remplissait précédemment les fonctions de substitut à la Cour criminelle et spéciale ; et M. Louis Hippolyte Teissonnière fils, avocat ; M. André, greffier, conserva sa charge (1).

(1) La Cour Impériale de Nimes constituée par le même décret du 10 juin 1811 fut ainsi composée.

Premier Président : le baron Mayneaud de Pancement, maitre des requêtes et président de la Cour d'appel.

Présidents de Chambre : 1° M. de Forton, Président à la Cour des comptes, aydes et finances de Montpellier·

2° M. Gamon, Président de la Cour criminelle de l'Ardèche.

3° M. Noailles, juge en la Cour d'appel.

Conseillers : 1° M. Soustelle, président de la Cour de justice criminelle du Gard.

2° M. Olivier, juge à la Cour d'appel.

3° M. Cottier.　　　　　　id.

4° M. Martin,　　　　　　id.　　　ancien président de la Cour criminelle de la Lozère.

5° M. Laporte-Belviala,　id.

6° M. Fornier-Clausonne,　id.

7° M. Chomel,　　　　　　id.

8° M. Vérot,　　　　　　id.

9° M. Viguier.　　　　　　id.

10° M. Rabaniol de la Boissière, ancien avocat général au Parlement de Grenoble.

11° M. Planchu de la Cassagne, ancien conseiller au Conseil supérieur de Nimes.

12° M. Baron, anc. c. à la Cour des aydes de Montpellier.

13° M. Renoyer,　　　　　　id

14° M. Mauber,　　　　　　id.

15° M. Amoreux,　　　　　id.

16° M. Moynier Dubourg, président à la Cour de justice criminelle de Vaucluse,

Le tribunal ainsi reconstitué fut installé par un conseiller de la Cour d'appel. M. Amoreux désigné d'abord n'ayant pu se charger de cette mission, un arrêt du 11 juillet 1811 délégua à sa place un Lozérien, M. le conseiller Gilbert Martin de la Salce, ancien président de la cour de justice criminelle de Mende.

M. Gilbert Martin procéda le 22 juillet avec la cérémonie habituelle à l'installation du nouveau tribunal, dans la modeste maison consulaire devenue palais de justice depuis 1791 et qui n'avait reçu pour la circonstance aucun aménagement nouveau.

Le procès-verbal de cette installation est ainsi conçu :

« Nous, Gilbert Martin, conseiller près la cour d'appel de Nimes, commissaire nommé par ladite cour à l'effet de procéder à l'installation des membres qui doivent composer le tribunal de première instance de cette ville de Mende, nous étant rendus au local qui avait été disposé pour cette cérémonie, une députation prise parmi les membres actuels

17° M. Roustan, ancien conseiller à la Sénéchaussée, juge au tribunal de première instance de Nimes.

18° M. Delmas, avocat, anc. député au corps législatif.

19° M. Fagon, juge auditeur.

20° M. Dupin Jean-Pierre-Louis, juge suppléant au tribunal de première instance de Nimes.

Conseillers auditeurs : 1° M. Noaille, juge auditeur à la Cour d'appel.

2° M. Magne,   id.

3° M. Ferrand,   id.

4° M. Solimany Alexandre-Christophe-Casimir, avocat.

5° M. Lhermet, Jean-Louis-Auguste, avocat.

Procureur général : M. Cavalier, procureur général près la Cour de justice criminelle du Gard.

Substituts du Procureur général, avocats généraux :

1° M. Claude-François Trinquelague, avocat.

2° M. Isidore Ricard, juge-auditeur.

Substituts pour le service des Cours d'assises spéciales :

1° M, Mezard, proc. gén. imp. près la Cour crim. de Vaucluse.

2° M. Valette,   id.   de la Lozère.

3° M. Perrier,   id.   de l'Ardèche.

4° M. Enjalric, juge suppléant à la Cour criminelle du Gard.

5° M. Olivier, juge auditeur à la Cour d'appel.

Greffier en chef : Bruyère, greffier actuel de la Cour d'appel.

dudit tribunal est venue nous prendre à la porte d'entrée et nous a conduit au siège qui nous avait été préparé. Là nous avons trouvé réunies toutes les autorités constituées de la ville, ainsi que les divers agents du gouvernement, la force publique et un grand nombre d'habitants. Il a été célébré une messe du Saint-Esprit, précédée du chant du *Veni Creator*. L'orgue a joué pendant la messe. Et après que le *Domine salvum fac imperatorem* a été chanté, M. Vernon curé est monté en chaire et a prononcé un discours analogue à la cérémonie. Cela fait nous avons fait connaître l'objet de notre commission et, à cet effet, ordonné au greffier de lire l'arrêt de la cour Impériale du 11 du courant, fixant le jour de l'installation et portant notre commission, ce qu'il a fait. Il a également lu, par nos ordres, le décret impérial du 10 juin dernier, portant composition de la cour impériale de Nimes et des tribunaux du ressort, et seulement dans la disposition relative à ce tribunal. Cette lecture faite nous avons fait faire par le greffier l'appel nominal des membres de ce tribunal à l'effet par eux de prêter individuellement le serment prescrit par la loi et conçu en ces termes : *Je jure obéissance aux constitutions de l'empire et fidélité à Sa Majesté l'empereur et roi.* Chaque membre appelé dans l'ordre de sa nomination a prêté ledit serment individuellement ainsi que le greffier. M. Valentin second suppléant ayant donné sa démission ne s'est point présenté. (1) Les membres qui ont prêté serment sont : Messieurs Vincens, président ; Vimont, vice président ; Rivière, Lafont, Daudé Lacaste, Bouteilhe, Lahondès-Laborie, Olivier, Forestier Crouzet, juges ; Messieurs Bertrand et Teissonnière fils, substituts du procureur impérial, et André, greffier. Et ce serment prêté, nous dit, conseiller commissaire, en vertu des pouvoirs à nous délégués, avons déclaré le tribunal de première instance de l'arrondissement de Mende, chef lieu de préfecture de la Lozère, légalement constitué. Nous avons ensuite prononcé un discours dans lequel nous avons fait ressortir toute l'importance des nouvelles fonctions auxquelles les tribunaux du chef-lieu de département sont appelés. M. le président et M. le procureur impérial ont parlé après nous et ont fait chacun un discours analogue aux circonstances. Et de tout ci-dessus avons dressé etc., etc. »

Les discours prononcés au cours de cette installation solennelle, à peine indiqués au procès verbal officiel, ont été analysés dans le *Journal de la Lozère* qui rappelle notamment que M. de la Salce « s'est félicité d'avoir été chargé d'une pareille mission dans un pays

______

(1) M. Valentin fut remplacé peu après par M. Théodore Rivière.

qui l'a vu naître, dans une ville ou il avait habité pendant longtemps, à l'égard d'anciens collègues qu'il affectionnait ; que M. Vincens président, après avoir représenté le héros législateur, Napoléon-le-Grand, comme ayant épuisé tous les genres de gloire, a remarqué qu'en recréant l'ordre judiciaire, il avait réuni deux parties qui n'auraient jamais dû être séparées : la justice criminelle et la justice civile... et a vu dans l'augmentation des membres du tribunal et du chef lieu du département un plus grand concours de lumière... » ; enfin que M. Teissonnière, procureur impérial « s'est particulièrement étendu sur les obligations imposées aux magistrats ».

Le *Journal de la Lozère* ajoute dans son compte-rendu « que tous les discours ont été terminés par des vivats en l'honneur de LL. MM. II. et RR. et de S. M. le roi de Rome et par des salves d'artillerie » et termine en disant que « le tribunal a voulu clore cette fête par un banquet ou il a réuni toutes les autorités ».

Il y eut peu de changements dans le personnel du Tribunal jusqu'à la fin de l'empire. M. Rivière, premier juge, fut nommé président à Marvejols, et fut remplacé par M. Aulanier, le 15 novembre 1811. Le 10 octobre 1812, M. Daudé Lacoste, juge, succéda comme vice-président à M. Vimont décédé et M. Delmas, ancien président à Marvejols, devint juge à sa place.

La première restauration de 1814 provoqua la démission de M. Labondès de Laborie juge d'instruction, dont le poste fut confié par ordonnance royale du 23 septembre 1814 à M. Vialard des Fonts, avocat. M. Vialard des Fonts, alors âgé de 50 ans, était un des avocats les plus estimés du barreau de Mende : pendant la période révolutionnaire et impériale, il s'était tenu à l'écart de toutes les fonctions ou emplois publics dans un royalisme intransigeant, mais, comme il était estimé de tous les partis pour sa droiture, son savoir et son impartialité, sa nomination ne fut pas considérée comme une mesure de réaction et de représailles, mais comme l'accession à un poste difficile d'un juriconsulte éclairé et d'un homme de devoir.

La seconde restauration de 1815 modifia plus profondément le tribunal de Mende. M. Lafont, malgré ses brillants états de service, son zèle éclairé et son dévouement, n'obtint pas de provisions nouvelles et fut remplacé, suivant ordonnance du 17 janvier 1816, par M. Bonicel de Lhermet, conseiller auditeur à la cour d'appel de Nimes. Les fonctions judiciaires que M. Lafont avait occupées avant l'an VIII au tribunal criminel, furent sans doute la cause de cette disgrâce. Par la même ordonnance M. Delmas fut privé de son siège et remplacé par M. Damouroux suppléant ; M. Portalier, avoué, devint suppléant et

M. Rivière, ancien juge à Mende, alors président à Marvejols, succéda comme procureur du roi à M. Dominique Teissonnière père, qui reçut comme compensation de cette retraite d'office, le titre de juge honoraire.

Un des premiers actes de la restauration fut de rétablir par la loi des 20-27 décembre 1815 les cours prévotales et le gouvernement crut utile, le 21 janvier 1816, de créer à Mende une de ces justices d'exception. M. Vialard des Fonts, juge d'instruction dont les opinions et l'ardeur royalistes étaient connues en fut nommé président ; M. Florit de la Tour de Clamouse, comte de Corsac, colonel, chevalier de St-Louis, ancien officier supérieur de l'armée de Condé, fut investi des fonctions de prévot ; MM. Bouteille, Damouroux, de Lhermet et Olivier furent choisis comme assesseurs. Cette juridiction repressive et exemplaire devait officiellement statuer sur les faits de rébeillon armée, de publication d'écrits séditieux, d'assassinats et de vols sur les grands chemins, de violences commises par des militaires en activité ou en non activité de service ; elle était le prolongement des cours spéciales à certains égards, mais en outre et surtout elle constituait un instrument politique destiné à réprimer avec rigueur et étouffer énergiquement tout acte d'hostilité contre le gouvernement monarchique, à poursuivre les ennemis de la royauté jusque dans leurs projets, leurs opinions et leurs tendances.

Le caractère comminatoire et politique de la cour prévotale de la Lozère fut nettement affirmé lors de la cérémonie de son installation, le 7 mars 1816. Après une messe du St-Esprit célébrée à la cathédrale par l'évêque de Mende, à onze heures du matin, M. Dupin, conseiller à la cour royale de Nimes donna l'investiture aux magistrats de cette juridiction nouvelle, dans la salle des audiences de la cour d'assises, en présence de toutes les autorités civiles et militaires et d'une nombreuse assemblée, et le compte rendu officiel indique « qu'un détachement de gendarmerie occupait une partie de la salle et donnait à cette solennité un appareil militaire ». M. Vialard des Fonts président, absent et excusé, était remplacé par M. Bouteille. Cinq discours furent prononcés. L'évêque fit l'éloge des nouveaux magistrats. M. le conseiller Dupin « développa les avantages de l'institution des cours prévotales et leur influence sur la tranquillité publique et les circonstances extraordinaires ». M. le procureur du roi Rivière souligna et expliqua le but poursuivi : « les anciens prévots dit-il veillaient à la sureté des voyageurs, ils punissaient par des supplices effrayants les assassinats, les vols avec port d'armes ou commis avec violence sur les grands chemins, ils maintenaient la discipline et la subordination parmi les militaires. Les mêmes attributions sont confiées aux cours prévotales. Mais des délits d'un genre nouveau, inconnus à nos ancêtres ont forcé le plus clément des rois de soumettre à ces cours les crimes de rébel·lion armée, les écrits et les discours séditieux, toutes les fois que ces discours ou ces écrits auront exprimé la menace d'un attentat contre la personne du roi ou celle des membres de la famille royale, ou qu'ils auraient excité à la rébellion, enfin il leur est ordonné de pour·suivre et de punir ceux qui oseront arborer un drapeau autre que le drapeau blanc ». M. Bouteille « s'attacha à son tour de prouver l'utilité des cours prévotales ». M. le comte de Corsac, prévot, clôtura enfin cette série de discours par une allocution violente enflammée qui résume le rôle imparti à cet organisme politique et qui après l'éloge des émigrés et des « héros de l'armée de Condé » se termine par ces phrases lapidaires. « Si, contre mon attente il existait encore parmi nous des révolutionnaires assez scélérats pour n'être pas tou·chés et convertis par la bonté du plus clément et du plus magnanime des rois, la cour prévotale, pénétrée de ses devoirs serait pour eux impitoyable. Je jure de remplir les fonctions qui me sont confiées avec le zèle d'un vrai chevalier, et mes veilles, mon bras et mon épée seront consacrés à la répression de la rébeillon et à l'affermissement du trône des enfants de Saint Louis ».

La destinée de la cour prévotale de Mende ne fut pas ce qu'on au·gurait d'elle lors de sa formation. Créée institution politique, elle devint tout de suite une institution purement judiciaire. MM. Vialard des Fonts, Rivière et leurs collègues, magistrats calmes, impartiaux, expérimentés appliquèrent rigoureusement à toutes les affaires les règles protectrices du droit et de la liberté individuelle, aucune pro·cédure ne fut engagée légèrement ou par mesure de réprésailles, et les arrêts présentèrent toujours pour les justiciables les mêmes garanties que ceux des cours d'assises ou spéciales. M. le comte de Corsac, prévot, était chargé de l'instruction comme les prévots de l'ancien régime, mais il était secondé dans sa tâche par MM. Bouteille et Damouroux ; aussi, malgré son inexpérience et son ardeur militaire, les informations furent faites avec toute la réflexion voulue, sans em·ballement ni aveuglement politiques.

Huit affaires furent soumises à la cour prévotale : deux assassinats et vols à main armée sur des chemins publics, trois vols en armes sur les grandes routes, un vol qualifié avec escalade et effraction dans une habitation, une émission de fausse monnaie, et un crime d'attroupement, rébellion et violence : les peines encourues furent les sui·vantes : 2 condamnations à mort (dont une par effigie), 4 aux travaux forcés à perpétuité, un acquittement, une condamnation à 10 ans de travaux forcés (1).

Aucune affaire politique ne vint devant la cour prévotale. On peut l'expliquer sans doute, dans une certaine mesure, par la prudence traditionnelle des Lozériens, mais il faut aussi en savoir gré aux magistrats de carrière qui constituaient cette justice, car la révolution et l'empire avaient trouvé trop de partisans dans le département, pour ne pas avoir conservé sous la restauration de fidèles amis vis-à-vis

(1) La cour prévotale eut à juger les affaires suivantes :

29 mai 1816. — P. C., de Nasbinals, complicité de vol avec effraction à la maison curiale de Recoules, travaux forcés à perpétuité avec exposition et flétrissure.

10 juillet 1816. — J. L. M., de la Fajole (Meyrueis), vol commis avec armes et violences sur le chemin du Pompidou à Florac, travaux forcés a perpétuité, une heure de carcan, flétrissure.

18 janvier 1817. — B. R.. P. R. et B., de la Capelle, contumax, attroupement de plus de 2 personnes armées le 8 septembre 1816, ayant enlevé à la Capelle, à la gendarmerie un déserteur qu'elle avait arrêté, et ce avec violence contre les gendarmes, coups et blessures au gendarme Meissonnier, 10 ans de travaux forcés chacun.

3 et 4 mai 1817. — A. E. de la Canourgue, vol commis avec armes et violences sur la route de la Canourgue à St-Georges, travaux forcés à perpétuité, carcan flétrissure.

3 à 7 septembre 1817. — P. L., dit La Leyde, assassinat et vol à main armée sur le grand chemin de Langogne. Condamnation à mort. La cour s'est rendue à Langogne pour cette affaire, a prononcé son arrêt le 7 septembre au soir, il a été exécuté le 8 à onze heures du matin.

12 septembre 1817. — P. J., de Chanac, vol par 3 personnes armées sur le grand chemin de Florac à Chanac. Travaux forcés à perpétuité.

1ᵉʳ octobre 1817. — B. B., de Toupinel, émission de fausse monnaie, acquitté sur le fait d'émission, amende pour celui de circulation.

22 décembre 1817. — C. C., assassinat et vol sur la grande route de Luc à Cheylard-l'Evêque. Condamnation à mort par contumace.

L'exécution par effigie a eu lieu place d'Angiran.

desquels il eut été facile d'exercer des représailles. La cour prévotale n'entra jamais dans cette voie et affirma son désir et sa volonté de rester une cour de justice. Cette attitude fut très nettement marquée dans la troisième affaire qu'elle eut à instruire et à juger.

Le 8 septembre 1816 une émeute se produisit à la Capelle, les habitants du pays, très hostiles au gouvernement de la restauration, arrachèrent un déserteur des mains des gendarmes et blessèrent le gendarme Meissonnier. La Cour prévotale saisie fut invitée à agir avec rapidité et sévérité. Une information fut ouverte : les témoins ne voulurent pas parler ; il fut impossible d'établir la prévention et de trouver des coupables. Le procureur du roi et la Cour refusèrent de faire des arrestations pour l'exemple et sur de simples soupçons. M. Rivière dans une lettre très digne, en prévint l'administration, et pour aboutir à une répression, le préfet, par arrêté du 11 octobre, établit des garnisaires à la Capelle aux frais des habitants jusqu'à ce qu'ils eussent dénoncé les coupables (1). La Cour prévotale n'employa pas elle-même, pour obtenir ces dénonciations, les moyens exceptionnels qui étaient mis à sa disposition et entendit rester un simple organisme judiciaire.

Les cour prévotales furent supprimées après la session des chambres législatives de 1817.

De 1816 jusqu'à sa nouvelle investiture du 31 août 1819, le tribunal de première instance subit encore quelques modifications dans son personnel. Par ordonnance du 4 décembre 1816, M. Joseph-Etienne Bertrand, substitut devint juge à la place de M. Forestier Crouzet, nommé juge honoraire, et eut comme successeur M. Rivière, juge suppléant, fils du procureur du roi. Le 16 avril 1817, M. Trophime Vincent, fils du président, fut investi du siège de suppléant de M. Rivière et le 29 octobre M. Amable François Samuel Blanquet, avocat et commissaire de police à Mende remplaça M. Amouroux juge, décédé le 9 août précédent.

Le 6 mars 1816, la veille de l'installation de la Cour prévotale une ordonnance royale avait nommé MM. Vialard des Fonts, Amouroux et Rivière fils, chevaliers de la légion d'honneur.

M. le président Jean-Antoine Vincens, mourut le 9 août 1818 à l'âge

---

(1) Deux brigades de gendarmerie, commandées par un officier furent envoyées à La Capelle, à la charge des cent plus forts imposés, à raison de 7 fr: par jour pour l'officier, 5 fr. par sous-officier et 3 fr. par homme.

de 73 ans, après avoir rempli des fonctions judiciaires pendant les périodes les plus troublées et s'être constamment tenu en dehors des agitations politiques. Son loyalisme avait trouvé grâce devant la défiance ombrageuse de la restauration, mais on se souvenait qu'il avait été magistrat sous la république et sous l'empire, et l'on se demandait alors s'il serait maintenu à son poste à la réorganisation prochaine. Il n'eut ni nécrologie, ni oraison funèbre et il mourut simplement comme il avait vécu.

Par ordonnance du 7 avril 1819 M. Aulanier, juge, fut nommé président du tribunal, et remplacé par M. Amédée Monestier, avocat. M. Aulanier, né à Grandrieu le 18 mai 1778, avait été successivement avocat, avoué, juge suppléant et juge au siège, C'était un juriconsulte et un praticien de grande valeur en même temps qu'un magistrat de carrière d'une haute impartialité. Son élévation à la présidence fut unanimement approuvée malgré les déceptions toutes naturelles qu'elle provoqua chez quelques-uns de ses collègues plus qualifiés, plus anciens et plus âgés.

La même ordonnance remplaça M. Rivière procureur du roi par M. Valette. La décision royale des 25-28 décembre 1815 avait supprimé les postes de substituts des procureurs généraux faisant fonction de procureurs criminels dans les départements du ressort, et avait chargé de leurs fonctions les procureurs du roi près les tribunaux du chef lieu d'assises. M. Valette, se trouvant ainsi sans emploi, il était naturel qu'on lui confiat en compensation la direction du parquet de première instance où il reprit ses fonctions antérieures à la cour d'assise.

Depuis le mois de septembre 1811 la cour d'assises de la Lozère fonctionna d'une façon régulière. Elle eut 4 sessions par an, une à la fin de chaque trimestre, pour statuer sur toutes les procédures qui ressortissaient auparavant de la cour criminelle ou de la cour spéciale, bien que cette dernière juridiction, qui n'avait pas encore été supprimée, put encore être reconstituée dans des circonstances exceptionnelles, pour juger les crimes spéciaux pour lesquels elle avait été créée.

La cour d'assises de la Lozère se réunit pour la première fois à Mende le 7 septembre 1811, sous la présidence de M. le conseiller Gilbert Martin de la Salce, assisté de MM. Vincens, président, Daudé-Lacoste et Bouteilhe, juges. M. Valette, substitut au criminel du procureur général de Nimes occupa le siège du ministère public, et fut nommé chevalier de la légion d'honneur au cours de la session.

Au mois de décembre 1811 les assises eurent lieu pour la seconde fois, et furent très chargées. Une importante affaire de rébeillon en armes contre la force publique ne put venir à temps pour être solutionnée, et les 5 accusés réclamèrent à la cour de Nimes la constitution d'une cour spéciale pour les juger afin de ne pas avoir à attendre les assises de février 1812. La cour d'appel de Nimes dans un arrêt du 20 décembre 1811 fit droit à leur requête et réunit pour la dernière fois la cour spéciale de la Lozère.

« Considérant, dit cet arrêt, que l'ouverture de la prochaine assise a été fixée au 27 février prochain, que plusieurs détenus pour crimes de la compétence de la cour spéciale ont demandé, pour de justes motifs que leur jugement ne fut pas renvoyé à une époque si éloignée ; et que les mêmes raisons qui ont déterminé la fixation de l'ouverture de l'assise à cette époque, n'existent pas pour la cour spéciale,

« Arrête etc. »

Cette session, fixée au 2 janvier 1812, fut présidée par M. le conseiller Laporte de Belviala qui eut comme assesseurs, MM. Vincens, président, Vimont, vice-président, Bouteilhe, juge au tribunal, MM. Deheur, capitaine de gendarmerie, Minet, capitaine à la compagnie de réserve du département, Arnaud, capitaine au 28e d'infanterie légère : les 5 accusés furent acquittés. A partir de 1812 les 4 sessions annuelles de la cour d'assises de la Lozère se tinrent avec la plus grande régularité sous la présidence de MM. les conseillers Martin de la Salce, Laporte de Belviala, Vigier, Moynier-Dubourg, Bazille, Madier de Montjau, Ferrand de Missol, de Noailles fils, Dupin, Fargeon, Froment et Vignolles. (1)

(1) Les présidents de la cour d'assises de la Lozère de 1811 à 1819 furent MM. les conseillers :

1811 MM. Martin de la Salce, Laporte de Belviala.

1812   Vigier, Martin de la Salce, Laporte de Belviala, Moynier-Dubourg.

1813   Martin de la Salce, Bazille, Vigier, Martin de la Salce.

1814   Madier de Montjau, Laporte de Belviala, Ferrand de Missol, X. suppléé par M. Vincent, président du tribunal.

1815   de Noailles, Vigier, Martin de la Salce, Martin de la Salce.

1816   Dupin, Martin de la Salce, Fargeon, Fargeon.

1817   Madier de Montjau, Fargeon, de Noailles, de Noailles.

1818   Froment, Laporte de Belviala, Fargeon, Ferrand de Missol.

1819   X. suppléé par Daudé-Lacoste, vice-président du tribunal, Vigier,

Le nombre des affaires portées devant le jury de 1811 à 1819 fut considérable : les jurés et les membres de la cour se montrèrent très sévères, plusieurs condamnations à mort, au carcan, à l'exposition, à la marque furent exécutées sur la place d'Angiran, et l'ordre, la sécurité, profondément troublés, se rétablirent peu à peu sous l'influence de cette salutaire rigueur.

III.

1819 à 1830.

Depuis la chute de l'empire, jusqu'en 1819, de nombreux changements s'étaient opérés dans le personnel du tribunal de première instance de Mende, et les magistrats qui n'avaient pas été nommés par le roi, depuis l'avènement de la monarchie, avaient obtenu des lettres de provision ; aussi le gouvernement de la restauration put donner, sans inconvénient, à cette juridiction modifiée, une nouvelle investiture. Une ordonnance royale du 4 août 1819 commit M. le conseiller Louis Alexandre Jourdan pour procéder à leur installation.

M. le conseiller Jourdan était Lozérien : il avait rempli des fonctions judiciaires au tribunal du district de Florac depuis le 15 pluviose an III jusqu'à sa suppression ; il était devenu ensuite président du tribunal civil du département, puis président du tribunal de première instance de Florac, enfin, en 1819, il était passé à la cour d'appel de Nimes où il avait succédé à M. Chomel, 7e conseiller. Il remplit avec tout le cérémonial d'usage sa mission d'investiture et, le 31 août 1819, le tribunal de Mende, créé depuis moins de 20 ans, fut installé pour la troisième fois.

Cette solennité n'eut pas lieu dans le modeste palais de justice de la rue du Musée, mais dans la vaste salle des assises, au premier étage de l'ancien palais épiscopal. Les autorités prirent place dans le prétoire à pans coupés dont on distingue encore l'extrémité entre les contreforts du grand clocher de la cathédrale, et une nombreuse assistance se pressa dans l'espace réservé au public ou dans les tribunes des invités.

Le procès-verbal de M. le conseiller Jourdan est ainsi conçu.

« L'an mil huit cent dix-neuf, le trente-un août, à onze heures et demie du matin, nous Louis Alexandre Jourdan, conseiller à la cour royale de Nimes, commissaire nommé par M. le Président de ladite cour, par son ordonnance du 13 du courant, à l'effet de recevoir le serment et de procéder à l'installation des membres du tribunal de première instance de l'arrondissement de Mende, institué par ordonnance du roi du 4 du présent mois, après avoir fait célébrer une messe du St-Esprit à laquelle ont assisté toutes les autorités constituées de la ville de Mende. invitées à la cérémonie, nous nous sommes rendu à la salle des audiences de la cour d'assises de la Lozère, disposée à cet effet, avec les membres du tribunal, Monseigneur l'évêque de Mende, les autorités constituées, la force armée, et un grand nombre d'habitants de la même ville. Nous avons fait lire par le sieur André, greffier du tribunal, l'ordonnance royale du 4 du courant qui nomme et institue les membres du tribunal et l'ordonnance de M. le Président de la cour royale qui nous commet pour leur installation.

« Nous avons ensuite appelé individuellement les membres composant ledit tribunal dans l'ordre de leur installation, savoir : MM. Aulanier, président, Lacoste, vice président, Vialard des Fonts, juge d'instruction, Boutcille, Olivier, Lhermet, Bertrand et Monestier, juges, Pelisse, Guyot, Portalier et Vincens fils, suppléants, Valette, procureur du roi, Teissonnière et Rivière, substituts, et André, greffier. Et chacun d'eux, à l'exception de M. Monestier, qui s'est trouvé absent, a prêté serment en ces termes : « Je jure d'être fidèle au roi, de garder et faire observer les lois du royaume ainsi que les ordonnances et règlemens, et de me conformer à la charte constitutionnelle ». Et, ce serment prêté, nous, conseiller commissaire, en vertu des pouvoirs à nous délégués, avons déclaré le tribunal de première instance de Mende dûment installé. Nous observons que M. Damouroux, nommé juge, et M. Forestier Crouzet, nommé juge honoraire, étaient décédés avant leur institution. Nous avons alors prononcé un discours analogue à la cérémonie. M. Aulanier, président, et M. Valette, procureur du roi, ont parlé après nous, et de tout ci dessus nous avons dressé procès-verbal, etc. »

Le *Journal de la Lozère* relate soigneusement les discours du président du tribunal et du procureur du roi. « Ils ont, dit-il, parlé de l'importance des fonctions judiciaires, de la sollicitude du roi pour le bonheur de ses sujets, du dévouement que l'on devait à S. M. et à son auguste dynastie, des avantages de la charte constitutionnelle, du bon esprit des habitants de la Lozère et du concours des autorités pour seconder l'action de la Justice ». Et le journaliste d'ajouter : « Ici, en plaçant l'éloge du premier magistrat de ce département et du vénérable prélat de ce diocèse, qui étaient présents à la séance, les orateurs ont été les interprètes des sentiments des Lozériens ».

L'ordonnance du 4 août 1819, en vertu de laquelle l'installation fut faite était erronnée. Elle nommait juge M. Damouroux mort le 7 août 1817 et remplacé par M. Blanquet depuis le 29 octobre de la même année : elle fut rectifiée le 10 septembre 1819 (1).

L'ordonnance royale d'institution présentait cette particularité qu'elle distinguait entre les magistrats nommés depuis la restauration et les anciens membres du tribunal qui avaient reçu des provisions et étaient maintenus dans leurs fonctions antérieures. Pour les premiers elle donnait la date de leur nomination : pour les autres elle se contentait de les désigner comme magistrats actuels. Toutefois elle leur conserva à tous leur ancienneté.

M. Aulanier, maintenu à la présidence devait la conserver pendant 33 ans : au début de sa longue et laborieuse magistrature il vit naître et mourir l'institution des juges auditeurs destinés à remplacer les juges suppléants. Ces magistrats créés par l'ordonnance des 28 mai-3 juin 1823 furent supprimés par celle des 10-11 décembre 1830 qui réta-

(1) L'ordonnance de nomination du tribunal était ainsi conçue : sont nommés et institués par le tribunal de première instance de Mende, département de la Lozère :

Président : M. Aulanier, nommé le 7 avril 1819.

Vice-Président : M. Lacoste, vice-président actuel.

Juges : M. Bouteille, juge actuel.

        M. Olivier,   id.

        M. Vialard des Fonts, nommé le 23 septembre 1814. Il remplira les fonctions de juge d'instruction.

        M Lhermet, nommé le 17 janvier 1816.

        M. Bertrand, nommé le 4 décembre 1816.

        M. Blanquet, nommé le 29 octobre 1817, en remplacement de M. Damouroux, décédé.

        M. Monestier, nommé le 7 avril 1819.

Juges honoraires : M. Teissonnière, nommé le 17 janvier 1816.

        M. Forestier Crouzet, nommé le 4 décembre 1816.

Suppléants : M. Pelisse, suppléant actuel.

        M. Guyot,   id.

        M. Portalier, nommé le 17 janvier 1816.

        M. Vincens fils, nommé le 16 avril 1817.

Procureur du Roi : M. Valette, nommé le 7 avril 1819.

Substituts : M. Teissonnière, substitut actuel.

        M. Rivière, nommé le 4 décembre 1816.

Greffier : M. André, greffier actuel

blit la suppléance. Les juges auditeurs étaient nommés dans le ressort d'une cour d'appel et pouvaient être affectés à n'importe quel tribunal de cette cour. Il n'y eut à Mende que quatre juges auditeurs, tous originaires du département : M. Antoine Hippolyte Plagne, parent de M. Aulanier, et Rivière, nommé le 6 janvier 1825 et envoyé à Mende par ordonnance du garde des sceaux du 7 janvier de la même année ; M. Amédée Daudé Lacoste, fils du vice président du tribunal, dont la nomination porte la date du 1ᵉʳ et l'affectation celle du 2 mars 1826 ; M. Frédéric Paradan, qui remplaça le 22 septembre 1827, M. Daudé-Lacoste fils, nommé substitut à Marvejols ; enfin M. Emile Reboul, avocat, qui, par ordonnance des 2 et 3 mai 1830 succéda à M. Paradan, qui était allé, le 15 novembre précédent, occuper à Marvejols, le siège de M. Daudé Lacoste, revenu à Mende, comme juge titulaire.

M. Valette, procureur du roi, fut admis à la retraite le 9 avril 1823, et remplacé par M Deshermeaux, procureur à Marvejols. M. Bouteilhe, juge mourut le 18 septembre 1826, à l'âge de 65 ans, et son poste fut attribué le 12 novembre suivant à M. Rivière, substitut. Ce dernier fut remplacé à la même date par M. Benoit de St-Christol qui, à son tour, le 23 mai 1827, eut comme successeur M. Justin Reversat, substitut à Marvejols. Le siège de M. Reversat fut donné quelque mois après à M. Renacle qui lui même fut nommé substitut à Nimes le 25 avril 1828 et remplacé par M. Marie-Charles St-Ange Fornier, substitut à Alais.

M. Henri-Louis Daudé-Lacoste, vice-président, mourut le 14 octobre 1829, à l'âge de 66 ans et le 15 novembre suivant M. Bonicel de Lhermet, juge, fut nommé vice président. Le siège de juge devenu vacant fut attribué à M. Amédée Daudé-Lacoste, alors juge d'instruction à Marvejols.

La vice-présidence du tribunal de première instance de Mende, créée le 11 janvier 1811 et supprimée par la la loi des 20-31 août 1883, n'eut que 5 titulaires. M. Daudé-Lacoste l'occupa pendant 18 ans avec autorité et compétence. Comme son père qui fut juge à la création du tribunal, et comme après lui son fils qui resta juge et juge d'instruction à Mende jusqu'en 1847, il mérita l'estime de tous et ne laissa que des regrets.

M. Jean-Louis-Auguste Bonicel de Lhermet, né à Mende le 3 janvier 1781, était le petit-fils de M. Jean-Baptiste Bonicel de Lhermet, dernier syndic du pays du Gévaudan, qui avait été un des commissaires de l'administration provisoire du Languedoc, en 1790. Nommé conseiller auditeur lors de la formation de la cour d'appel de Nimes en 1811, il était revenu à Mende comme juge titulaire en 1816 : Il y resta vice-président pendant 21 ans.

M. Bertrand, juge, mourut le 9 mars 1829, à l'âge de 74 ans, et fut remplacé le 12 avril suivant par M. Teissonnière, substitut, qui eut lui-même pour successeur M. de Giry.

Jusqu'au 16 octobre 1622, les traitements des magistrats du tribunal de première instance de Mende, chef-lieu judiciaire, étaient restés tels que les avait fixés le décret du 20 juin 1806. Ces traitements considérés à juste titre en raison de leur insignifiance, comme de simples indemnités furent modifiés à cette date par une ordonnance royale qui les porta respectueusement : pour le président et le procureur du roi de 1.750 francs à 2.400 francs ; pour le vice-président de 1.550 francs à 2.000 francs : pour les juges et substituts de 1.250 francs à 1.600 francs ; et pour le juge d'instruction de 1.460 francs à 1.920 francs.

De 1819 à 1830 la cour d'assises de la Lozère continua à fonctionner régulièrement quatre fois par an, dans le local qui lui était affecté à l'ancien palais épiscopal. Elle fut successivement présidée par MM. les conseillers Vigier, Fajon, Vignolles, Fargeon, d'Olivier, Redier de la Villatte, Vernhelle, Gide, Jourdan, Ferrand de Missol, Blanchard, du Tillet de Villard, Dupin, Vitalis, Gaud, baron de Daunan, Aug. Lapierre, Garilhe, Laporte de Belviala, de Lasfond, Léon Thourel, Rousselier, Fornier de Claussonne.

Le nombre des affaires criminelles déférées au jury continua à être très important, toutes les sessions furent tenues et durèrent très souvent plusieurs semaines. La criminalité en Lozère était à peine en décroissance et l'évolution vers le progrès par la diffusion de l'instruction et l'amélioration des rapports sociaux et un concept plus clair de la moralité commençait seulement et n'avait pas encore de répercussion appréciable dans les choses judiciaires. (1)

(1) Les présidents de la cour d'assises de la Lozère de 1819 à 1830 furent MM. les conseillers :

1819 MM. Fajon, Vignolles
1820   Fargeon, d'Olivier, Redier de Villatte, Blanchard.
1821   Jourdan, Vigier, Redier de la Villatte, Vernhelle.
1822   Gide, Jourdan, Ferrand de Missol, Jourdan.
1823   Fajon, Ferrand de Missol, Vigier, du Tillet de Villard.
1824   d'Olivier, Gaud, Vigier, baron de Daunan.
1825   Blanchard, d'Olivier, Fajon, du Tillet du Villard.
1826   Dupin, d'Olivier, Vitalis, Vigier.
1827   d'Olivier, du Tillet de Villard, du Tillet de Villard, Gaud.
1828   d'Olivier, du Tillet de Villard, Blanchard, baron de Daunan.
1829   Gaud, d'Olivier, Blanchard, Aug. Lapierre.
1830   Laporte de Belviala, Vigier.

IV.

1830 à 1848

§ 1

La révolution de 1830 et l'avènement de la monarchie constitutionnelle modifia complètement le parquet du tribunal de première instance. Tous les officiers du ministère public furent remplacés, et quatre jours seulement après la promulgation de la charte, une ordonnance du 28 août 1830 nommait M. Ignon, bâtonnier de l'ordre des avocats, au siège de M. Deshermeaux, procureur du roi, désignait M. Crozes, avocat, pour remplir les fonctions de 1er substitut à la place de M. Fornier St Ange, et choisissait comme second substitut M. Delarque, avocat, en remplacement de M. de Giry. Par la même ordonnance M. Viallard des Fonts, ancien président de la cour prévôtale, était privé de l'instruction, et M. Daudé Lacoste en était investi. Peu de temps après, M. le président Aulanier, déjà membre du conseil municipal de Mende, devenait conseiller général de la Lozère pour le canton du Bleymard.

Le nouveau gouvernement installa et institua le tribunal de Mende le 18 septembre 1830, sans y apporter d'autres modifications. Cette investiture fut très simple, et le *Journal de la Lozère* le relate dans un court entrefilet.

« Le tribunal de première instance de l'arrondissement de Mende, « dit-il, s'est réuni aujourd'hui, 18 septembre, à 11 heures et demie du « matin, pour prêter serment entre les mains de M. Redier de la « Villatte, conseiller de la cour royale de Nimes, délégué à cet effet. »

Il n'y eut aucune pompe officielle, aucun discours « *analogue* » et on ne retrouve même pas dans les archives du tribunal de procès verbal de cette cérémonie.

La situation et l'influence de M. le président Aulanier, de M. le procureur Ignon, l'appui qu'ils trouvèrent dans l'assemblée départementale les engagèrent à faire d'actives et d'utiles démarches pour obtenir du Conseil général la construction d'un palais de justice qui centraliserait les services du tribunal de première instance et ceux de la cour d'assises. Le préfet et le secrétaire général, M. Renouard, fils de l'ancien greffier en chef de la cour criminelle, s'entremirent de leur côté, avec la plus grande bienveillance, à la réalisation de ce projet.

L'ancienne maison consulaire où le tribunal siégeait depuis sa création, était absolument insuffisante. Un rapport très précis de l'autorité académique, qui refusa, en 1836, d'y transférer l'école normale, en a fait un tableau fidèle et peu flatteur. C'était un local pitoyable, insalubre et délabré. Les divers services judiciaires étaient installés dans des salles exigues, obscures, humides, mal distribuées, et il était nécessaire de rémédier à cet état de choses peu conforme à la dignité de la justice et aux exigences de l'hygiène. De plus la cour d'assises était séparée du tribunal, ce qui présentait des inconvénients depuis qu'on avait supprimé le parquet criminel pour le rattacher au parquet d'instance. Toutes ces bonnes raisons furent comprises et acceptées par le conseil général qui, sur le rapport du préfet, prit, le 5 juin 1832, la délibération suivante :

« Le conseil, pénétré de l'urgence de construire à Mende un palais
« de justice destiné à la cour d'assises et au tribunal de première ins·
« tance, arrête qu'il sera employé à cette construction une somme de
« cent mille francs, tant pour frais de construction que pour le mon-
« tant de l'achat du local, et sous la condition que ce qui proviendra
« du montant de la vente de l'ancien palais de justice entrera en dé-
« duction de ladite somme. Qu'il sera alloué 10.000 fr. dans le budget
« de cette année et 20.000 fr. aux quatre autres budgets annuels
« et postérieurs, ce qui, avec 10.000 francs, prix présumé du montant
« de la vente de l'ancien palais, complètera le montant de l'alloca-
« tion ».

En votant cent mille francs pour édifier un nouveau palais de justice, l'assemblée départementale spécifia qu'elle entendait que cette somme fut « employée sur plans et devis comprenant tous les frais de constructions, décorations, tapisseries, peintures et plafonds » et qu'un « adjudicataire serait chargé du tout à forfait, et non sur une série de « prix » de façon à ce que le crédit voté ne fut dépassé pour aucun motif.

Le préfet de la Lozère prit immédiatement les mesures nécessaires pour mettre a exécution cette décision du conseil général et pourvoir le plus rapidement possible à la construction du nouvel édifice judiciaire. Le tribunal fut consulté sur son emplacement, et on finit par choisir, d'un commun accord, un vaste enclos appartenant à M Guyot, situé au quartier de la Carce, légèrement au sud de l'entrée principale de la ville où s'élevait autrefois la porte d'Aigues-Passes (1). Cet enclos, plus long que large, joignait au midi le chemin semi circulaire de l'allée Piencourt à la route de Balsiéges, établi sur les anciens fossés de la ville par l'administration diocésaine à la fin du XVIII⁴ siécle. M. Guyot, fils de l'ancien président de la cour criminelle de la Lozère, consentit à céder sa propriété dans des conditions très avantageuses pour le département. On traita avec lui pour la somme totale de 18.790 francs et, avec les droits accessoires, enregistrement et frais d'acte, le grand enclos ainsi que la maison qu'il contenait revinrent à 20.000 francs environ, pour le paiement desquels M. Guyot accorda tous les termes et tous les délais qui lui furent demandés (2).

M. Boivin, architecte départemental, fut chargé de faire le projet du nouveau palais de justice : il y procéda au début de l'année 1833 ; ses plans et devis (3) furent envoyés à la commission des bâtiments civils, puis soumis à l'approbation du ministre ; celui-ci demanda des modifications ; le projet revint à Mende, retourna à Paris, si bien qu'il ne devint définitif qu'au mois d'août 1833. Au début de la deuxième session du conseil général, le préfet annonça que les travaux allaient bientôt commencer et expliqua les conditions dans lesquelles on devait les exécuter. « L'adjudication, dit il, aura lieu en bloc et à forfait, « moyennant la somme de 80.000 francs. On a laissé en dehors de « l'adjudication les fondations, qui ne pouvaient être évaluées positi- « vement. Dans le détail estimatif une somme de 6.000 francs à été « réservée. Nous aurons nécessairement un rabais qui, avec la démo « lition de la maison achetée (celle de M. Guyot), me fait espérer que « nous ne dépasserons pas les 80.000 francs prévus, l'édifice pourra « être terminé à la fin de 1834 »

L'adjudication, annoncée le 26 juillet 1833 par des affiches et une insertion au *Journal de la Lozère,* eut lieu le 28 août suivant : les travaux furent donnés en bloc pour la somme totale et forfaitaire de 76.800 francs. M. Boivin, qui avait été remplacé comme architecte départemental par M. Dangles, conserva néanmoins la direction de cette importante entreprise.

(1) La porte d'Aigues-Passes, qui servait en dernier lieu de prison, fut démolie en 1820 sur la demande de M. Guyot, maire de Mende.

(2) La propriété de M. Guyot ne fut entièrement payée qu'en 1836.

(3) Les plans et devis de M. Boivin, les mémoires des ouvriers, les pièces concernant leur règlement et tous les documents qui concernaient le palais de justice de Mende, ont disparu dans l'incendie des archives départementales de la Lozère en 1887.

Le plan définitif du nouveau palais de justice (1) comportait un bâtiment parallèle au chemin établi sur les anciens fossés de la ville. Ce bâtiment, orienté du nord au sud et construit en retrait, était coupé et desservi au centre, du côté est, par un avant corps formant un portique auquel on accédait par un escalier monumental extérieur à trois faces.

En arrière de l'avant corps, au niveau du sol, une grande pièce, voûtée aux 2/3 environ de la hauteur du rez de-chaussée, était surmontée de la salle des pas perdus qui s'ouvrait directement sous le portique en contrebas du niveau du premier étage. La salle des pas perdus communiquait au nord et au sud par quelques marches avec les salles d'audience du tribunal et de la cour d'assises. Des escaliers, placés à ses deux extrémités est, donnaient accès à l'étage inférieur.

Le rez de chaussée comportait, en longueur, d'un bout à l'autre, un grand corridor passant sous la voûte des pas perdus, communiquant avec elle, et desservi à ses extrémités par deux escaliers tournants en pierre, conduisant, au nord, aux salles du premier étage réservées à la cour d'assises, au midi, à celles affectées au tribunal de première instance. Sur ce corridor, éclairé par de vastes ouvertures du côté de la ville, s'ouvraient, au sud, l'entrée des locaux occupés par le greffe, ses archives, le cabinet du greffier, le service des enquêtes et des ordres, et au nord celle des salles consacrées au parquet, aux cabinets du procureur, du substitut, du juge d'instruction. Toutes ces pièces prenaient jour à l'ouest, sur le jardin. On avait aménagé en outre au nord un corps de garde et au sud un petit logement pour le concierge du palais.

Le premier étage était divisé en deux parties égales, par la salle des pas perdus qui, nous l'avons vu, était un peu en contrebas de son niveau et communiquait avec lui par cinq marches d'escaliers ; au nord se trouvait la salle d'audience de la cour d'assises, au midi celle du tribunal de première instance. A la suite et de plain-pied, chacune de ces justices avait sa salle des délibérations avec ses annexes et le cabinet de son président. Au dessus de ces derniers locaux, qui n'avaient que la moitié environ de l'élévation des salles d'audience, on avait ménagé au nord une chambre pour les jurés, et au midi deux petites pièces pour les archives et la bibliothèque du tribunal. Ces appartements étaient desservis par des escaliers qui prolongeaient ceux des deux extrémités du corridor de l'étage inférieur.

(1) Le palais de justice, construit de 1833 à 1835, a été profondément modifié lors de la réfection de 1852-1855.

La partie la plus importante du palais de justice, au point de vue artistique, était, sans conteste, le portique central de sa façade est, établi dans le style greco-romain de la plupart des édifices judiciaires du commencement du XIX⁰ siècle.

Ce portique était constitué par quatre colonnes cannelées à arêtes vives, surmontées de chapiteaux doriques avec gorge, échine, tailloir ou abaque saillant, et un fronton triangulaire composé de deux portions de corniches obliques et denticulées, se raccordant à leurs extrémités avec la corniche également denticulée d'un entablement, qui reposait lui-même sur les chapiteaux. Cet entablement avait une architrave et une frise avec quatre triglyphes aux angles.

Au centre du fronton était sculpté un motif comportant les insignes judiciaires : une large couronne de chêne encadrant les attributs traditionnels de la justice, disposés avec beaucoup de symétrie ; au centre, les tables accompagnées des balances, et en arrière, en pal, le glaive de la loi.

L'escalier par lequel on accédait au portique ne s'avançait pas comme aujourd'hui entre les bases cubiques rectilignes des colonnes jusqu'au sommet de leur face intérieure : il s'arrêtait à l'assiette de ces bases, au niveau de la salle des pas perdus, dont il était séparé par une vaste baie, coupée par deux pilastres, aux chapiteaux doriques et aux bases carrées, qui la divisaient en trois parties, garnies de larges portes vitrées. Deux autres pilastres semblables adossés au mur de la façade formaient l'embrasure de cette baie dont la largeur correspondait exactement à celle du portique.

La salle des pas-perdus comportait deux vastes portes s'ouvrant au-dessus d'un perron de cinq marches et directement sur les salles d'audience. Ces portes, à deux vanteaux, encadrées de moulures très simples, étaient surmontées d'une corniche supportée par deux consoles allongées.

Les salles d'audience, sans décoration ni sculpture, se terminaient à leurs extrémités par un prétoire hemi circulaire. Leurs plafonds, en forme de voûte, s'élevaient sur une corniche surmontant une frise avec moulures en platre, formant bas-relief : au dessus des prétoires. ils s'arrondissaient en calottes hemi-sphériques (1).

La construction du palais de justice donna lieu à de nombreux mé-

(1) Le plafond à voussure de la salle d'audience du tribunal de première instance a été transformé en 1850 en un plafond horizontal en platre uni, établi à 0,45 cent. au dessus de la corniche, et tel qu'il est encore aujourd'hui.

comptes. M. Boivin, qui avait cessé d'être architecte départemental, était allé se fixer à Bagnols et ne surveillait plus que très irrégulièrement l'entrepreneur. Celui-ci en profitait pour ne pas remplir ses engagements et effectuer ses travaux dans des conditions défectueuses. Le préfet fut obligé d'intervenir et d'enjoindre à M. Boivin de résider à Mende. Les travaux ne reprirent cependant qu'une activité relative, et dans son rapport au conseil général en août 1835, le préfet dut en faire la constatation officielle : « Le palais de justice de Mende, dit-il, s'achève lentement. Les instigations répétées du préfet ont été impuissantes à obliger l'entrepreneur à remplir ses engagements. Le conseil de préfecture aura bientôt à statuer sur les dommages dont sa négligence et ses lenteurs l'auront rendu passible. Toutefois j'espère que les prévisions du budget permettront de satisfaire aux obligations contractées par le département ».

L'action énergique du préfet produisit tout d'abord de bons résultats et l'entrepreneur dans la crainte de poursuites, montra plus d'activité. Les magistrats du Tribunal purent alors envisager l'éventualité d'une installation prochaine et sollicitèrent du conseil général, le vote d'une somme suffisante pour acquérir sur les crédits de 1836, le mobilier du nouveau palais. Ils demandèrent 12.694 fr. : on leur alloua seulement 8.274 fr., et ce fut avec cette somme relativement modeste que le grand bâtiment judiciaire de la Cour d'assises de la Lozère et du tribunal de première instance de Mende fut meublé comme il l'est encore aujourd'hui (1).

Les velléités de bien faire de l'entrepreneur et les promesses de surveillance de l'architecte ne furent ni persévérantes ni consciencieusement réalisées, les travaux du palais s'achevèrent plus vite, mais dans des conditions tout aussi déplorables, sans contrôle suivi et sans soins sérieux. Avant même d'inaugurer ce nouvel édifice dont la construction avait été simple et facile, il fallut procéder à d'importantes réparations. En avril 1836, des crevasses se produisirent dans la voûte qui soutenait la salle des pas perdus : on dut l'étayer et la consolider ;

(1) Le mobilier judiciaire qui garnissait l'ancienne maison consulaire et les salles criminelles de l'ancien évêché, était en si mauvais état qu'il ne put être utilisé. Les acquisitions de 1836 furent complétées en 1848, grâce à une allocation de 2 000 fr. du conseil général : divers objets mobilier furent encore acquis dans la suite par le tribunal sur les fonds d'entretien. Les tentures en escot des salles d'audience dont il reste quelques traces furent faites et posées en 1852 aux frais du département.

de plus on s'aperçut que les locaux du rez-de-chaussée étaient déjà
dégradés par l'humidité ; on fut obligé de procéder à quelques réparations et à des travaux d'assainissement pour les rendre habitables.
L'installation des divers services judiciaires dans le nouveau palais de
justice fut ainsi retardée jusqu'aux premiers jours d'août 1836. Elle se
fit sans cérémonial, et il n'y eut pas d'inauguration officielle. Les registres du tribunal de première instance et ceux de la Cour d'assises
ne mentionnent même pas cet évènement mémorable.

Le préfet annonça au conseil général, à la session d'août, le transfert au nouveau bâtiment de la porte d'Aigues Passes des deux corps
judiciaires de Mende, en indiquant les mécomptes de la construction
de ce coûteux édifice.

« Le palais de justice de Mende, dit-il, est achevé depuis peu de
mois, mais le tribunal n'a pu en prendre possession que dans les premiers jours du courant. Des doutes élevés sur la solidité de la voûte
qui soutient la salle des pas-perdus n'ont pas peu contribué à des
ajournements auxquels l'administration a mis un terme. Des travaux
supplémentaires d'assainissement, réclamés d'urgence, ont été exécu-
tés dans le cours des mois de mai et de juin. J'aurai à solliciter de votre justice, Messieurs, un bill d'indemnité pour cette dépense, que les
circonstances rendaient inévitable, et sur laquelle la prudence ne tolé-
rait aucune temporisation...»

Le conseil général vota les fonds nécessaires pour payer les réparations faites à la voûte de la salle des pas perdus qui « menaçait
ruines », et aux locaux insalubres du rez-de-chaussée ; il entendit
l'architecte Boivin et « voulant terminer tout ce qui est relatif au palais de justice de Mende » porta à 5.000 fr. les crédits supplémentaires
accordés.

Malgré ces réfections partielles le rez-de-chaussée du palais ne fut
guère habitable : les divers services étaient installés dans des pièces
froides et malsaines, reposant directement sur le sol et se trouvaient
dans des conditions hygiéniques déplorables. Le procureur, le juge
d'instruction, le greffier étaient obligés d'allumer du feu même en été
et les registres des délibérations du tribunal témoignent de dépenses
considérables de bois de chauffage qui rompaient sans cesse l'équilibre
budgétaire du nouveau palais. Les archives du greffe et de l'instruction moisissaient sur leurs étagères et le ruisseau qui coulait à pleins
bords entre le palais et la route aggravait encore l'insalubrité de toute
la partie est du bâtiment. Pour comble de malheur, le chemin créé sur
les anciens fossés fut rechargé à plusieurs reprises, le rez-de-chaussée
devint ainsi peu à peu un véritable sous sol et fut de moins en moins
habitable et de plus en plus malsain.

Le Palais de Justice de Mende revint au total à la somme de 109 000 fr., y compris celle de 5.000 fr. représentant les honoraires de M. Boivin.

IV.

1830 A 1848

§ 2

De 1830 à 1848 il y eut de nombreux changements dans le personnel du tribunal de première instance de Mende. M. Thomas Rivière, juge, chevalier de la Légion d'honneur, décédé à Paris le 20 août 1830, à l'âge de 55 ans, fut remplacé le 23 septembre suivant par M. Etienne Ferdinand Bertrand, avocat, conseiller de préfecture de la Lozère, fils de M. François Bertrand, ancien président du tribunal. Une décision royale du 29 novembre de la même année nomma M. Croze, substitut, au siège de juge de M. Bruno Olivier, mort le 21 octobre précédent, dans sa 75e année. et donna à M. Emile Chazot, avocat (1), le poste de substitut de M. Croze. M. Portalier, juge suppléant démissionnaire, eut comme successeur, le 10 décembre 1830, M. Jean Joseph Marie Ignon, ancien juge de paix de Viviers en 1793, né à Mende le 31 janvier 1772. qui resta au tribunal jusqu'en février 1857. Par la même ordonnance, M. Trophime Vincens, avoué, juge suppléant, décédé le 30 octobre 1830, à 49 ans, fut remplacé par M. Bertrand Bon, avocat. M. Frédéric Paradan, ancien juge auditeur à Mende, juge d'instruction à Marvejols, fut investi, le 1er juin 1832, du poste de juge de M. Louis Hippolyte Teissonnière, mort le 25 avril précédent, à l'âge de 51 ans.

MM. Teissonnière et Paradan furent tous deux des magistrats qui laissèrent à Mende des souvenirs durables. La famille Teissonnière, après avoir fourni au tribunal un procureur et un juge, retourna en 1832 se fixer à Florac, son pays d'origine, et un de ses membres, M. Ca-

---

(1) M. Emile Chazot, originaire de St-Chély, fut élu le 5 novembre 1837 et réélu en 1845 député de l'arrondissement de Marvejols ; il fut aussi conseiller général de la Lozère de 1843 à 1854, et devint conseiller à la cour d'appel de Nimes et président d'assises ; il mourut au mois de janvier 1854.

mille Teissonnière, fils, continua les traditions judiciaires de son père et de son grand père comme juge, substitut et procureur-substitut du procureur général, conseiller et président à la cour d'appel de Nimes. M. Paradan, né à la Canourgue le 15 mars 1797, était entré pour la première fois au tribunal de Mende en 1827 · il revint s'y fixer d'une façon définitive en 1832, y resta 40 ans et termina sa carrière comme vice-président, estimé de tous pour son savoir, sa conscience et son impartialité.

Le 9 janvier 1833 M. Brassier de Jocas, substitut à Apt, remplaça M. Rivière de Larque (1), substitut, et le 15 août de la même année M. Bertrand Bon, juge suppléant, fut nommé juge au siège de M. Croze, chevalier de la Légion d'honneur, décédé le 24 avril 1833, à l'âge de 42 ans. M. Bertrand Bon, qui était né le 17 octobre 1789, conserva ses fonctions jusqu'au 29 octobre 1859. M. Osmin Jaffard, avocat, succéda à M. Bon comme juge suppléant le 13 novembre 1833, et fut nommé substitut le 29 novembre 1834. M. Guillaume Julien Chevalier le remplaça à la suppléance le 30 janvier 1835. M. Ignon, procureur du roi, obtint le 29 juillet 1834 (2) un siège à la cour d'appel de Nimes et fut pourvu du poste de neuvième conseiller, précédemment occupé par M. Vigier, président d'assises. M. Ignon, ancien bâtonnier de l'ordre des avocats de Mende, était un magistrat de haute valeur, en même temps qu'un partisan dévoué de la monarchie constitutionnelle. Pendant son court séjour à la tête du parquet du tribunal, il s'était concilié l'estime et l'affection de tous : il avait beaucoup contribué, par ses démarches actives et son utile influence, à la construction du nouveau palais. Aussitôt installé dans ses nouvelles fonctions, il fut désigné par la cour pour présider les assises du ressort et revint souvent à Mende diriger les débats criminels du département. Le *Journal de la Lozère* a reproduit dans ses numéros des 16 août 1834 et 19 mars 1836 ses adieux comme procureur du roi, et son discours à l'ouverture de la première session de la cour d'assises qu'il fut appelé à présider le 14 mars 1836.

M. Mereau, qui succéda à M. Ignon, dirigea pendant 10 ans le parquet de Mende ; il était né à Mezières, département de la Vienne, le

(1) M. Rivière de Larque devint conseiller à la cour de Nimes en 1852 et présida les assises de la Lozère. Il fut conseiller général du canton de St-Amans.

(2) Pendant les journées de juillet M. Ignon, alors avocat, affirma publiquement ses opinions constitutionnelles et son culte pour le drapeau tricolore.

24 novembre 1801, et avait été successivement juge auditeur à Apt, substitut à Apt, Privas. Uzès et procureur à Largentière. Il a laissé le souvenir d'un magistrat laborieux, zélé et impartial.

Le 12 janvier 1835, M. Perrot, substitut à Largentière, fut appelé à Mende et le 30 janvier de la même année M. Flandin Charles-Alexis, fut nommé juge suppléant en remplacement de M. Polisse, décédé le 20 décembre 1834, à l'âge de 60 ans.

De 1835 à 1842 on relève seulement quatre mutations au tribunal de Mende. M. Chevalier, juge suppléant, nommé juge à Florac le 7 avril 1838, eut comme successeur M. Justin Jaffard, frère du substitut ; en 1836, M. Jean Baptiste André fils reprit le greffe de son père ; M. Deleveau, substitut à Florac remplaça, le 22 novembre 1839, M. Perrot appelé à d'autres fonctions et le 24 février 1842, M. Deleveau promu procureur du roi à Florac laissa son poste à M. Monteil de Charpal, substitut à Privas.

M. Amable-François Samuel Blanquet, juge, qui était né à Mende le 1er mars 1768 fut admis à la retraite le 31 mars 1842 à l'âge de 74 ans après avoir rempli dignement pendant 25 ans les fonctions de juge titulaire. M. Guillaume Chevalier, ancien suppléant au siège, juge à Florac lui succéda. Le 10 novembre de la même année, M. Rivière devint juge suppléant à la suite de la démission de M. Justin Jaffard (1) et le 26 avril 1843 M. Osmin Jaffard, alors substitut obtint le siège de juge devenu vacant par le décès de M. Viallard des Fonts. Il fut lui-même remplacé par M. Flandin, juge suppléant, au poste duquel M. Chas avoué, fut appelé le 14 août suivant.

M. Viallard des Fonts, décédé à Mende le 20 mars 1843, avait tenu au tribunal de première instance une place importante. Né le 2 octobre 1763, il était resté à l'écart des fonctions publiques pendant les périodes révolutionnaire et impériale, et avait acquis une grande réputation au barreau. Il avait épousé en 1795 Mlle Chevalier, du Tuf et s'était fixé dans une superbe propriété en deça du pont Roupt entre le Lot et le chemin de Brioude Louis XVIII, dès son avènement l'investit successivement des fonctions de juge d'instruction et de président de la Cour prévôtale de la Lozère, et nous avons vu avec quelle dignité et quelle justice il sut remplir ces judicatures difficiles. Entré dans la magistrature par la voie de la politique. il resta cependant juge impartial, ennemi des procès de tendance et des vengeances de parti. Il avait été privé de l'instruction en 1830, à cause de ses opinions nettement

____

(1) M. Justin Jaffard fut représentant du peuple à la chambre législative du 19 mai 1849 et mourut le 15 juillet 1854.

légitimistes, mais, en raison de son attitude correcte on lui avait laissé son siège de juge.

Le 13 février 1845, M. Bion de Marlavagne substitut à Apt, remplaça M. Monteil de Charpal, nommé procureur du roi à Largentière, et M. Micaelis, procureur à Tournon succéda à M. Méreau, appelé à la présidence du tribunal de Carpentras. L'année précédente M. Mereau avait été nommé chevalier de la légion d'honneur.

M. Daudé Lacoste obtint le 20 juin 1847 le siège de président du tribunal de Marvejols. Il fut remplacé comme juge par M. Flandin substitut, et le poste de M. Flandin fut donné à M. Camille Teissonnière, fils et petit fils de magistrats Mendois, qui fut longtemps conseiller général du canton de Florac. Le 6 octobre de la même année M. Osmin Jaffard, juge, fut chargé de l'instruction.

Les traitements des membres des tribunaux, chefs-lieu de département et d'assises, qui n'avaient point été modifiés depuis l'ordonnance du 16 octobre 1822, furent notablement améliorés par celles du 8 septembre 1839 et du 2 novembre 1846. En 1839 le tribunal de Mende passa de la 6° à la 5° classe, et prit rang dans la première catégorie des tribunaux de cet ordre. Les traitements du président et du procureur furent portés de 2.400 à 2.700 fr., celui du vice-président de 2.000 à 2.250 fr., ceux des juges et substituts de 1.600 à 1.800 fr., enfin l'indemnité d'instruction fut élevée à 360 fr. En 1846 ces émoluments furent encore augmentés : ceux du président et du procureur furent fixés à 3.500 fr., celui du vice-président à 2.625 fr., ceux des juges et substituts à 2.100 fr., et le supplément d'instruction à 420 fr.

La Cour d'assises de la Lozère eut pendant toute cette période, de 1830 à 1848, des sessions régulières à la fin de chaque trimestre. La criminalité diminua un peu dans l'arrondissement de Mende, mais Florac et Marvejols continuèrent à fournir un contingent important d'affaires criminelles. La moyenne des causes de chaque session fut de 7 à 8. Les audiences furent suivies avec beaucoup d'intérêt par un nombreux public, appartenant à toutes les classes de la société mendoise, qui aimait à retrouver à la tête de cette haute justice, des anciens magistrats du tribunal de première instance et des conseillers d'origine Lozérienne, comme MM. Ignon, Fornier de Clauzonne, Chazot, Laporte de Belviala (1).

(1) Liste chronologique des présidents d'Assises de la Lozère de 1830 à 1848.
1830 MM. les conseillers Laporte de Belviala, Vigier.

Les assises de Mende furent présidées pendant le gouvernement de Juillet, par MM. les conseillers Laporte de Belviala, Vigier, Ignon, de Sevin, Garilhe. de Lasfond, Vignolles, Rousselier, Léon Thourel, Fornier de Clauzonne, Lapierre, Privat, Goirand de Labaume, de Lablanque, Vedrines, Louvrier, Maigron, Marques du Luc, Chazot, de Larnac.

1831	—	Garilhe, de Lasfond, Vignolles, Th. de Sevin.
1832	—	Vignolles, Vigier, Rousselier, Léon Thourel.
1833	—	Fornier de Clauzonne, Vigier, Vignolles, Léon Thourel.
1834	—	Rousselier, Fornier de Clauzonne, Vignolles, Laporte de Belviala.
1835	—	Fornier de Clauzonne, Lapierre, Privat, Goiron de Labaume.
1836	—	Ignon, de Lablanque, Léon Thourel, Lapierre.
1837	—	Vedrines, Louvrier, Maigron, Marques du Luc.
1838	—	L. Thourel, Ignon, L. de Belviala, Louvrier.
1839	—	Laporte de Belviala, Ignon, Louvrier, Lapierre.
1840	—	Lapierre, Louvrier, Rousselier, M. du Luc.
1841	—	Ignon, Laporte de Belviala, Chazot, M. du Luc.
1842	—	De Lablanque, Goirand de Labaume, Chazot, Marques du Luc.
1843	—	Lapierre, de Larnac, Chazot, Ignon.
1844	—	Goirand de Labaume, de Larnac, Marques du Luc, Ignon.
1845	—	Maigron, de Larnac, Louvrier, M. du Luc.
1846	—	Goirand de Labaume, Laporte de Belviala, Ignon, Rousselier.
1847	—	De Lablanque, Le Larnac, Chazot, Goirand de Labaume.
1848	—	Maigron.

V.

1848 À 1883.

§ 1.

Un seul magistrat de Mende fut atteint par la révolution de 1848. M·
Camille Teissonnière substitut fut révoqué et remplacé, le 23 mars
1848, par M. Pàges, avocat. Cet incident n'eut d'ailleurs aucune réper·
cussion sur sa carrière, car, rentré peu à près dans la magistrature,
comme procureur à St-Pons, il fut envoyé ensuite à la cour d'appel de
Nimes où il eut les plus hautes destinées (1).

Le 14 mars 1849, le procureur de la république, M. Micaelis, originaire d'Avignon, permuta pour convenances personnelles avec M.
Deleveau, procureur à Carpentras, ancien substitut à Mende, et le 14
novembre de la même année le tribunal de première instance fut institué et installé pour la cinquième fois.

Cette cérémonie traditionnelle eut lieu, comme de coutume, avec la
plus pompeuse solennité. Le procès verbal officiel en donne un aperçu
qui vaut une courte analyse. Les magistrats du tribunal auxquels
s'étaient joints tous les juges de paix du ressort, leurs suppléants et
leurs greffiers, se rendirent à 9 heures 1/2 du matin, à la cathédrale,
escortés par la première compagnie des fusiliers vétérans, alors en
garnison à Mende. L'évêque célébra lui-même une messe du St-Esprit
après laquelle furent chantés le *Domine salvam fac Rempublicam* et le
Veni Creator. Le cortège se rendit ensuite, avec le même cérémonial,
au Palais de Justice, dans la salle des audiences civiles, où le procureur de la république, délégué à cet effet, reçut le serment de M. le
président Aulanier, qui n'avait pu se rendre à la cour de Nimes en
raison de son grand âge. Le président à son tour, fit prêter serment à
tous les magistrats présents. Ce fut la quatrième institution à laquelle
M. Aulanier prit part sous quatre régimes différents.

M. Bion de Marlavagne fut nommé à Nimes et remplacé comme
substitut le 3 janvier 1850 par M. Viguier Hippolyte. Le 6 novembre
suivant, M· Paradan fut promu vice-président en remplacement de M.

____

(1) Voir chapitre IV, page 74.

Bonicel de Lhermet, décédé le 18 juillet et M. Petit Montséjour lui succéda comme juge. M. Monteil de Charpal, procureur de la république à Florac, obtint, sur sa demande, le 26 février 1851, le poste de juge, devenu vacant par l'admission à la retraite de M. Amédée Monestier. M. Monteil de Charpal, né à Mende le 18 août 1811, avait occupé de nombreux postes du ressort : successivement juge suppléant à Orange, substitut à Apt, Marvejols, Privas, Mende, procureur à Largentière et à Florac, il revenait dans son pays d'origine pour ne plus le quitter et y terminer sa carrière.

M. Salneuve, procureur de la république à Ambert, fut nommé juge à Mende le 8 mai 1851 au siège de M. Petit Montséjour ; le 30 septembre 1851, M. Coumoul remplaça M. Pages et le 2 février 1853 M. Margier, substitut à Florac fut appelé à Mende pour succéder à M. Viguier promu procureur impérial à Apt.

En 1850 des travaux assez importants furent faits à la salle d'audience de la cour d'assises. Le procureur général et les magistrats du tribunal en avaient depuis longtemps signalé la nécessité ; le préfet se rendit compte par lui-même de leur urgence, fit faire un devis et demanda à la session du conseil général du mois d'août 1850 des crédits pour les réaliser : « J'ai remarqué avec surprise, dit-il dans son rapport, qu'il n'existait pas au palais de local pour recevoir les accusés pendant les délibérations du Jury ou de la Cour. Je crois qu'il serait indispensable de construire un couloir qui irait du banc des accusés et aboutirait à la salle des pas perdus, dans laquelle devraient être pratiqués deux tambours, dont l'un servirait à recevoir les accusés. La dépense à faire serait d'environ 400 fr. Une autre somme de 400 fr. est encore nécessaire pour l'arangement d'un cabinet destiné au président des assises. Jusqu'à ce jour, il faut en convenir, ce magistrat d'un ordre supérieur n'a pas été traité avec la convenance due à la dignité de ses fonctions, le travail préparatoire auquel il est obligé de se livrer rend indispensable pour lui le cabinet qu'il a droit d'exiger. Enfin la salle des assises est mal tenue et laisse beaucoup à désirer ; elle a besoin d'être réparée et une somme de 600 fr. me paraît nécessaire pour ces travaux ».

Le conseil général avant de statuer sur cette demande se rendit au Palais de justice le 3 septembre 1850, examina sur place le projet du préfet, vota une somme de 3.400 fr., et spécifia en ces termes comment elle devrait être employée : « 1° La salle des assises sera réparée et garnie de tentures en escot. 2° Un cabinet sera aménagé pour le président des assises à l'ouest de la chambre du Conseil. 3° Une des trois pièces du rez-de-chaussée occupée par le parquet sera destinée au dépot de l'accusé pendant les délibérations du jury. A cet effet,

pour arriver au banc de l'accusé et pour conduire dans ce lieu de dépot, sans passer à côté des magistrats, un escalier extérieur aboutis-
sant au banc des accusés par une porte qui sera ouverte derrière ce
banc, sera construit dans le jardin du palais de justice ».

Ces réparations et cet aménagement nouveaux furent faits très rapidement et l'escalier des accusés rend encore aujourd'hui de grands
services dans les causes criminelles.

Depuis 1836, les inconvénients multiples du rez-de-chaussée du
palais n'avaient fait que s'aggraver. Son insalubrité était telle que M.
Osmin Jaffard, juge d'instruction, y avait contracté une grave maladie.
Le conseil général ayant refusé en 1844 d'y établir un calorifère, les
magistrats y allumaient constamment du feu et la moitié des crédits
du palais étaient employés à le chauffer sans pouvoir l'assainir. M. le
président Aulanier, conseiller général du Bleymard, appuyé au surplus
par les magistrats ou anciens magistrats du tribunal et de la cour
d'assises (1), appartenant à l'assemblée départementale, qui connaissaient ces inconvénients, avait souvent tenté d'obtenir des pouvoirs
publics la construction d'un pavillon où l'on put établir, au premier
étage, les services accessoires, qui étaient inconfortablement installés
au rez-de chaussée. Chacun avait reconnu le bien fondé de ces récla-
mations, mais le département de la Lozère n'ayant pas des fonds dis
ponibles pour une entreprise aussi couteuse, on dut ajourner toutes
les constructions demandées.

A la session d'août 1851, le préfet, dans son rapport au conseil général, signala la nécessité et l'urgence d'une réfection du palais de
justice : « La grande humidité qui règne au rez-de chaussée, dit il,
rend le parquet et le greffe presque inhabitables, surtout en hiver : le
seul moyen de remédier à ce grave inconvénient consisterait à doubler le batiment et à convertir le soubassement en une grande salle
assez ventilée pour assainir le premier étage, où seraient reportés
tous les services que comporte un chef-lieu de département, mais dans
l'état actuel des ressources, je ne crois pas qu'il soit possible d'entreprendre un pareil travail ».

Ce projet, admis en principe, ne fut point abandonné par ceux qui
s'intéressaient au palais ; mais M. le président Aulanier ne put le
réaliser, comme il l'eut voulu, à la fin de sa longue magistrature. Il
fut admis à faire valoir ses droits à la retraite le 26 avril 1852 en vertu

____

(1) Il y avait au conseil général plusieurs présidents d'assises : MM.
Laporte de Belviala, Chazot, et plusieurs magistrats ou anciens magistrats du tribunal, MM. Aulanier, Pagès, Grousset et Teissonnière.

de la loi nouvelle du premier mars précédent, et obtint le titre de président honoraire. Il avait présidé le tribunal de première instance pendant 34 ans, et jouissait de l'estime de tous, non seulement comme magistrat, mais encore membre du conseil général de la Lozère et du conseil municipal de Mende Il rentra dans la vie privée après avoir exercé pendant 48 ans des fonctions judiciaires sous deux royautés, deux républiques et presque deux empires, en conservant la confiance de six gouvernements successifs pour sa loyauté, son impartialité et sa dignité professionnelles.

M. Aulanier fut remplacé le 28 mars 1852 par M. Renouard (Jean-Pierre Fortuné), chevalier de la légion d'honneur, ancien député aux assemblées constituante et législative, secrétaire général de la préfecture du département. M. Renouard, né à Mende le 5 mars 1792, était le fils de l'ancien greffier en chef de la cour criminelle de l'an VIII ; il avait jusqu'en 1852 suivi la carrière politique ou administrative et n'avait jamais occupé des fonctions judiciaires. Sa nomination à la présidence d'un tribunal important fut accueillie tout d'abord avec un peu de défiance, mais ce sentiment disparut vite. M. Renouard fut un des meilleurs magistrats Mendois. Il eut une autorité et un prestige dont on conserve encore le souvenir et se montra tout de suite jurisconsulte avisé, impartial, très rompu à la pratique des procédures compliquées, alors à la mode, et très expert dans la science du droit.

M. le président Renouard devint conseiller général de Mende dès 1852 et son premier souci fut de continuer l'œuvre de son prédécesseur, de réaliser le déplacement des services annexes du tribunal et l'abandon définitif des salles malsaines du rez de-chaussée. Il obtint de l'administration préfectorale l'étude d'un projet de pavillon perpendiculaire au palais et fit appuyer ce projet par une délibération du tribunal. Le préfet le soutint devant le conseil général et insista pour le faire accepter à la session ordinaire de 1852. « J'ai reconnu moi-même, dit-il dans son rapport, les défectuosités du palais, je me suis assuré qu'une grande humidité règne au rez de chaussée où sont situés le parquet et le greffe, qui donnent lieu à des services permanents et journaliers. Les magistrats attachés au parquet, ainsi que les greffiers, ne peuvent occuper les appartements qui leur sont spécialement destinés, sans s'exposer à contracter des maladies et des infirmités. Les papiers... éprouvent chaque jour des détériorations notables... Frappé de cet état de choses, j'ai prescrit à l'architecte l'étude d'un projet qui sera mis sous vos yeux, d'après lequel il y aura lieu de transporter le greffe et le parquet du soubassement au premier étage, en exécutant les travaux dont le détail suit :

« 1° Démolition de l'avant corps.

« 2° Reconstruction de la salle des pas perdus au niveau des salles d'audience du tribunal civil et de la cour d'assises.

3° Construction d'un pavillon à deux étages dans le prolongement de la salle des pas perdus, en divisant le jardin en deux parties.

« Afin de savoir si ce travail satisfaisait aux convenances de la magistrature, je l'ai communiqué à M. le président du tribunal de Mende, qui a convoqué ce corps, en même temps que les officiers du parquet... D'après la réponse affirmative qui m'a été faite, je n'ai pas hésité à proposer dans le budget de 1853, l'allocation de la somme de 10.000 fr. représentant environ le tiers de la dépense à faire ».

Le conseil général reconnut encore une fois la nécessité de la réforme projetée dans l'aménagement du palais ; néanmoins, en présence d'un devis qui s'élevait en réalité non pas à 30.000 fr., mais à 40.000 fr., il fit de nombreuses objections et finalement se transporta, le 27 août 1852, au palais de justice. Au cours de cette visite, il examina avec beaucoup de soin toutes les salles du rez-de-chaussée et constata que l'humidité et l'insalubrité y étaient telles... « que toute l'année, et par les jours les plus chauds, les officiers du parquet étaient obligés de faire du feu dans leurs appartements, que plusieurs ont dû abandonner les salles affectées à leurs fonctons (1), et que, malgré la chaleur de l'atmosphère, M. le procureur de la république avait du feu dans son cabinet lorsqu'il reçut le conseil ».

Malgré toutes ces bonnes raisons les propositions du préfet ne furent pas adoptées, et le conseil ajourna ces travaux indispensables, « tout en regrettant que les nécessités des différents services ne lui permettent pas de les réaliser ».

L'année suivante la cause du palais de justice fut définitivement gagnée. M. Osmin Jaffard, juge d'instruction, la principale victime de l'insalubrité des sous sols, fut nommé conseiller général de Ste-Enimie, M. le président Renouard fut élevé à la présidence de l'assemblée départementale; ils plaidérent chaleureusement pour le Tribunal : aussi lorsque le préfet reprit dans son rapport les propositions et les projets de l'année précédente, en indiquant que la situation s'était encore aggravée, le conseil général, dans sa séance du 24 août 1853, adopta sans discussion le plan et le devis de l'architecte et vota un premier

____

(1) M. Osmin Jaffard qui avait contracté une grave maladie par suite de l'humidité qui régnait dans la chambre d'instruction, avait abandonné son cabinet et s'était provisoirement installé dans la chambre du conseil de la cour d'assises.

crédit de 12.000 fr. sur le budget de 1854, pour en commencer la réalisation (1). Il exprima toutefois « sa ferme volonté que la somme de 40.000 fr. prévue au devis ne soit pas dépassée ».

Les travaux de réfection du palais de justice furent adjugés à M. Mourgues, entrepreneur, le 24 février 1854, moyennant un rabais de 10 °/₀. Ils comprenaient 1° la démolition de la voûte sur laquelle reposait la salle des pas-perdus et sa reconstruction au niveau du premier étage ; 2° l'édification d'un pavillon à deux étages, avec rez de-chaussée voûté, dans le prolongement de la salle des pas perdus et divisant le jardin en deux parties. L'avant corps était conservé et réparé (2).

M. Mourgues commença immédiatement cette importante entreprise, mais dans des conditions défectueuses. Six mois à peine après le début des travaux, l'architecte départemental fut obligé de lui faire démolir et reprendre en entier les voûtes et les piliers. Au lieu de se conformer à son traité, il essaya de s'y soustraire par des malfaçons et des fraudes, en refaisant plus mal encore ce qu'on le contraignait à recommencer ; aussi, le 32 novembre 1854, le préfet dût décider, par arrêté, que les travaux seraient continués en régie. M. Mourgues sollicita et obtint de l'administration le retrait de cet arrêté en promettant de reconstruire à ses frais et d'une façon irréprochable tout ce qui serait reconnu défectueux ; mais, à la suite de nouvelles plaintes de l'architecte, un arrêté nouveau du 17 février 1855 prononça la résiliation du marché de M. Mourgues et l'adjudication sur folle.enchère des travaux restant à exécuter.

Après une tentative infructueuse, l'adjudication de ces travaux, que l'on majora de 31 °/₀ sur les prix antérieurs, fut tranchée pour la somme de 27.215 fr. 11 cent. On n'obtint qu'un rabais de 2 °/₀, et le coût de toute la réfection commencée s'éleva ainsi de 36 180 fr. (prix accepté par Mourgues) à 43.768 fr. 34 centimes (prix établi à la nouvelle adjudication). Cette dernière somme fut réduite à celle de 40.368 fr. 23 centimes, par la retenue du cautionnement de l'ancien entrepreneur.

Au cours de l'aménagement du palais, dans l'intervalle de la résiliation de l'entreprise Mourgues et de sa folle enchère, une affaire crimi-

(1) Le solde de la dépense devait être reporté sur les deux budgets suivants, 15.000 sur celui de 1855, le solde sur celui de 1856.

(2) L'adjudication annoncée dans le *Journal de la Lozère* indiquait pour les travaux du palais un prix de 37.755 fr. 03 cent. sans compter une somme à valoir de 2.441 fr. 97, soit au total 40.200 fr., 200 fr. de plus que le montant prévu par le conseil général.

nelle très importante fut portée devant les assises de la Lozère et provoqua un nouvel agencement de la salle d'audience. Dans la nuit du 11 au 12 février 1854, la famille Chabrol, composée de cinq personnes avait été assassinée à St Etienne-Vallée-Française, par un nommé Rousson, dans des conditions particulièrement dramatiques. Ce crime avait causé une émotion profonde dans toutes les Cévennes. Une longue information dirigée avec beaucoup d'habileté par M. Mathieu, juge d'instruction à Florac, établit la culpabilité de Rousson, et la chambre des mises en accusation de la cour le renvoya devant les assises de la Lozère du mois de mars et- dura 9 jours. Cent témoins furent entendus, et le procureur-général de la cour d'appel de Nîmes, M. Thourel, vint lui-même soutenir l'accusation. Les débats furent dirigés avec une grande autorité par un Mendois, M. le président Ignon. Un public nombreux, appartenant à toutes les classes de la société, voulut assister à ces débats sensationnels, et le préfet fit établir pour les dames une tribune provisoire avec accès par le nouveau bâtiment en construction et une galerie volante, au dessus de la salle des pas perdus. Cette tribune improvisée parut si commode que les magistrats de la cour demandèrent au préfet de la conserver, en effectuant tous les travaux utiles pour l'installer d'une façon permanente et définitive. Le préfet y consentit, fit établir un devis, qui s'éleva à la somme de 2.393 fr. 89 centimes, et exécuter cet aménagement nouveau de la petite salle d'audience de la justice criminelle du département, avant même d'y avoir été autorisé par le conseil général. Il lui fit part en ces termes, à la session d'août 1855, de cette dépense imprévue : « Les circonstances ont démontré que la salle de la cour d'assises était insuffisante, lorsqu'il s'agissait d'affaires majeures, et qu'il y avait lieu d'y pratiquer une tribune. Celle qui a été improvisée à la dernière session, sur la demande des magistrats et des membres du parquet, m'a inspiré l'idée de profiter des réparations en cours d'exécution, afin de faire établir une tribune, qui est déjà commencée, et dont la dépense s'élève, d'après devis régulier, à 2.393 fr. 19 cent... ».

L'assemblée départementale, présidée par M. Renouard, président du tribunal de première instance, vota sans observation les crédits nécessaires à cette utile construction.

Cette tribune, qui n'a point été modifiée depuis 1855, est très bien comprise et fut faite avec beaucoup de goût et d'adresse. Elle était nécessaire par suite du nombre par trop restreint de places réservées au public. On y accède par l'escalier du greffe et par une galerie qui s'étend sur toute la face ouest de la salle des pas-perdus, au niveau du second étage du pavillon construit en 1855. Cette galerie est soutenue par des consoles allongées, semblables à celles des corniches de chacune des deux portes des salles d'audience. La tribune elle-même se compose de quatre gradins, pouvant contenir environ 90 personnes, et dominant admirablement toute la salle d'audience.

En même temps que ces modifications qui changèrent complètement l'agencement intérieur du palais, on procéda à trois aménagements extérieurs importants. L'élévation de la salle des pas-perdus au niveau du premier étage obligea de surélever le plan du portique et de créer dans ce but cinq nouveaux gradins entre les bases des colonnes. De plus, les nombreux rechargements et l'exhaussement de la route qui s'étend le long de la façade est rendirent nécessaire l'établissement d'une terrasse à la place de la cour en contrebas où s'ouvraient les fenêtres du rez-de-chaussée désormais abandonné. Enfin, en même temps on agrandit au midi la salle des délibérations du tribunal et on ouvrit sur la largeur de cet agrandissement, au nord du cabinet du président, un couloir permettant aux magistrats d'accéder directement de la terrasse du palais à la chambre du conseil du tribunal. Une grille élégante sépara la nouvelle terrasse de la voie publique et le palais de justice prit l'aspect perspectif qu'il a encore aujourd'hui.

Depuis 1855 tous les services de la justice sont centralisés autour de la salle des pas perdus. Au nord et au midi se trouve l'entrée des salles d'audience de la cour d'assises et du tribunal, à l'ouest, en face du portique, s'ouvre une large baie, au-delà de laquelle on a établi à droite la loge du concierge, à gauche les escaliers du greffe et du rez-de chaussée, au fond du couloir perpendiculaire qui conduit au parquet et qui dessert les pièces réservées au barreau et aux officiers ministériels, aux enquêtes et aux ordres, ce cabinet et la salle d'attente du juge d'instruction. Le greffe, ses archives et le logement du concierge sont établis au second étage du nouveau pavillon, qui ne dépasse pas en hauteur l'étage unique du bâtiment principal.

Le rez-de-chaussée devenu sous sol à l'est du côté de la terrasse est entièrement vouté sous la salle des pas perdus et sous le nouveau pavillon de 1855 ; il fait partie des dépendances du palais et n'est plus affecté à aucun service judiciaire.

VI

1848 a 1883

§ 2.

Après la constitution du 14 janvier 1852, les membres du tribunal de première instance durent, comme tous les fonctionnaires et toutes les autorités constituées, prêter serment au prince-président. Cette cérémonie eut lieu avec la pompe habituelle, le 26 avril 1852 sous la présidence de M. le conseiller Laporte de Belviala et en présence du préfet et d'une nombreuse assistance. A cette occasion M. de Belviala fit l'éloge de M. Aulanier « ce magistrat de l'an XIII qui, après avoir parcouru une longue et utile carrière, venait d'être mis à la retraite, en vertu des dispositions inéluctables de la loi nouvelle du 1ᵉʳ mars précédent, et était nommé président honoraire » ; puis il parla en termes flatteurs de M. Renouard, « ancien député aux assemblées constituante et législative, qui aurait pu briguer de plus hautes destinées ». Chaque magistrat prêta le serment constitutionnel et les fonctionnaires montrèrent par leur attitude un respect et un enthousiasme d'autant plus grand pour le prince-président qu'ils le redoutaient davantage.

Deux jours après, le 28 avril, M. Deleveau, procureur de la République, fit prêter serment aux juges de paix du ressort, et dans un discours enflammé affirma son ardeur impérialiste.

Les événements du 2 décembre 1851 et la dangereuse agitation qui suivit firent sortir le tribunal de première instance de la réserve pleine de dignité nécessaire à un organisme judiciaire et qu'il avait toujours gardée jusque-là, même dans les périodes les plus troublées de son histoire. Fut-il entraîné par les circonstances ambiantes, par l'intérêt, par le souvenir du premier empire pour lequel la Lozère avait eu de vives sympathies? Craignait-il la vengeance d'un prince prêt à toutes les violences et à toutes les injustices ? On ne peut le savoir exactement. Toujours est il que le 23 octobre 1852 il envoya au prince Louis-Napoléon une adresse dithyrambique qui le sauva peut-être de représailles, mais qui manque de courage et même de tenue civiques : « Cédez prince, disait-il dans cette adresse, cédez à la volonté nationale, ceignez la couronne impériale que vous offre la nation reconnaissante pour le bonheur de la France et le repos du monde ! »

On comprend que, dans ces conditions, la proclamation de l'empire ne provoqua aucune modification dans la magistrature Mendoise. Une nouvelle prestation de serment fut faite au nouvel empereur sans solennité, ni apparat. M. le président Renouard procéda lui même à cette formalité dans une assemblée générale des deux chambres du tribunal, des officiers du parquet, des greffiers et des 9 avoués. Sur les réquisitions du procureur impérial Deleveau et après lecture de la formule du serment, les magistrats, les fonctionnaires et les officiers publics « jurérent obéissance à la constitution et fidélité à Napoléon III. »

En 1860, en 1861 et en 1862, les traitements des membres du tribunal de Mende furent notablement augmentés. Par décret du 15 septembre 1860, les émoluments des président et procureur furent portés à 3833 francs, ceux des juges et substituts à 2300 francs, celui du vice-président à 2875, celui du juge d'instruction à 2760. Un décret du 16 septembre 1861 améliora encore ces indemnités, en élevant respec·tivement celles des président et procureur, du vice-président, du juge d'instruction et des juges ou substitut, à 4166 fr. 67, 3125 francs, 3000 francs, 2500 francs. Enfin un dernier décret du 22 septembre 1862 fixa les traitements du président ou du procureur à 4500 francs, celui du vice-président à 3375 francs, celui du juge d'instruction à 3240 fr., et ceux des juges à 2700 francs.

Ces chiffres furent maintenus jusqu'à la réforme de la magistrature du 30 août 1883.

Le tribunal de première instance de Mende, constitué avec 9 magis·trats par le décret impérial du 18 août 1810, fut réduit à sept juges titulaires et à deux suppléants par la loi du 8 août 1849. Il ne devait désormais comprendre qu'un président, un vice-président, cinq juges titulaires et deux suppléants. Les siéges supprimés par extinction furent ceux de MM. Flandin et Bertrand Bon, juges titulaires, et ceux de MM. Guyot et Chas, juges suppléants. MM. Guyot et Chas cessérent leurs fonctions en février 1851, M. Flandin le 11 mars 1851 et M. Bertrand Bon en 1856.

Le nombre des officiers du ministère public ne fut pas modifié.

De 1853 à 1883 beaucoup de magistrats se succédèrent aux différents postes du tribunal. Nous nous contenterons de les indiquer dans une rapide nomenclature.

Le 23 décembre 1854, M. Grousset, juge à Marvejols et conseiller général de la Lozère, fut nommé juge en remplacement de M. Salneuve, envoyé au Puy.

Le 17 mars 1858, M. Marie Louis Jules Feltrier André succéda à son père dans la charge de greffier.

Le 26 janvier 1861, M. Pansier, substitut au Vigan, fut pourvu du poste de M. Margier, promu juge à Carpentras.

Le 8 mars 1862, M. Combemale, procureur impérial à Carpentras, devint président par suite de la mise à la retraite de M. Renouard, parvenu à la limite d'âge et nommé président honoraire. M. Combemale, né à Montpellier le 11 frimaire an X, avait été successivement suppléant au Vigan, substitut à Privas et à Avignon, procureur à Apt et à Carpentras. Il termina à Mende sa carrière de magistrat.

Le 25 juin 1862 M. Lonchampt, avocat à Paris, obtint le siège de juge de M. Osmin Jaffard, décédé à Montpellier le 25 mai précédent, et, le 14 juillet de la même année, M. Monteil de Charpal fut désigné pour remplir les fonctions de juge d'instruction.

M. Jaffard avait été au tribunal de Mende pendant près de 29 ans. Il était resté pendant 15 ans juge d'instruction et a laissé un souvenir durable de sa compétence, de sa justice et de son activité.

Le 6 avril 1864, M. Chalmeton, substitut au Vigan, remplaça M. Pansier, nommé à Nimes.

Le 25 janvier 1865, M. Fornier de Clauzonne, juge suppléant à Nimes, fils du conseiller de la cour d'appel, vint occuper le poste de juge de M. Chevalier, décédé le 15 janvier précédent, jour anniversaire de sa 70ᵉ année, et après 30 ans de magistrature à Mende.

Le 15 avril 1865, M. Coumoul, substitut, passa au siège, M. Lonchampt ayant été nommé juge à Nimes, et le 19 mai suivant, M. Rousselier, avocat à Paris, fils du président d'assises, lui succéda au parquet.

Le 10 mars 1866, M. Boissier, juge suppléant chargé de l'instruction à Uzès, fut désigné pour remplacer M. Fornier de Clauzonne, promu juge à Nimes.

Le 27 décembre 1866, M. Mallet, substitut à Florac, fut envoyé à Mende, en remplacement de M. Chalmeton, nommé procureur au Vigan.

Le 10 avril 1867, M. Pansier, substitut à Nimes, devint juge à la place de M. Bertrand, décédé. Par le même décret, M Monteil de Charpal fut promu vice-président à la place de M. Paradan, admis à la retraite et nommé président honoraire. M. Aigoin de Montredon, juge d'instruction au Vigan, obtint le siège de juge de M. Monteil de Charpal, et fut investi en même temps de l'instruction.

Le 26 juin 1867, M. Marques du Luc, avocat à Nimes, fils du conseiller, devint substitut par suite de la nomination à Nimes de M.

Rousselier. Le 29 avril 1868, M. Marqués du Luc céda à son tour ses fonctions à M. Cavallier, substitut à Castelnaudary, et fut envoyé à Montpellier.

Le 9 juin 1868, M. Magne, juge de paix à St Yrieix, obtint le siège de M. Boissier qui fut, sur sa demande, délégué comme juge au tribunal de Saïgon.

Le 29 octobre 1869, M. Pellerin, procureur impérial à Vire, prit la direction du parquet de Mende, M. Deleveau ayant été nommé conseiller à la cour d'appel d'Aix.

Le 4 décembre 1869, M. Abauzit, substitut à Largentière, fut nommé à Mende, en remplacement de M. Mallet, nommé lui-même à Avignon.

Le 27 décembre de la même année M. Grousset, juge, succéda comme vice président à M. Monteil de Charpal, décédé ; son siège fut donné à M. Mercier, avocat.

Le 4 août 1871, M. Saltet de Sablet d'Estières, substitut à Florac, obtint le poste de M. Abauzit, qui alla à Avignon.

M. le président Combemale fut mis à la retraite et nommé président honoraire le 8 décembre 1871 ; il fut remplacé par M. Berthezéne, président à Florac.

Le 14 février 1872, M. Lafaye, substitut à Draguignan, devint juge, M. Pansier ayant été promu au tribunal d'Avignon.

Le 30 novembre de la même année, M. Genieis, substitut à Marvejols, fut investi du poste de M. Cavallier, devenu juge à Alais.

Le 17 mars 1873, M. Aigoin de Montredon fut nommé, lui aussi, au tribunal d'Alais. M. Verger, vice-président à Alger, le remplaça comme juge, et l'instruction fut donnée à M. Mercier le 25 avril suivant.

Le 25 mars de la même année, M. Bienès, procureur à Sétif, succéda à M. Magne, juge, envoyé à Confolens.

Le 7 avril 1873, M. Pinet de Menteyer, procureur à Apt, fut transféré à Mende, M. Pellerin ayant été envoyé à la cour d'appel comme substitut général, puis le 21 juin suivant M. de Menteyer ayant été nommé conseiller à Alger, la direction du parquet de Mende échut à M. Delasalle, procureur à Lisieux.

Le 14 mai 1873 M. Grousset fut désigné pour le poste de substitut à Mende, vacant par suite du départ de M. Saltet d'Estières comme procureur à Sétif. Il ne fut pas installé dans ces nouvelles fonctions, en raison de sa parenté avec le vice-président du tribunal, mais fut désigné pour Carpentras et remplacé par M. Perrot, substitut à Largentière.

Le 13 septembre 1873 M. Roche, juge à Marvejols, succéda à M. Verger, démissionnaire, et M. Escalier de Ladevèze, procureur à Alais, à M. Delasalle, nommé procureur à Carpentras.

Le 14 octobre de la même année, la présidence passa, de M. Berthezène, promu conseiller à la cour de Nîmes, à M. Rouvière, président à Marvejols.

Le 10 février 1874, M. Bion de Marlavagne, ancien magistrat, obtint le siège de M. Coumoul, décédé.

Le 16 mai suivant, M. Verdier, substitut à Marvejols, remplaça M. Perrot, envoyé à Carpentras.

Le 7 janvier 1875 M. Privat, substitut au Vigan, vint succéder à M. Genieis, promu procureur à Largentière.

Le 13 janvier 1876 M. Léopold Rimbaud, avocat, fut pourvu du siège de M. Roche, devenu président à Marvejols.

En 1877, M. Coumoul fut nommé greffier à la place de M. André (12 mars) ; M. Parmantier, substitut à Nyons, succéda à M. Privat, désigné pour le Mans (6 avril) ; M. Susini, juge à Florac, remplaça M. Lafayé envoyé à Privas (25 mai) ; M. Theurault, substitut à Uzès, obtint le poste de M. Chais, qui alla à Orange (30 juillet) ; M. Parizet, juge à Marvejols, fut investi du siège de M. Bion de Marvalagne, décédé (24 août) ; enfin M. Brunel, procureur à Uzès, fut mis à la tête du parquet de Mende, à la suite de la nomination de M. Escalier de Ladevèze comme juge à Nimes (1 décembre).

En 1878 M. Parizet obtint l'instruction à la place de M. Mercier (26 avril), et M. Roche, président à Marvejols, succéda à M. Rouvière, décédé (22 juillet).

Le 8 mai 1879 M. Molines, procureur à Marvejols, remplaça M. Brunel.

Le 17 octobre 1879 M. Benoit, juge à Marvejols, passa au siège de M. Parizet, promu à Epinal, et l'instruction fut donnée à M. Bienès. M. Bienès devint vice-président le 22 juin 1880, lors de l'admission à la retraite de M. Grousset, nommé président honoraire, et l'instruction échut à M. Benoit.

Le 20 juillet 1880, les deux substituts, MM. Theurault et Parmantier, furent révoqués ; leurs postes furent donnés à MM. Escoffier, substitut à Pithiviers, et Fayet, substitut à Florac.

Le 15 mars 1881 M. Boyer, substitut à Tournon, fut désigné pour le poste de M. Escoffier, promu procureur à Lesparre, et le 21 juin de la même année M. Gorguos, procureur à St Girons, fut transféré a

Mende en cette qualité, M. Molines ayant obtenu les fonctions importantes d'avocat général à la cour d'appel de Chambéry.

Le 9 janvier 1882 M. Benoit fut élevé à la présidence de Marvejols
et remplacé comme juge d'instruction par M. Gardelle.

Le 7 août 1883 M. Jaffard, substitut à Marvejols, devint substitut,
à Mende M. Boyer ayant été envoyé à Avignon, et le 19 du même mois
M. Paul Rimbaud succéda à son père, admis à la retraite.

Les assises de la Lozère se tinrent régulièrement quatre fois par an
à Mende (1) sous la présidence d'un conseiller de la cour d'appel de
Nîmes. La criminalité continua à décroître sous l'influence de l'amé-

(1) Liste chronologique des présidents de la Cour d'assises de la
Lozère depuis 1848 à 1883.

1848 MM. les conseillers Ignon, de Larnac, de Labeaume.
1849   —   Chazot, Rousselier, de Lablanque, de La-
                beaume.
1550   —   Chazot, Louvrier, Laporte de Belviala, Ignon.
1851   —   de Larnac, Chazot, de Lablanque, de Labeaume
1852   —   de Larnac, de Labeaume, Chazot, de Larnac .
1853   —   de Lablanque, Baragnon, de Trinquelague-
                Dions, Chazot.
1854   —   Rivière de Larque, de Trinquelagues-Dions,
                de Larnac, Ignon.
1855   —   Ignon, Tailhand, Baragnon, Maurin.
1856   —   Tailhand, Ignon, Baragnon, Tailhand.
1857   —   Ignon, Royol, Teissonnière, de Trinquelague.
1858   —   Royol, Baragnon, Teissonnière, Ignon.
1859   —   Royol, de Trinquelague, Fajon, Ignon.
1860   —   de Trinquelague, Royol, Baragnon, Teisson-
                nière.
1861   —   Ignon, Tailhand. de Trinquelague, Baragnon.
1862   —   de Trinquelague, Baragnon, Tailhand, Tail-
                hand.
1863   —   Fajon, Fajon, de Trinquelague, Fabre.
1864   —   Fajon, E. de Ladevèze, Tailhand, Baragnon.
1865   —   de Trinquelague, Tailhand, Pelon, Reyne.
1866   —   Fajon, de Trinquelague, L. Blanchard, L.
                Blanchard.
1867   —   de Trinquelague, Perrot, E. de Ladevèze,
                Reyne.

lioration incessante des voies de communication, des rapports sociaux, du bien être général et de l'instruction.

De 1848 à 1883 les présidents d'assises furent MM. les conseillers Ignon, de Larnac, de Labeaume, Chazot, Rousselier, de Lablanque, Louvrier, Laporte de Belviala, Baragnon, de Tringuelague-Dions, Rivière de Larque, Tailhand, Maurin, Royol, Teissonnière, Fajon, Fabre, Escalier de Ladevèze, Pelon, Reyne, Léon Blanchard, Perrot, Dautheville, Fayet, Faudon, Peiron, Guiraud, Viguier, Boissier, Berthezène, de Rouville, Moulin, Cord, Gizolme.

1868	—	Blanchard, Tailhand, E. de Ladevèze, Fajon.
1869	—	Perrot, Tailhand. de Trinquelague, Dautheville.
1870	—	E. de Ladevèze, Fayet, de Trinquelague, Dautheville.
1871	—	Fayet, Blanchard, de Trinquelague, Dautheville.
1872	—	Faudon. Peiron, Fajon, Dautheville.
1873	—	Perrot. Fayet, Dautheville, Guiraud.
1874	—	Fayet, Faudon, Perrot, Viguier.
1875	—	Boissier, Perrot, Dautheville Peiron.
1876	—	Fayet, Perrot, Berthezène (pas de session en décembre).
1877	—	de Rouville, Faudon, Dautheville, Faudon.
1878	—	Peiron, Dautheville, Berthezène (pas de session en mars).
1879	—	Moulin, Peiron, Fayet, Dautheville.
1880	—	de Rouville, Moulin, Faudon, Cord.
1881	—	Fayet, Cord, Fayet, Faudon.
1882	—	Moulin, de Rouville, Cord (pas de session en juin).
1883	—	Gizolme, Peiron.

VII.

1883 A 1910.

La loi du 30 août 1883, sur la réforme de l'organisation judiciaire, plaça le tribunal de première instance de Mende dans une situation analogue à celle qu'il occupait sous l'empire de la loi du 29 ventose an VIII. Le tribunaux de chefs lieu judiciaires de département et d'assises cessèrent désormais d'avoir la situation privilégiée créée par le décret impérial du 18 août 1810. Toutes les justices d'instance des villes de moins de 20.000 habitants furent classées ensemble dans la dernière catégorie, quelle que fut la population de l'arrondissement, du ressort, et Mende fut égalée a Marvejols et Florac. On supprima une chambre du tribunal : un vice-président, deux juges et un substitut ; les traitements des magistrats passèrent seulement de 4.500 fr. à 5.000 fr. pour le président et le procureur ; de 3.240 fr. à 3.500 fr. pour le juge d'instruction ; de 2.7000 fr. à 3 900 fr. pour les juges et 2.800 fr. pour les substituts ; toutefois, en raison des nécessités du service des assises, Mende conserva trois juges et un substitut alors que d'autres tribunaux aussi importants étaient privés de substitut et n'avaient que deux juges.

A la fin d'août 1883, le personnel de la justice du chef-lieu de la Lozère fut ainsi composé : M. Roche, président, M. Gardelle, juge d'instruction, MM. Susini et Rimbaud, juges. M. Gorguos, procureur. et M. Jaffard. substitut : les deux suppléants, MM. Reversat et Rivière démissionnaires ne furent remplacés que le 13 mars 1884 par M. Michel Urbain-Auguste Chevalier, avocat, et M. Duboys, ancien magistrat.

Le 20 octobre 1883, M. Veyer procureur de la république à Saint-Marcellin, succéda à M. Gorguos.

Le 28 novembre de la même année, M. Blanc, juge suppléant au Puy, succéda à M. Jaffard, nommé procureur de la république. Le 25 avril 1885, M. Roche fut promu conseiller à la cour d'appel de Nimes, et la présidence échut à M. Lacombe, juge d'instruction à Privas, qui retourna à Privas comme président, le 21 décembre de la même année, et fut remplacé par M. de Cabissole, juge à Alais.

Le 26 septembre 1887, M. Blavin, juge de paix à Dra el-Mizan obtint le poste de substitut de M. Blanc envoyé à Laval.

En 1888, M. Chevalier, suppléant fut titularisé le 13 octobre au siége de M. Gardelle nommé président ; l'instruction échut à M. Paul Rimbaud, le 21 du même mois ; le premier décembre, M. Malafosse, avoué, succéda à M. Chevalier comme suppléant, et M. Delpy, procureur de la république à Florac, vint occuper le poste de M. Veyer promu de deuxième classe à St-Omer.

Le 1er décembre 1889, M. Grégory, substitut à Castres, fut investi des fonctions de M. Delpy, devenu procureur à Cherbourg.

Un décret du 21 février 1890, désigna M. Laget, avocat, comme suppléant, par suite du décès de M. Duboys.

Le 9 mai 1891, M. Falgairolle, substitut à Largentière, fut nommé substitut à la place de M. Blavin, et, envoyé à Nimes le 18 octobre de l'année suivante, laissa ses fonctions à M. Pascal, suppléant à Apt.

Le 18 octobre 1892, M. de Cabissole fut promu président de 2e classe à Alais ; son siège d'abord offert à M. Torette, juge d'instruction à Alais, échut à M. Barbier, juge d'instruction à Valence.

Le 13 mai 1893, M. Lénard, substitut à Largentière, succéda à M. Pascal nommé juge à Digne, et le 28 décembre 1895 M. Rey Mury, substitut à Annecy, fut investi du poste de M. Lénard envoyé à Nimes.

Le 14 avril 1896 M. Pintard, juge à Perpignan, devint président à la suite du décès de M. Barbier.

Le 3 octobre suivant, M. Laffon, juge à Florac, vint occuper le siège de M. Chevalier décédé.

Le 15 juin 1897, M. Emery-Desbrousses, avocat, obtint le poste de M. Rey-Mury, qui alla à Alais.

Le 18 août 1897, M. Peigné, procureur de la République à Lure, prit la direction du parquet de Mende, M. Grégory ayant été transféré à Belfort.

Le 15 mai 1900, M. Guiraudet, procureur à Loches, succéda à M. Peigné, nommé à Mayenne, et le 17 septembre suivant M. Lisbonne, avocat, bénéficia du poste de M. Caillé qui avait lui-même été pourvu du 29 mai au 17 septembre de celui de M. Emery-Desbrousses, envoyé à la Roche sur-Yon.

Le 31 juillet 1901, M. Guiraudet, désigné comme substitut de

1" classe à Marseille, fut remplacé par M. Robinet, procureur, à St-Amand.

Le 15 avril 1902, M. Laffon, juge, alla à Béziers en qualité de substitut et son siège échut à M. Picquemal, juge suppléant à Pamiers ; le 28 mai de la même année, M. Lejeune devint substitut à la place de M. Lisbonne, envoyé à Aix.

Le 10 septembre 1902, par suite de la démission de M. Robinet, procureur de la république, son siège fut donné à M. Gasné, procureur à Moulins.

Le 17 novembre 1902, M. Jules Bonnefous reprit le greffe de M. Coumoul.

Le 9 octobre 1902, M. Constantin, avocat, vint occuper le poste de M. Lejeune démissionnaire.

Le 18 novembre 1904. M. Moniot, substitut, à Abbeville, fut mis à la tête du parquet de Mende, M. Gasné étant allé sur sa demande occuper à Lyon les importantes fonctions de substitut de 1" classe.

Le 9 février 1906, M. Olivier, reprit la charge de greffier de M. Bonnefous.

Le 24 novembre 1906, M. Piquemal, fut chargé de l'instruction.

Le 23 décembre de la même année, M. Lefébure, avocat à Paris, attaché à la Cour de Cassation, fut nommé substitut en remplacement de M. Constantin, envoyé à Alais.

Le 26 janvier 1907, M. Abauzit, juge suppléant à Alais, succéda à M. Susini, admis à la retraite ; le 5 février suivant, M. Rémy, juge d'instruction à Béziers, devint président, M. Pintard ayant été promu sur sa demande juge d'instruction de 1" classe, à Nimes.

Le 11 septembre 1907, M. Chebanier, juge suppléant rétribué à Vire, eut le poste de substitut de M. Lefebure, envoyé à Carpentras, et passa lui-même au siège le 11 septembre de l'année suivante, M. Piquemal ayant été nommé juge à Alais. A la même date, l'instruction fut donné à M. Abauzit.

Le 28 juillet 1908, M. Viguier, suppléant à Alais, remplaça M. Chebanier au parquet, et le 3 août 1909, M. Bonnes, procureur de la république à Espalion, fut investi du poste de M. Moniot, démissionnaire.

Pendant cette dernière période; les sessions de la cour d'assises furent de moins en moins chargées ; assez souvent le jury ne fut pas réuni faute d'affaires, et la criminalité en Lozère devint plus faible que partout ailleurs.

Les présidents d'assises (1) qui vinrent diriger les débats criminels à Mende furent MM. les conseillers Moulin, Bolze, Cord, Peiron, Cabrol, Chamontin, Leulon, Landry, de Lamarche, Nouvion, Jouve, Fabiani, Chataignier, Guibal, Galzin, Chamand, Abel, Boissière, Granié.

....

(1) Liste chronologique des présidents d'assises de 1883 à 1910.

1883 MM. les conseillers Moulin, Bolze.

1884	—	Cord, Peiron, Cabrol, Chamontin.
1885	—	Cabrol, Cabrol (pas de session en mars et décembre).
1886	—	Moulin, Teulen, Peiron, Cabrol.
1887	—	Cord, Cord, Landry (pas de session en mars).
1888	—	Teulon, Landry (pas de session en mars et septembre).
1889	—	Chamontin, de Lamarche, Chamontin (pas de session en septembre).
1890	—	de Lamarche, Chamontin (pas de session en septembre et en décembre).
1891	—	Nouvion (pas de session en mars, juin et septembre).
1892	—	Jouve, Jouve, Nouvion, Nouvion.
1893	—	Nouvion, Jouve, de Lamarche (pas de session en juin).
1894	—	Jouve (pas de session en mars juin et décembre).
1895	—	de Lamarche et Fabiani (pas de session en mars et décembre).
1896	—	Jouve, Galzin Nouvion (pas de session en décembre),
1897	—	Fabiani, Nouvion (pas de session et juin et septembre).
1898	—	Chataignier, Guibal, Guibal, Jouve.
1899	—	Govion, Fabiani, Chamand, Galzin.
1900	—	Guibal, Nouvion, Chamand (pas de session en décembre).
1901	—	Fabiani, Chataignier (pas de session en juin et septembre).
1902	—	Abel, Chamand, Galzin (pas de session en mars).

Le tribunal de première instance de Mende, né avec le droit moderne, a été l'œuvre définitive de la révolution. Nous avons dû, dans cette étude, nous contenter d'indiquer ses installations successives et les modifications de son personnel, car la justice dont il est l'expression, est toujours identique à elle-même, éternelle, immuable, dans ses manifestations comme dans son principe et ne saurait avoir une évolution dont on puisse faire l'histoire.

Nous l'avons vu remplir avec dignité et honneur sa grande mission sociale, sous les gouvernements et les régimes les plus divers. Son autorité s'est affirmée quand l'instruction s'est répandue, quand les rapports sociaux se sont améliorés, quand la prospérité, le bien être, l'indépendance se sont développés en Lozère. Il a fait l'éducation morale des consciences gévaudanaises, en appliquant à tous, sans rigueur ni faiblesse les grands principes dont il a la garde, en apprenant à discerner le bien du mal, ce qui est licite de ce qui est défendu par la loi, et continue à présent, sous l'égide républicaine, à réaliser les deux idées sublimes dont il est la synthèse : la justice et le droit.

1903 — Fabiani, Abel (pas de session en septembre et décembre).

1904 — Chamand, Abel (pas de session on juin et septembre.

1905 — Boissière, Boissière (pas de session en juin et décembre).

1906 — Chamand, Boissière (pas de session en mars et juin).

1907 — Granié, Chamand (pas de session en juin et septembre).

1908 — Boissière, Jouve, Chamand (pas de session en décembre).

1909 — Boissière, de Lamarche, Abel (pas de session en mars).

LISTE CHRONOLOGIQUE DES MAGISTRATS DU TRIBUNAL DE 1re INSTANCE
DE MENDE.

Présidents

1. **MM.** François Bertrand, 22 prairial an VIII 15 septembre 1806.
2. Jean-Antoine Vincens, 25 janvier 1807-9 août 1818.
3. Jean-Etienne Aulanier, 7 avril 1819-23 mars 1852.
4. Renouard, 28 mars 1852-8 mars 1862.
5. Combemale, 8 mars 1862 8 décembre 1871.
6. Berthezène, 8 décembre 1871-14 octobre 1871.
7. Rouvière, 14 octobre 1873-22 juillet 1878.
8. Roche, 22 juillet 1878-20 avril 1885.
9. Lacombe, 20 avril 1885 21 décembre 1885.
10. De Cabissole, 21 décembre 1885-18 octobre 1892.
11. Barbier, 18 octobre 1892-14 avril 1896.
12. Pintard, 14 avril 1892-26 janvier 1907.
13. Laffon, 26 janvier 1907-(non installé) 5 février 1907.
14. Remy, 5 février 1907.

Vice-Présidents

1. **MM.** Vimont, 12 janvier 1811-10 octobre 1812.
2, Henri-Louis Daudé-Lacoste 10 octobre 1812-14 octobre 1829.
3. Bonicel de Lhermet, 15 novembre 1829-18 juillet 1859.
4. Paradan, 6 novembre 1850-10 avril 1867.
5. Monteil de Charpal, 10 avril 1867-27 décembre 1869.
6. Grousset, 27 décembre 1869 22 juin 1880.
7. Bienès, 22 juin 1880 30 août 1883.

Juges

1. MM. Louis Daudé-Lacoste, 22 prairial an VIII-25 ventose an XII.
2.   Jean-Antoine Vincens, 22 prairial an VIII-25 janvier 1807.
3.   Boutin, 11 prairial an XII-5 fructidor an XIII.
4.   Vimont, 31 janvier 1806-11 janvier 1811.
5.   Jean-François Rivière, 27 janvier 1807-15 novembre 1811.
6.   Lafont, 11 janvier 1811-17 janvier 1816.
7.   Henri-Louis Daudé Lacoste, 11 janvier 1811-10 octobre 1812.
8.   Bouteilhe, 11 janvier 1811-18 septembre 1826.
9.   Lahondès de Laborie (instruction), 11 janv. 1811-23 sept. 1814.
10.   Olivier, 11 janvier 1811-21 octobre 1830.
11.   Forestier-Crouzet, 11 janvier 1811-1 décembre 1816.
12.   Aulanier, 15 novembre 1811-7 avril 1819.
13.   Delmas, 10 octobre 1812-17 janvier 1816.
14.   Viallard des Fonts, 23 septembre 1814 (instruction jusqu'au 30 août 1830) 20 mars 1843.
15.   Bonicel de Lhermet, 17 janvier 1816-15 novembre 1829.
16.   Damouroux, 17 janvier 1816-9 août 1818.
17.   Joseph Bertrand, 4 décembre 1816-9 mars 1829.[1]
18.   Blanquet, 29 octobre 1817-31 mars 1842.
19.   Amédée Monestier, 7 avril 1819-26 février 1851.
20.   Thomas Rivière, 12 novembre 1826-23 septembre 1830.
21.   Amédée Daudé-Lacoste, 15 septembre 1829 (instruction à partir du 30 août 1840)-20 juin 1847.
22.   Louis-Hippolyte Teissonnière, 12 avril 1829 25 avril 1832.
23.   Étienne-Ferdinand Bertrand, 23 septembre 1830 10 avril 1867.
24.   Crozes, 29 novembre 1830-13 juillet 1833.
25.   Frédéric Paradan, 1 juin 1832-6 novembre 1851.
26.   Bertrand Bon, 15 août 1833.....1856.
27.   Guillaume Chevalier, 31 mars 1842-15 janvier 1865.
28.   Osmin Jaffard, 26 avril 1843 (instruction 6 octobre 1847) 25 mai 1862.
29.   Flandin, 20 juin 1847-10 mars 1851.
30.   Petit-Montséjour, 5 novembre 1850-8 mai 1851.
31.   Monteil de Charpal, 26 février 1851 (instruction 11 juillet 1862) 10 avril 1867.

32. Salneuve, 8 mai 1851-28 décembre 1851.

33. Grousset. 23 décembre 1854-27 décembre 1869.

34. Lonchampt, 25 juin 1862-15 avril 1865.

35. Fornier de Clauzonne, 25 janvier 1865-10 mars 1866.

36. Coumoul, 15 avril 1865-10 février 1874.

37. Boissier, 10 mars 1866-9 juin 1868.

38. Pansier, 10 avril 1867-14 février 1872.

39. Aigoin de Monredon, 10 avril 1867 (instruction) 17 mars 1873.

40. Magne. 9 juin 1868-25 mars 1873.

41. Mercier, 27 décembre 1869 (instruction à partir du 25 mars 1873).

42. Lafaye, 14 février 1872-25 mai 1877.

43. Verger, 17 mars 1873-13 septembre 1873.

44. Bienès, 25 mars 1873 (instruction à partir du 17 octobre 1879) 22 juin 1880.

45. Roche, 13 septembre 1873 13 janvier 1876

46. Bion de Marlavagne, 10 février 1874 14 août 1877.

47. Rimbaud Léopold, 13 janvier 1876-19 août 1883.

48. Susini, 25 mai 1877 26 janvier 1907.

49. Parizet, 14 août 1877 (instruction à partir du 26 avril 1878) 22 juin 1880.

50. Benoit, 17 octobre 1879 (instruction à partir du 22 juin 1880).

51. Gardelle, 9 janvier 1882 (instruction) 13 octobre 1888.

52. Paul Rimbaud, 19 août 1883 (instruction du 27 octobre 1888 au 24 novembre 1906).

53. Chevalier (Michel-Urbain-Auguste), 13 octobre 1888 3 octobre 1896.

54. Laffon, 3 octobre 1896 15 avril 1902.

55. Piquemal, 15 avril 1902 (instruction à partir du 24 novembre 1906) 20 juillet 1908.

56. Abauzit, 26 janvier 1907 (instruction à partir du 28 juillet 1908).

57. Chebanier, 28 juillet 1908.

Juges suppléants

1. MM. Boutin, 22 prairial an VIII-11 prairial an XII.

2. Barbot 22 prairial an VIII-3 nivose an XIII.

3. Henri-Joseph Daudé Dacoste fils, 11 prairial an XII-9 germinal an XIII.
4. Vimont, 18 floréal an XIII-31 janvier 1006.
5. Aulanier, 18 floréal an XIII-16 juin 1806.
6. Lahondès de Laborie, 31 janvier 1806-11 janvier 1811.
7. Olivier, 16 juin 1806-12 janvier 1811.
8. Guillaume Pelisse, 12 janvier 1811-30 décembre 1834.
9. Valentin, 12 janvier 1811-30 décembre 1834.
10. Guyot, 12 janvier 1811-...1851.
11. Durand Amouroux, 12 janvier 1811-17 janvier 1816.
12. Théodore Rivière, décembre 1811-4 décembre 1816.
13. Portalier, 17 janvier 1816-10 décembre 1830.
14. Joseph-Marie Ignon, 10 décembre 1830-20 février 1859.
15. Trophime Vincens, 16 avril 1816-10 décembre 1830.
16. Plagne, juge auditeur, 6 janvier 1825.
17. Amédée Daudé Lacoste, juge auditeur, 2 mars 1826-22 septembre 1826.
18. Paradan, juge auditeur, 22 septembre 1827-15 novembre 1829.
19. Reboul, juge auditeur, 2 mai 1830.
20. Bertrand Bon, 10 décembre 1830-15 août 1833.
21. Osmin Jaffard, 13 novembre 1833-29 novembre-1834.
22. Chevalier, 30 janvier 1835-7 avril 1838.
23. Flaudin, 30 janvier 1835-20 juin 1847.
24. Justin Jaffard, 7 avril 1838-15 novembre 1838.
25. Rivière Joseph, 10 novembre 1842-13 mars 1884.
26. Chas, 14 août 1843-5 mars 1851.
27. Reversat Charles, 2 mars 1861-13 mars 1884.
28. Chevalier Michel-Urbain, 13 mars 1884-1 décembre 1888.
29. Duboys Constant, 13 mars 1884-20 février 1890.
30. Malafosse, 1 décembre 1888-14 août 1905.
31. Laget, 21 février 1890.

Procureurs

1. MM. Dominique Teissonnière. 22 prairial an VIII-17 janvier 1816.
2. Rivière, 17 janvier 1816 17 avril 1819.
3. Valette, 17 avril 1819-9 avril 1823.
4. Deshermeaux, 9 avril 1823-28 avril 1830.

5. Ignon, 28 avril 1830-29 juillet 1834.
6. Mereau, 20 octobre 1834-13 février 1845.
7. Micaelis, 13 février 1845-14 mars 1849.
8. Deleveau, 14 mars 1849-29 octobre 1869.
9. Pellerin, 29 octobre 1869-7 avril 1873.
10. Pinet de Monteyer, 7 avril 1873-27 juin 1873.
11 Delasalle, 27 juin 1873-13 septembre 1873.
12. Escalier de Ladevèze, 13 septembre 1873-1 décembre 1877.
13. Brunel, 1 décembre 1877-8 mai 1879.
14. Molines, 3 mai 1879-21 juin 1881.
15. Gorguos, 21 juin 1881-20 octobre 1883.
16. Veyer, 20 octobre 1883-1 décembre 1888.
17. Delpy, 1 décembre 1888-1 décembre 1889.
18. Gregory, 1 décembre 1889-18 août 1897.
19. Peigné, 18 août 1897-15 mai 1900.
20. Guiraudet, 15 mai 1900-31 juillet 1901.
21. Robinet, 31 juillet 1901-10 septembre 1902.
22. Gasné, 10 septembre 1902 18 novembre 1904.
23. Moniot, 18 novembre 1904-9 août 1909.
24. Bonnes, 9 août 1909.

Substituts

1. MM. Joseph-Etienne Bertrand, 10 juin 1811-4 décembre 1816.
2. Louis-Hippolyte Teissonniére, 10 juin 1811-12 avril 1829.
3. Rivière, 4 décembre 1816-12 novembre 1826.
4. Benoit de St-Christol, 12 novembre 1826-23 mai 1827.
5. Justin Reversat, 23 mai 1827-... 1827.
6. Renacle, ... 1827-25 avril 1828.
7. Charles Fornier St-Ange, 25 avril 1828-28 août 1830.
8. de Giry, 12 avril 1829-28 août 1830.
9. Crozes, 28 août 1830-29 novembre 1830.
10. Delarque, 28 août 1830-9 janvier 1833.
11. Chazot, 29 novembre 1831-29 novembre 1834.
12. Brassier de Jocas, 9 janvier 1833-12 janvier 1835.
13. Osmin Jaffard, 29 novembre 1834-26 avril 1843.
14. Perrot, 12 janvier 1835-22 novembre 1836.
15. Deleveau, 22 novembre 1839-24 février 1842.
16. Monteil de Charpal, 24 février 1841-13 février 1845.

17.   Flandin, 26 avril 1843 20 juin 1847.
18.   Bion de Marlavagne, 13 février 1844-3 janvier 1850.
19   Camille Teissonnière, 20 juin 1847-23 mars 1843.
20.   Pagès, 23 mars 1848-6 avril 1864.
21.   Vigier, 3 janvier 1850-2 février 1853.
22   Coumoul, 30 septembre 1851-15 avril 1865.
23.   Margier, 2 février 1853-26 janvier 1861.
24.   Pansier, 26 janvier 1861-6 avril 1864.
25.   Chalmeton, 6 avril 18 4-27 décembre 1866.
26.   Rousselier, 17 mai 1865 26 juin 1867.
27.   Marquès de Luc, 26 juin 1867-29 avril 1868.
28.   Mallet, 10 avril 1867-4 décembre 1869.
29.   Cavallier, 29 avril 1868-30 novembre 1872.
30.   Abauzit, 4 décembre 1869 4 août 1371.
31.   Saltet de Sables d'Estières, 4 août 1871-14 mai 1373.
32.   Genieis, 30 novembre 1872-7 janvier 1875.
33.   Grousset fils, 14 mai 1873-30 mai 1873.
34.   Perrot. 30 mai 1873-10 février 1874.
35.   Verdier, 10 février 1874.
36.   Privat, 7 janvier 1875-6 avril 1877.
37.   Parmantier, 6 avril 1877 : révoqué 10 juillet 1880.
38.   Chais, mai 1877 (non installé) 30 juillet 1877.
39.   Theurrault, 30 juillet 1877 : révoqué 20 juillet 1880.
40.   Escoffier, 20 janvier 1880-15 mars 1881.
41.   Fagès, 20 janvier 1880-30 avril 1883.
42.   Boyer, 15 mars 1881-7 août 1883.
43.   Jaffard, 7 août 1883-24 nsvembre 1884.
44.   Blanc, 24 novembre 1884-26 septembre 1887.
45.   Blavin, 26 septembre 1887-9 mai 1891.
46.   Falgairolle, 9 mai 1891 12 octobre 1892.
47.   Pascal, 12 octobre 1892-13 mai 1893.
48.   Lénard, 10 mai 1863-28 décembre 1895.
49.   Rey-Mary, 28 décembre 1895-15 juin 1896.
50.   Emery-Desbrousses, 15 juin 1897-29 mai 1900.
51.   Caillé, 29 mai 1900 17 septembre 1900.
52.   Lisbonne, 1 septembre 1900 28 mai 1902.
53.   Lejeune, 23 mai 1902-9 octobre 1903.
54.   Constantin, 9 octobre 1903-23 décembre 1906.
55.   Lefebure, 23 décembre 1906-11 septembre 1907.
56.   Chebanier, 22 septembre 1907-22 juillet 1908.
57.   Viguier, 28 juillet 1908.

Greffiers

1. MM. Fages, 22 prairial an VIII-1807.
2.   Jean André, 1807-1836.
3.   Jean Baptiste André, 1836-1858.
4.   Jules André, 1858-1877.
5.   Coumoul, 1877-1902.
6.   J. Bonnefous, 1902-1906.
7.   Olivier, 1906.

GUY DE CHAULHAC

PÈRE DE LA MÉDECINE MODERNE (1)

On suppose que la chirurgie est presque entièrement un développement du génie de la science pratique en ces dernières générations. Les efforts que l'homme dut faire, naturellement, pour traiter au moyen du couteau, les cas qui autrement auraient été sans espoir, manquaient, nous sommes portés à le croire, de précision scientifique et de cette habile application des principes anatomiques et physiques qui ont fait de la chirurgie une spécialité importante dans ces dernières années. Cette impression en ce qui concerne la chirurgie est seulement un peu plus forte que le sentiment correspondant généralement accepté pour toutes les autres sciences. Beaucoup de gens sont portés à penser que c'est seulement au XIX° siècle que les hommes commencèrent à s'occuper sérieusement de sciences, on veut dire par là sciences de la nature physique. Rien n'est moins vrai, et, si la chirurgie peut être prise comme le symbole de l'erreur des jugements émis, il est très facile de montrer combien les hommes s'intéressaient aux sciences, il y a cinq ou six siècles, et combien de progrès ils réalisèrent en développant, en appliquant leurs connaissances.

(1) Une excellente biographie de Guy de Chaulhac, due à la plume de notre regretté collègue, M. Moulin, a déja paru dans le *Bulletin* (1884, p. 283 à 298). Nous n'en sommes pas moins heureux de reproduire l'important article consacré à la vie et à l'œuvre de notre illustre compatriote par M. James J. Walsh, dans la revue anglaise *The Month* (n° de janvier 1909, p. 54 à 65) et qu'a bien voulu traduire à l'intention de la Société, qui lui en exprime sa reconnaissance, notre distingué collègue M. l'abbé de Lafont.   (*Le Comité de publication*).

Qu'évidemment la chirurgie ancienne ait eu de la valeur, c'est prouvé par ce fait que Guy de Chaulhac est regardé communément dans l'histoire de la médecine comme le père de la chirurgie moderne, lui qui vécut soixante-dix ans en plein XIVe siècle et accomplit le meilleur de son œuvre cinq siècles avant que la chirurgie, au sens moderne du mot, et comme les savants l'entendent, se fût développée. Un coup d'œil sur sa carrière montrera combien la plupart des conquêtes de la chirurgie sont vieilles et aussi combien cet esprit était pleinement scientifique, plus d'un siècle avant la fin du moyen âge. La vie de ce chirurgien français, clerc, camérier et médecin ordinaire de trois papes d'Avignon, n'est pas seulement la contradiction de ce préjugé répandu touchant l'absence de progrès dans la médecine médiévale, mais c'est encore la meilleure réfutation possible de cette conception erronée et persistante qui attribue aux hommes de ces temps une ignorance absolue, une nullité profonde dans l'application des principes de la science.

La vie de Guy est moderne dans chacune de ses phases. Il fut élevé dans une petite ville du sud de la France, fit ses études médicales à Montpellier et puis entreprit un voyage de plus de mille lieues en Italie pour se perfectionner en son art. L'Italie occupait alors dans la science la place que l'Allemagne a prise durant le XIXe siècle et le jeune homme qui désirait se mettre en rapport avec les grands maîtres de la médecine, allait naturellement dans la péninsule. Quoi qu'on ait dit sur l'opposition de l'Eglise à la science, l'Italie, qui était sous l'influence de l'Eglise plus qu'aucune autre contrée de l'Europe, n'en fut pas moins pendant quatre siècles encore le refuge de la science. Il est presque inutile de dire que ce voyage en Italie était plus difficile, plus dispendieux et plus long que ne le serait de nos jours un voyage en Amérique. Chaulhac comprit cependant que le temps et la dépense ne seraient pas perdus pour lui et de fait, son ardeur pour l'achèvement de son éducation fut amplement récompensée.

Mais cela ne lui suffit pas et, après avoir étudié en Italie plusieurs années avec les professeurs d'anatomie et de chirurgie les plus distingués, il passa quelque temps à Paris pour s'assurer qu'il saurait ce qui se faisait de meilleur dans sa spécialité dans tous les coins du monde. Il se mit alors à l'œuvre pour son compte, allant bien au delà de ce que ses maîtres italiens et français lui avaient appris et, après plusieurs années d'expérience personnelle, il condensa ses idées maîtresses, prouvées par ses propres observations, dans sa *Chirurgia magna*, grand livre de chirurgie, qui résume succintement mais complètement le fruit de ses travaux pour les générations suivantes. Quand nous parlons de ce qu'il fit pour la chirurgie, nous ne nous appuyons pas sur les traditions ou de vagues informations, glanées dans ses contemporains ou ses successeurs, qui auraient pu avoir leur jugement influencé par sa réputation. Nous connaissons l'homme dans ses ouvrages de chirurgie, qui ont continué d'être classiques longtemps après. C'est l'honneur de la médecine des XIV*, XV*, XVI* siècles que d'avoir, par dessus tous les autres, lu le livre de Chaulhac. Evidemment, la carrière d'un tel homme est importante à connaître, non seulement pour les médecins, mais encore pour tous ceux qui s'intéressent à l'histoire de l'éducation.

Chaulhac prend son nom de la petite ville de Chaulhac, dans le diocèse de Mende, presque au centre de ce qu'on appelle maintenant le département de la Lozère (1). Au XIV* siècle on ne considérait pas comme chose importante les dates de naissance et de mort, comme on le fait de nos jours, aussi ne sommes nous pas sûrs de celles qui concernent Chaulhac. On croit qu'il naquit dans les dix dernières années du XIII* siècle, et probablement vers la fin, et qu'il mourut en 1370. On ne sait rien de sa première éducation, mais elle dut être assez soignée, puisqu'elle lui donna une bonne connaissance du latin qui était la langue universelle de la science et particulièrement de la médecine à cette époque, et, quoique son style comme on peut s'y attendre, ne soit pas meilleur que celui de ses contemporains, il savait exprimer clairement ses pensées en assez bon latin, avec seulement un mélange de termes étrangers que réclamaient ses études et le nouveau développement de la science. Plus tard, dans le cours de sa vie, il semble qu'il ait très bien connu l'arabe, car il est familier avec les livres arabes et ne se base pas simplement sur des traductions. Pagel, dans le premier volume du *Livre de l'histoire de la médecine* de Puschmann, que l'on regarde comme la première autorité pour l'histoire de la médecine, dit, d'après Nicaise et autres, que Chaulhac reçut probablement les connaissances rudimentaires du curé de son village. Les parents étaient pauvres et, si l'Eglise ne s'était intéressée à lui, il lui aurait été difficile de s'instruire. L'Eglise, à cette époque, assurait fondations et col-

---

(1) *Note du traducteur.* — Chaulhac est une toute petite commune, 268 habitants, canton du Malzieu, à l'extrémité Nord du département de la Lozère. Le village qui porte ce nom domine, (altitude 916 m.), sur les bords d'un haut plateau, les gorges profondes de la Truyère. Dans la commune se trouve le hameau et le château de Paladines, où naquit le général d'Aurelle de Paladines.

lèges et subvenait même aux frais de voyage. Chaulhac, fut parmi les élus et combien il mérita cette faveur, sa carrière le montre, comme elle justifie pleinement le jugement de ses premiers maîtres qui le distinguèrent. Il alla d'abord à Toulouse, on le sait par ce qu'il dit de son affection pour un des professeurs qu'il y rencontra Toulouse cependant était plus renommée pour le droit que pour la médecine, et, quelque temps après, Chaulhac se rendit à Montpellier pour continuer ses études.

Pour les Anglais ceci doit augmenter l'intérêt qu'ils portent à Chaulhac : un de ses maîtres à Montpellier fut Bernard Gordon, un écossais probablement, qui professa pendant trente-cinq ans dans cette fameuse Université du Midi de la France et qui mourut vers 1322 ; un de ses compagnons d'étude à Montpellier fut John of Gaddesden, le premier médecin royal anglais officiellement nommé, dont nous ayons entendu parler. Chaucer parle de John Gaddesden dans son *Doctor of Physic* et on le regarde comme le père de la médecine en Angleterre. Chaulhac ne l'estimait pas beaucoup cependant et ses raisons peuvent étonner ceux qui assurent que les hommes du Moyen-Age s'attachaient toujours aux autorités : Chaulhac en effet, allègue que J. Gaddesden dans son livre répète simplement ce que dit son maître et n'ose penser par lui-même. Il n'est pas difficile de comprendre qu'un penseur indépendant comme Chaulhac soit entièrement mécontent d'un livre, qui ne va pas au delà de ce que disent les ancêtres de la médecine. C'est là qu'il faut voir l'explication caractéristique de ce jugement bien connu : « En dernier lieu se leva la rose sans parfum d'Angleterre *(Rosa Anglige*, tel était le titre du livre de Gaddesden) en laquelle, quand elle me fut envoyée, j'espérais trouver l'odeur de douce originalité, mais, au lieu de cela, je rencontrais seulement les fictions de Hispanus, de Gilbert et de Théodoric » (1). La présence d'un professeur écossais et d'un étudiant anglais, depuis médecin du roi, montre combien plus cosmopolite que nous ne le pensons était la vie à cette époque et quelle attraction une faculté de médecine exerçait sur des hommes si éloignés.

Après avoir pris son doctorat en médecine à Montpellier, Chaulhac, comme nous l'avons dit, alla à Bologne. Là il attira l'attention et reçut les leçons de Betruccio, qui à ses auditeurs venus de toute l'Europe

---

(1) On affectait alors des titres poétiques pour les ouvrages de médecine et on avait le *Lilium medicinae*, le *Flos medicinae* et autres noms pour des livres qu'il serait difficile de regarder comme des traités sérieux. On donnait aussi de ces titres à des ouvrages de droit.

faisait d'excellentes démonstrations anatomiques au moyen des dissections. Chaulhac nous dit la méthode que Betruccio employait, pour que les corps fussent en d'aussi bonnes conditions que possible pour les démonstrations et mentionne qu'il lui fit faire « des dissections en différentes manières ». Ces expressions de Chaulhac, qui sont citées dans la *Vie de Versalius* par Both, sont une preuve évidente que la dissection était pratiquée librement dans les Universités italiennes du XIV° siècle, quoiqu'il y ait même de sérieux historiens qui citent comme prohibant la dissection une bulle du pape Boniface VIII, datée de 1300, spécifiant uniquement la défense de démembrer les cadavres pour les transporter à distance. Le maître de Betruccio, Mondino, s'était consacré à la dissection, et maintenant Chaulhac, le troisième dans la tradition, devait implanter en France les méthodes bolonaises, et sa situation de camérier du pape ne pouvait que leur donner une grande vogue. L'attitude de l'illustre chirurgien français à l'endroit de l'anatomie et de la dissection peut être jugée d'après son mot fameux : « que le chirurgien, ignorant l'anatomie, travaille dans le corps humain, comme un aveugle qui travaille le bois ! »

Après ses études à Bologne, Chaulhac se rendit à Paris. Evidemment, son infatigable désir de savoir tout ce qui était connu ne pouvait être satisfait qu'il n'eût passé quelque temps à la grande université française, où Lanfranc, après avoir étudié en Italie sous William of Salicet, était allé établir cette tradition de la chirurgie française, qui devait maintenir jusqu'au XIX° siècle les Français à la tête de cet art. L'enseignement, si bien inauguré par Lanfranc, avait été admirablement continué par Mondeville, et Chaulhac eut la chance de tomber sous la direction de Petrus de Argentaria, qui maintenait dignement l'enseignement pratique de l'anatomie et de la chirurgie, fondé par ses grands prédécesseurs du XIII° siècle. Après cette longue randonnée, Chaulhac était préparé à faire œuvre de très grand intérêt, car il avait été en contact avec les meilleurs médecins et chirurgiens.

Comme beaucoup d'autres membres distingués de sa profession, Chaulhac ne se mit pas tout de suite à son grand travail, mais pendant longtemps il se contenta d'être un *praticien*.

Ses propres mots sont : « Et per multa tempora operatus fui in multis partibus ».

D'abord il exerça dans son diocèse, Mende. Puis il vint à Lyon, où nous savons qu'il resta plusieurs années, car en 1344 il prit part, comme chanoine, à un Chapitre qui se réunit en cette ville à l'église St-Just. Nous ne savons pas au juste quand il fut appelé à Avignon :

cependant quand la peste noire ravagea cette ville en 1348, il était le médecin du pape Clément VI, qui l'appelle « venerabilis et circumspectus vir, dominus Guido de Cauliaco, canonicus et præpositus ecclesiæ sancti Justi Lugduni, medicusque domini nostri Papae ». Tout le reste de sa vie s'écoula dans la capitale des papes. Il resta comme médecin camérier auprès des trois papes Clément VI, Innocent VI, Urbain V. Nous ne savons pas exactement la date de sa mort. mais, quand le pape Urbain V alla à Rome en 1367, Chaulhac mettait la dernière touche à sa *Chirurgia magna*. qui, comme il nous le dit, fut entreprise comme un « solatium senectutis ». Quand pour quelque temps Urbain revint à Avignon, 1370, Chaulhac était mort Le travail de sa vie est condensé dans ce vaste traité de chirurgie, si plein d'anticipations en fait de procédés chirurgicaux, qu'on serait porté à le croire plus moderne.

Le droit de Chaulhac au titre de Père de la chirurgie sera mieux apprécié, après le bref exposé de ses renseignements quant à la valeur de l'intervention chirurgicale dans les trois plus importantes cavités du corps humain : le crâne, la poitrine, l'abdomen, cavités qui ont toujours été la bête noire, peut-on dire, des chirurgiens. Non seulement Chaulhac se servit de la tréphine, mais il donna des indications fort exactes pour son emploi. L'attente était le traitement pour les blessures de la tête, on conseillait cependant l'opération quand c'était nécessaire. La théorie de Chaulhac sur les lésions du cerveau était meilleure que celle de ses prédécesseurs. Il dit qu'il a vu des blessures au cerveau, suivies de la perte de quelque peu de substance, ne pas entraîner la mort du patient. Il cite un cas où, malgré la perte d'une quantité notable de substance cérébrale, le patient se remit avec un petit défaut de mémoire seulement, ce qui même disparut avec le temps. Il donne des indications précises pour ouvrir le thorax, le « noli me tangere » des chirurgiens de tous les temps, même du nôtre, et montre les relations des côtes et du diaphragme, de façon à déterminer au juste où l'ouverture pouvait se faire pour changer le fluide.

Les anticipations des vues modernes quant aux cavités abdominales sont les plus surprenantes. Il reconnut que les blessures aux intestins sont sûrement fatales, à moins que l'écoulement ne soit prévenu. Il suggéra donc d'ouvrir l'abdomen et de coudre les plaies de l'intestin qui pouvaient l'être. Il décrit pour ces cas un mode de couture et même il invente un porte aiguille. Pour beaucoup de gens il serait absolument hors de question que de tels procédés chirurgicaux fussent employés au XIV° siècle : or nous en avons l'exposé bien défini dans un texte qui a été le livre sur ce sujet le plus lu pendant plusieurs siècles. Quelque peu de l'étonnement quant à ces opérations disparaîtra, quand on saura que, durant le XIII° siècle en Italie, on employait couramment un anesthésique fait d'opium et de mandragore, inventé par Ugo da Lucca : et Chaulhac l'a non seulement connu, mais il s'en est servi fréquemment.

La hernie était la spécialité de Chaulhac et là son jugement est admirable. Il n'hésitait pas à dire que beaucoup d'opérations de hernie étaient faites non pas au bénéfice du patient mais bien à celui du chirurgien, remarque qui pourrait avoir quelque écho en beaucoup de médecins de nos jours. Sa règle était qu'il fallait faire porter un bandage et ne tenter aucune opération, à moins que la vie du patient ne fût en danger. C'est à lui que l'on doit la méthode de taxis ou manipulation d'une hernie pour obtenir sa réduction, qui fut en usage jusqu'à la fin du XIX° siècle. Il déclara que les bandages ne pouvaient être faits suivant une forme générale, mais devaient être adaptés à chaque cas individuel. Il inventa lui-même plusieurs formes de bandages et on peut dire d'une manière générale que l'habileté dans les manipulations est sa caractéristique. C'est ce que l'on remarque particulièrement dans son chapitre des fractures et dislocations, où il suggère des méthodes variées de réduction et très pratiquement solutionne les difficultés mécaniques que l'on peut trouver dans la correction de défauts dus à ces conditions pathologiques. En un mot, on a le portrait du chirurgien moderne dans ce traité d'un chirurgien du XIV° siècle.

A dire le vrai, le livre de Chaulhac est une compilation. Il a pris son bien où il l'a trouvé : il dit d'ailleurs modestement que son ouvrage contient ce que, d'après sa faible intelligence, il a pensé utile « quae juxta modicitatem mei ingenii utilia reputavi ». En vérité, c'est bien son discernement critique que Chaulhac manifeste, en prenant le meilleur de ses prédécesseurs : il montre ainsi le caractère pratique de son esprit observateur. Or c'est le sens critique qui a manqué aux hommes de ce temps. Ils étaient des encyclopédies et recueillaient toutes sortes d'informations sans en mettre aucune en doute. On ne peut dire cela de Chaulhac, car il ne respecta pas l'autorité simplement en tant que telle : sa critique du livre de J. Gaddesden démontre que cette servilité lui déplaisait souverainement. Et le reproche le plus amer qu'il adresse à ses devanciers est qu'ils se suivent comme des grues, ne voulant pas dire si c'est par amour ou par crainte qu'ils le font.

Il ne faudrait pas croire cependant que Chaulhac s'occupât seulement des moins délicates parmi les opérations chirurgicales. Il s'intéressait beaucoup au traitement des maladies d'yeux et il écrivit un traité sur la cataracte, où il recueille ce qui était su de son temps et le discute à la lumière de son intelligence. Il n'est pas surprenant qu'il ait composé un tel livre, si on veut bien se rappeler que, au siècle précédent, le célèbre pape Jean XXI, qui avait été médecin avant de devenir pape et qui, sous le nom de Pierre d'Espagne, était regardé comme un des savants les plus distingués de son temps, avait écrit un livre sur les maladies de l'œil, qui a été récemment l'objet de beaucoup d'attention ; il avait trouvé beaucoup à dire sur la cataracte, il la divisait en traumatique et spontanée et en suggérait le percement avec une aiguille d'or. Quel soin Chaulhac apportait à choisir ses patients, on en jugera d'après ce que nous apprenons au sujet de Jean de Luxembourg : ce roi de Bavière, aveugle de la cataracte, le consulta en 1336, lors d'une visite à Avignon avec le roi de France ; Chaulhac refusa d'opérer et renvoya son client avec un régime à suivre.

Plus on lit l'œuvre de Chaulhac, moins on est surpris de l'estime dans laquelle il était tenu par ceux qui le connaissaient. Les historiens modernes de la médecine ont été enthousiastes dans leur admiration pour lui dans la proportion même où ils l'ont connu. Portal dans son *Histoire de l'anatomie et de la chirurgie* dit : « Finalement, ou peut assurer que Chaulhac dit à peu près tout ce que les chirurgiens modernes disent et son ouvrage est d'un prix infini, mais malheureusement il est trop peu lu et trop peu approfondi ». Malgaigne déclare que la *Chirurgia magna* de Chaulhac est un chef-d'œuvre de science et de lumière. Clifford Albert, qui est professeur de physique à l'Université de Cambridge, dit du traité de Chaulhac : « J'ai étudié cet ouvrage fameux avec soin et non sans utilité, et je ne puis pas m'étonner que Fallope ait comparé l'auteur à Hippocrate ou que Jean Freind l'appelle le prince des chirurgiens, C'est riche, aphoristique, ordonné et précis ». Julius Pagel, dans le *Livre de l'histoire de la médecine* de Puschmann, dit : « Chaulhac représente le sommet atteint par la chirurgie au moyen-âge, il posa les fondements de cette primauté en chirurgie que les Français gardèrent jusqu'au XIXᵉ siècle.

Si, après cet exposé de sa carrière professionnelle, on veut bien remarquer que la personnalité même de Chaulhac vaut mieux que tous les progrès qu'il a fait faire à la chirurgie, on aura une idée de l'intérêt que présente la vie du père de la chirurgie moderne. Nous avons déjà cité les louanges que lui a décernées le pape Clément VI. Qu'elles aient été méritées, la conduite de Chaulhac pendant la peste noire qui ravagea Avignon en 1348, peu après son arrivée dans la cité des papes, le prouverait suffisamment. L'arrivée du fléau dans une ville provoquait ordinairement des manifestations de couardise : qui le pouvait, fuyait ; dans beaucoup de villes les médecins rejoignaient les fuyards. A quelques exceptions près, ce fut le cas pour Avignon ; mais Guy était parmi ceux qui restèrent fidèles à leur devoir et il assura le soin des malades, travail d'autant plus fatiguant que beaucoup de ses confrères étaient partis. De ces confrères il dénonce la conduite comme honteuse ; cependant il ne se vante pas de son propre courage, il dit au contraire qu'il craignait la maladie. Vers la fin de l'épidémie, il fut attaqué par la peste et sa vie fut en danger. Heureusement il se rétablit. Il devint le plus influent de ses confrères, le médecin le plus estimé de sa génération et l'ami intime des hauts personnages ecclésiastiques qui avaient été témoins de son courage pendant l'épidémie. Il en donna un récit très clair, qui ne laisse aucun doute sur le caractère bubonique du mal.

Après ce bel exemple, l'avis de Chaulhac acquit un nouveau poids aux yeux de ses confrères. Dans le chapitre d'introduction de sa *Chirurgia magna* il dit : Le chirurgien devrait être savant, habile, ingénieux, de bonnes mœurs ; être hardi en choses qui sont sûres, prudent en danger, éviter mauvaises médecines et pratiques ; être aimable avec les malades, obligeant avec ses collègues, sage dans ses prescriptions; être chaste, sobre, plein de pitié ; non pas avare, ni tireur de monnaie; mais que ses honoraires soient modérés, en rapport avec le travail, les moyens du malade, le caractère ou l'issue de la maladie, sa gravité ».

Il n'est pas étonnant que Malgaigne dise de lui : « Jamais depuis Hippocrate, la médecine n'a entendu un tel langage, rempli de plus de noblesse, renfermant tant de sens en si peu de mots ».

Chaulhac était donc digne de ses contemporains et de la période où il vécut sa vie. Ordinairement on ne pense pas que le commencement du XIV⁰ siècle ait produit quelque chose qui compte dans l'histoire de l'humanité, et cependant cela est ainsi.

La *Divine Comédie* fut écrite pendant que vivait Chaulhac. Pétrarque était né quelques années après Chaulhac, Boccace en Italie et Chaucer en Angleterre firent leur œuvre pendant que Chaulhac vivait Il y a peu de siècles dans l'histoire qui peuvent montrer autant d'hommes dont les œuvres eurent une influence durable sur les siècles à venir, que celui sur lequel brilla la lumineuse carrière de Chaulhac. Le siècle précédent avait vu l'origine des Universités, il avait vu des hommes de génie, tels que Albert le Grand, Roger Bacon, Thomas d'Aquin, les grands étudiants des Ordres mendiants à leur naissance, il avait créé le moule intellectuel où les esprits furent coulés pendant sept siècles ; aussi Chaulhac, au lieu d'être une sorte de phénomène, n'est que l'expression vivante de l'intérêt que ce temps porta à toute chose, même aux sciences physiques et particulièrement à la médecine et à la chirurgie.

Pour quelques-uns ce sera une source de surprise, que Chaulhac ait eu la formation nécessaire pour accomplir un tel travail dans son art. Beaucoup penseront qu'il le fit en dépit même de son éducation : le génie, se diront-ils, fait son œuvre même dans un milieu défavorable et malgré les désavantages de l'éducation. Ceux qui se tiendraient satisfaits d'une telle explication montreraient qu'ils ne savent rien des occasions de formation qu'a fournies l'époque dont Chaulhac fut le fruit. Il est le type de l'universitaire du commencement du XIV° siècle, c'est aux Universités que nous sommes redevables de lui. On croit communément que les Universités ne faisaient guère attention aux sciences et qu'un esprit scientifique pratiquement n'y pouvait rien trouver pour satisfaire sa curiosité. Rapportons-nous aux paroles du professeur Huxley pour avoir la contradiction complète de cette opinion. Dans son discours sur « Universities Actual and Idéal » il s'exprimait de façon fort différente de ce qu'on aurait pu attendre d'un savant moderne ; il disait : « Ces étudiants (du moyen-âge) semblent avoir abordé la grammaire, la logique et la rhétorique, l'arithmétique et la géographie, l'astronomie, la théologie et la musique. Ainsi leur œuvre, quelque imparfaite et défectueuse qu'elle pût être si on le juge d'après les lumières de notre temps, les mettait en face de tous les aspects que présente l'esprit humain. Car ces études contenaient réellement, quoique à l'état embryonnaire, quoique informe, ce que nous appelons maintenant philosophie, science mathématique et physique et art. Et je doute que le curriculum d'aucune Université moderne montre de ce que nous appelons culture une compétence aussi claire et vigoureuse que le fait ce vieux Trivium et Quadrivium ».

A la lumière de la vie de Chaulhac, il est amusant de lire les incursions de certains historiens dans les rapports que l'Eglise et les papes eurent avec la science au Moyen-âge. Chaulhac est le type représentatif de la science au moyen âge ; homme respectueux de l'autorité, il expérimenta cependant lui-même tout ce qui lui était transmis ; il résume en lui même un si merveilleux progrès en chirurgie que, en ces vingt dernières années, c'est à lui plus qu'à aucun autre de ceux qui sont venus après lui durant les six siècles suivants, que se sont intéressés les érudits de l'histoire de la médecine. Chaulhac cependant, au lieu de rencontrer de l'opposition, trouva encouragement, protection libérale, intérêt généreux auprès des dignitaires ecclésiastiques et des papes de son temps, il jouit même de leur amitié, de leur intimité. De toute façon la vie de Chaulhac peut être regardée comme le type de la vie qu'eurent ces hommes, gloires du Moyen-âge, quand on étudie de près les choses et qu'on n'accepte pas les généralisations trompeuses, qui dans le passé ont amené les esprits à se faire des idées absurdes et ridicules au sujet d'une période merveilleuse dans l'histoire de l'humanité.

James J. WALSH

Entretien des fontaines de Mende

Bail pour l'entretenement des fontaines de la présant ville de Mende faict par messieurs les consulz et syndicq de la présant ville a M' Jean Espinasse. (25 octobre 1650).

L'an mil six cens cinquante et le vingt cinquième jour du moys d'octobre après midy, regnant tres chrestien prince Louys par la grace de Dieu Roy de France et de Navarre, pardevant monsieur M' Roch de Serre sieur de la Chappèle docteur ez droictz baillif et autres officiers en toute la temporalité du seigneur evesque et gouverneur de la ville de Mende, comte de Gévaudan et en présence de moy notaire royal soubzsigné présans les tesmoingz bas nommez ont esté en leurs personnes messieurs Anthoine Laurens docteur ez droictz, sire Jean Michel et Guilhaume Lacroix marchandz premier second et tiers consulz de la ville de Mende, assistez de M' Anthoine Destrictis aussy docteur ez droictz syndicq de la maison consulaire de ladite ville suyvant la dellibération sur ce prinse du [   ], de leur bon gré et franche vollonté ont baillé et bailhont pour et au nom de ladite ville a M' Jean Espinasse habitant d'icelle ville icy presant et acceptant a entretenir en bon estat les troys fontaines de ladite ville et ce durant le temps et terme de dix années prochaines pour le pris et aux pactes et conditions que s'ensuivent accordées entre parties par mutuelle et reciproque stipullation. Premièrement sera tenu ledit Espinasse de bien deuement et soigneusement entretenir les eaux desdites troys fontaines pour la commodité desdits habitans. Plus sera tenu ledit Espinasse fournir toutes les pierres de taille qui seront nécessaire ausdites fontaines et encores aulx canaulx d'icelles qu'il sera tenu de tirer, tailler et faire poser à ses propres fraix et despans et fournira les achaulx, sable et ciment nécessaire sans que ladite ville soit tenue de contribuer aulcune chose que le charroy des pierres de taille seulement que lesdits sieurs consulz et syndicq luy fairont porter a pied d'œuvre ledit Espinasse de fournir tout le ciment et estouppes qui seront nécessaires ausdites fontaines pour sceller, entretenir en bon estat : et lhors qu'il sera be soing de ouvrir les thuieaulx ou canaulx desdites fontaines ledit Espinasse sera tenu de les ouvrir, ensemble paver et réparer les rues a ses fraiz et despans sans que ladite ville soit tenue d'y contribuer aulcune chose et fournira ledit Espinasse les manœuvres qui lui seront nécessaires Lesdits sieurs consuls et syndicq seront tenus de fournir le fer et plomb qui sera nécessaire ausdites fontaines soit pour les barres que autrement pour attacher les pierres desdites fontaines. Et en cas que quelqu'ung desrobast lesdites barres fer ou qu'on rompist lesdites pierres les poursuittes en seront faictes au nom dudit sieur scindicq aulx fraiz et despans de ladite ville et l'amande appartiendra la moytié au fiscq de la cour ordinaire dudit Mende et l'autre moytié ausditz sieurs consulz et Espinasse. Lequel entretenement ledit Espinasse sera tenu de faire si après moyenant la somme de cinquante livres que lesdits sieurs consulz et syndicq ont promis de luy payer annuellement ou icelle faire payer par le collecteur de ladite ville, et icelle luy fairont coucher chasque année en l'estat et despartement des deniers de ladite ville. Comme aussy lesditz sieurs consulz et scindicq tiendront quitte ledit Espinasse du cappatge ou industruie que icelluy Espinasse pourroit estre cottisé au livre de collecte de ladite ville. Et pour ce faire lesdites parties respectivement ont obligés et yppothéqués, savoir lesdits sieurs consulz et syndicq les biens de la communauité de ladite ville et ledit Espinasse les siens propres qu'ont soubzmis aux Rigueurs des Cours de leur ordinaire, bailliage de Gévaudan et autres du présant royaulme a ce requises et nécessaires. Faict et récité audit Mende dans la maison dudit sieur premier consul, présans Mᵉ Henry Barrau notaire royal, Jean Gisquet praticien soubzsignés avec lesdites parties, saulf ledit Espinasse et moy Estienne Mazot notaire royal dudit Mende requis soubzsigné.

[*Signé*] De Serre, baily. — Laurens, Iᵉʳ consul. — Destrictis, scyndic. — Barrois (?) juge. — Cailar, lieutenant. — Chevalier. — Barrau. — Gisquet. — Mazot. notaire.

(Archives de la Lozere, Série E, Minutes d'Etienne Mazot, notaire à Mende, année 1650, fol. 53).

Cᵗ PLIQUE.

Réparations au Portail d'Angiran

*Pris faict des réparations de la tour et porte d'Angiran baillé par
messieurs les officiers et consulz de Mande a Jean et autre Jean
et Pierre Dellortz, massons dudit Mande. (17 avril 1671).*

L'an mil six cens septante un et le dixseptième jour du moys d'april
après midy regnant tres chrestien prince Louis par la grace de Dieu
Roy de France et de Navarre, par devant messieurs Charles de Rivière
sieur de Vilencufve, bailif, et Pierre Lenoir docteur ez droictz, juge
en toute la temporalité du seigneur evesque de Mande comte de Gévaudan, personèlement establys noble Jean Baptiste de Sales sieur de
la Bastide et sieurs Robert Brajaon et Arnal Lafon, premier, second et
tiers consulz lesquelz de gré en conséquence et exécution de la dellibération prinse par le conseil ordinaire de ladite ville ont baillé et bail-
lent a pris faict après les proclamations faictes a la chandelle estaincte
dans la maison de ville a Jean et autre Jean Dellortz et Pierre Dellort
fraires et Guilhaume Chauchat tous M^{es} massons dudit Mende icy pre-
santz et solidairement acceptantz l'un pour l'aultre et le seul pour le
tout renonçant a toute sorte de division a faire les réparations nécessaires a la tour et portes de ladite ville appelées d'Angiran. En premier
lieu s'obligent de lever troys filades du bastiment du plus hault de ladite tour et bastir la brèche qui est au dessus du machicol de la secunde
porte pour rendre tout le dessus de ladite tour esgal et a niveau de
tous les costés excepté du costé de la ville ; et de plus garnir de bon
mourtier tout le dessus des murailles de ladite tour et la couvrir de
grandes thuilles ou pierres qui avancent au dedans et au dehors de
quatre doigtz et les cymanter de l'une à l'aultre avec de bon mortier
pour empecher que les neige et pluies ne cargent pas lesdites murailles, et y faire de merletz tant plain que vuide tout a l'entour de troys
pans d'haulteur et de troys pans de longueur chacun ; couvrir le machicol
de grosses thuilles ou pierres enchassées dans la muraille de la tour
et cimentées par de bon mortier ; bastir toutes les portes, armoires,
trous, crevasses et fenestres qui sont au dedans de ladite tour ; et répa-

rer l'arcq du dessus de la seconde porte, le tout de bonne massonnerie, achaux et sable ; abatre ce qui sera marqué de la muraille qui est au dessus de la premicre porte du costé de la ville, et après couvrir de grosses thuilles ou pierres ladite muraille, et bastir les portes et ouvertures d'icelles et tout ce qui manque aux costés aux fins que la dite muraille soit remise en bon estat et le tout achaulx et sable ; rebastir ce qui man pr : à l dite tour aux deux extremités de la première porte du cotté de la ville, et a la voulte de la sarrazine comme aussy farcir certains trous qu'il y a au fondement. le tout a chaux et sable comme dessus : et lesdits preneurs fourniront généralement tout ce qui sera nécessaire pour ladite reparation sans que la ville soit obligée de leur fournir aulcung boys, maneuvres ny courvées ny matériaux ; mais pourront seulement se servir de la pierre qu'ils leveront desdites fialades du dessus de la tour sans qu'il leur soit permis d'emporter le surplus de ladite pierre qui sera employée à la réparation du ravelin. Et en oultre seront obligés lesdits preneurs de faire a l'entrée du ravelin un grand portal qui soit plus long de deux pans que celuy qui a esté abatu et d'une haulteur proportionnée, le tout de grosse pierre de taille bien polie et une voulte au dessus qui sera soubztenùe par deux encoules dont cèle qu'il fault faire à neuf sera semblable a celle qui reste qui sera fortiffiée pour randre ledit bastiment plus solide, et ladite porte et voulte sera couverte de grosses thuilles, et a la clef dudit portal seront gravées les armes de la ville de bèle esculture et la muraille sera réaussée sur ladite porte de troys pans et de troys merletz audessus afin que l'eau découle du costé du ravelin. Et fairont une porte de pierre de taille avec ravelin pour passer au fossé de Sainte-Anne. Et en oultre fairont l'entière closture dudit ravelin en réparant les brèches et bastissent tout ce qui manque a l'entour d'icelluy et jusques aux deux entrées des fausses-brayes aux costés de la tour et que les murailles seront de la mesme ellévation que celles qui restent en entier audit ravelin, le tout de bonne massonnerie a chaux et sable sans que la ville soit obligée de fournir aulcungz mathériaulx excepté ceulx qui ont esté mis en réserve de la desmolition de l'ancien portal, et ce qui restera des filades qui seront levées de la tour ; lequel travail lesdits preneurs seront obligés de faire et de le mettre a perfection pour ce qui concerne les réparations nécessaires a ladite tour si dessus especiffiées dans troys sebmaines prochaines et ledit portal et reparation dudit ravelin dans le mois de juin prochain et ce moyennant le pris et somme de deux cens quatre vingt livres et enfant moingtz de laquelle ilz ont réalement receu en escus blancz et monoyé des mains dudit sieur premier consul la somme de cent livres et l'en ont quitté et le surplus leur sera payé la moytié aussy tost qu'ilz auront achevé le travail de ladite tour et tout le restant le jour qu'ilz auront entièrement achevé tout le contenu en ce contract et pris faict. Et pour tout ce dessus garder, observer et n'y contrevenir lesdits preneurs ont solidairement obligés et hypothéqués tous et chacuns leurs biens et lesdits sieurs consulz ceulx de ladite ville qu'ont soubmis aux rigueurs des cours de leur ordinaire, bailli de Gévaudan, séneschal et conventions de Nismes, ainsin l'ont promis et juré. Faict et recité audit Mande dans la maison dudit sieur Juge, présans Jacques Malaval praticien de Boisset demeurant a présent a Ste Enimye et Jean Borrier ouvrier de ladite maison de ville soubzsignés avec lesdites parties saulf lesdits Jean Dellort jeufne et Chauchat et Pierre Dellort qui n'ont sceu, et moy Estienne Mazot notaire royal et gresfier de ladite maison de ville requis soubzsigné.

[Signé] La Bastide, premier consul. — Brajon, second consul. — Lafon, tiers consul. — Delort. — Borrier. — J. Malaval. — Mazot.

(Archives de la Lozère. Série E, minutes d'Etienne Mazot,
notaire a Mende, années 1669–1671, fol. 117).

C^t Plique.

Découverte archéologique à St Préjet-du-Tarn

Le 15 juillet dernier, M. Causse, peintre, de Meyrueis, était occupé à restaurer notre ancienne église paroissiale, lorsque, sous la voûte du chœur, il découvrit des traces d'une vieille peinture. M. le curé, présent à côté de lui, s'intéressa aussitôt à la chose, et tous deux se mirent, avec des précautions infinies, à gratter les multiples couches de badigeon qui recouvraient le mur et cachaient la peinture primitive.

Après deux jours de ce travail minutieux, ils furent en présence d'une fresque antique ornant toute la coupole de l'abside et représentant le triomphe d'un prélat martyr, qui n'est autre, évidemment, que saint Préjet, patron de l'Eglise. Le saint évêque, au chef vénérable, nimbé de gloire, porte, sur l'aube blanche des pontifes, le manteau rouge des martyrs. Ses bras, tendus en avant, semblent donner la dernière accolade à ses fidèles. Il monte au ciel, doucement enlevé par un groupe d'une quinzaine d'anges aux poses variées et gracieuses. Les uns portent les insignes de sa dignité : la crosse et la mitre ; d'autres, le poignard et la palme de son martyre ; l'un d'eux sonne joyeusement le triomphe, dans sa trompette d'or ; plusieurs regardent fixement le bienheureux, ravis en une délicieuse extase ; les autres, enfin, groupés au centre du tableau, dans un grouillement harmonieux, soutiennent l'élu, de leurs battements d'ailes, et l'élèvent vers le paradis.

Tous ces personnages, placés avec symétrie, forment une vaste composition artistique de six mètres de côté, ordonnée avec une frappante unité et richement encadrée de rinceaux et de fleurs. La peinture est encore bien conservée et l'ensemble de l'œuvre constitue, par sa belle ordonnance et son ancienneté, une véritable curiosité.

Personne, dans le pays, n'avait jamais entendu parler de ce travail et n'en soupçonnait la présence ; aucun livre ni aucun écrit n'en ont jamais fait mention, du moins à notre connaissance, et l'opinion de tous les visiteurs est qu'elle remonte au moins à plusieurs siècles.

L'église de Saint Préjet est une ancienne chapelle de Bénédictins construite au XIII' siècle. La peinture découverte remonte-t elle à l'origine de l'église ? Une étude attentive de l'œuvre ne nous permet pas de l'affirmer et nous indique, au contraire, qu'il faut en reporter la facture à quelques siècles plus tard. D'après l'opinion presque unanime des nombreux connaisseurs qui l'ont déjà visitée et étudiée, la fresque de Saint-Préjet serait l'œuvre d'un artiste de la Renaissance italienne et aurait été composée par un peintre venu des écoles d'Italie et connaissant parfaitement l'art de la péninsule à cette époque. L'ampleur des draperies, la souplesse des poses et des mouvements, la grâce des figures, la rondeur caractéristique des contours, la disposition harmonieuse des personnages et des décors, voilà, disent les amateurs, tout autant de traits qui distinguent cette peinture à fresque et la classent parmi les œuvres de la Renaissance. Bientôt les experts en la matière pourront sans doute l'authentiquer définitivement.

Pourquoi une peinture si belle a-t-elle été recouverte il y a de longues années, peut-être des siècles, comme en témoignent l'ignorance des contemporains à son sujet, et la demi douzaine de couches de badigeons qui la dérobaient aux regards ? Ici l'absence de tout document positif nous réduit à des hypothèses, mais qui paraissent serrer la vérité de très près. La bonne conservation de la peinture établit péremptoirement que le premier badigeon fut déposé sur le tableau avec beaucoup de précaution et un très grand souci de conservation.

Ceci posé, on peut croire que cette œuvre religieuse a été cachée à un moment donné, par mesure de précaution, pour la soustraire au

vandalisme des révolutionnaires ou, plus vraisemblablement, au fanatisme des Huguenots pendant les guerres de religion. Peut être aussi
a-t on blanchi la fresque comme tout le reste de l'église, par mesure
prophylactique, lors de la grande peste qui fit tant de victimes dans le
pays, au commencement du XVIIIᵉ siècle, et à la suite de laquelle on
désinfecta à la chaux toutes les maisons particulières, ainsi que tous
les édifices publics.

(La Croix de la Lozère, nᵉ du 4 septembre 1910).

...,. Puisque nous en sommes aux hypothèses, ne pourrait-on pas en
ajouter une troisième ? Si l'église de Saint Préjet du Tarn, avec la
plupart des églises du Gévaudan, a reçu un lait de chaux comme décoration murale, ne pourrait-on pas attribuer cette opération à cette
persistance qu'ont eue, pendant des siècles, depuis la Renaissance, les
fabriques et les curés, à étendre sur les parois de leurs vieilles églises,
une couleur tantôt jaunâtre, tantôt verdâtre, tantôt bleue, tantôt rose
et cela, malgré les avis contraires des artistes, des archéologues, de
l'autorité épiscopale ?

(Courrier de la Lozère, nᵉ du 8 septembre 1910).

Le guérisseur Pierret

Dans les *Chroniques et Mélanges* de 1909 (p. 28) nous avions signalé
la mort du médicastre Pierret : voici l'oraison funèbre que lui consa-
crent deux périodiques :

Sous le titre « La mort d'un rebouteur », le *Temps* publiait récemment
l'information suivante :

« Il vient de mourir à Marvejols, à l'âge de quatre-vingts ans, un
« guérisseur » de campagne dont la réputation s'étendait non seulement en Lozère, mais sur une grande partie des départements limi-
trophes du Cantal et de l'Aveyron.

« Il se nommait Pierre Crespin, mais était communément désigné
par le diminutif « Pierret ». Il savait tout juste lire et écrire. Les remè-
des ordonnés par lui étaient des plus simples. Ils avaient pour base la
poix de cordonnier et la feuille de frêne ou de noyer. La poix servait à
confectionner les emplâtres, topiques, etc. Les feuilles entraient dans

la composition des médicaments intérieurs : tisanes, décoctions, toniques. Il tâchait, en outre, de remonter le moral des malades en leur inspirant confiance.

« A Marvejols il jouissait d'une telle popularité que malgré son manque d'instruction, il fut pendant de longues années conseiller d'arrondissement et que, à chaque renouvellement du Conseil municipal, il était élu le premier et souvent le seul de sa liste. M. Crespin professait les opinions républicaines ».

Ce bon « Pierret » connaissait donc et pratiquait le : *primum non nocere*. C'est déjà ça. Il est clair qu'il n'a pu tuer personne avec la poix de cordonnier *extra* — on voit bien qu'il s'appelait à peu près Crépin — et la feuille de frêne ou de noyer *intus*. De plus, il faisait, lui aussi, de la psychothérapie, puisqu'il « tâchait de remonter le moral des malades en leur inspirant confiance ».

A-t-on jamais poursuivi « Pierret » pour exercice illégal de la médecine ? *A priori* on pourrait le supposer, attendu que sa vogue ne fit que croître jusqu'à sa mort, survenue à 80 ans. Mais, plus probablement, on se sera abstenu. En quoi on aura été sagement avisé. En dehors du titre de « guérisseur » — qui ne sonne pas trop mal aux oreilles d'assez nombreux magistrats — « Pierret » était conseiller d'arrondissement, premier conseiller municipal à perpétuité — parfois le seul élu de sa liste — et, enfin, « il professait des opinions républicaines ». Il faudrait avoir la cervelle à l'envers pour oser s'attaquer à un ensemble pareil ; sans compter qu'on perd généralement son temps et sa peine — à notre avis tout au moins — en poursuivant, sous la législation actuelle, et avec les mœurs du temps, de beaucoup plus petits « Pierrets ».

(Bulletin médical, 12 fevrier 1910).

Les sangliers en Lozère

Jusqu'à présent les sangliers avaient été peu nombreux en Lozère et, de temps à autre, on avait signalé seulement l'apparition d'un solitaire ou la prise de quelque marcassin.

Cette année, la présence de ces quadrupèdes a été par contre signalée en plusieurs points et, les ravages qu'ils commettaient ont nécessité l'organisation de battues qui n'ont pas produit de résultat bien appréciable, par suite de la hâte avec laquelle les chasseurs ont voulu opérer.

C'est surtout dans les Cévennes, dans les communes de Barre et de Cassagnas que les sangliers ont été les plus nombreux, Nous ignorons la quantité de bêtes abattues, mais il parait que leur nombre était assez élevé, à en juger par les dégats commis dans les céréales et les champs de pommes de terre.

Probablement ces sangliers venaient de la région de l'Aigoual où ils fourmillent depuis longtemps ; grâce aux reboisements, ils ont peu à peu gagné les Cévennes et nos Causses même, puisqu'on en a tué tout récemment, aux environs de la Canourgue et que leur présence a été signalée plusieurs fois aux alentours de Bagnols les-Bains, dans la commune de Rieutort et dans le nord du département.

Nous savons que des battues en règle vont être préparées pour cet hiver, avec le concours de l'administration forestière. A la dernière réunion du Conseil d'arrondissement, un vœu a même été déposé dans ce sens.

Il ne reste qu'à souhaiter bonne chance aux nemrods Lozériens, déjà nombreux, qu'intéresse ce nouveau genre dé chasse.

Dr BARBOT.

BIBLIOGRAPHIE

Almanach du Soc. 1910. Marvejols, Guerrier. (3ᵉ année).

Armanac de Louzero. 1910. Mende, Pauc. (10ᵉ année).

Barbot (Dʳ). — *Pages inédites de l'Histoire de Marvejols.* En cours de publication dans l'*Echo des Montagnes,* Marvejols, Vieilledent, imp.

Barrau (H. et F. de). — *L'époque révolutionnaire en Rouergue.* (Journal de l'Aveyron. Rodez, Carrère, 1910). Documents intéressants sur l'affaire Charrier.

Berthelé. — *Quelques anciens documents campanaires de la Lozère et du Gard.* (Bull. de l'Acad. des Sciences et Lettres de Montpellier. Avril 1910, p. 72 et suiv.) Notice sur la cloche la *Non Pareille* détruite par le fameux Merle

Boussard (J.) — *Le Château de la Caze.* Plaquette in-8 de luxe avec plusieurs similigravures. Paris, Blétit, 1910.

Boyer (A.) — *L'Histoire de Florac.* Plaquette in-8, Cahors, Coueslant, 1909. — Conférence faite à Florac le 12 aoùt 1895 par A. Boyer et éditée par le *Club Cévenol.* 1 gravure et 2 planches.

Brunel (Cl.) — *Le changement du millésime en Gévaudan.* (Bibl. de l'Ecole des Chartes), 1909, p. 665.

— *Randon protecteur des Troubadours.* (Romania, 1910).

Clergeac (A.) — *Jean Iᵉʳ d'Armagnac et les papes d'Avignon, Innocent VI et Urbain V.* (Revue de Gascogne, Auch, 1905, p. 97 à 112).

Congrès diocésain. — Compte-rendu du premier Congrès tenu à Mende en 1908. 1 vol. in-8. Rodez, Carrère. 1909.

Courrier de la Lozère. — Mende, Privat.

— FAVIER. — *Notice géographique et historique sur la commune d'Auroux.* (N° du 16 déc. 1909 et suivants).

— FOULQUIER. — *Notes biographiques sur le clergé desservant des paroisses comprises dans les trois anciens archiprétrés de Barjac, Javols et Saugues.* (N^{os} du 16 janvier 1910 et suivants).

— X... — *La peinture murale de l'église de St-Préjet-du-Tarn.* (N° du 8 sept. 1910).

— X... — *Un pape Français et Lozérien.* Urbain V. (N^{os} des 13, 20 et 27 oct. 1910).

Croix de la Lozère. Mende, Pauc.

— X... — *Une découverte archéologique à St-Préjet-du-Tarn.* (N° du 4 sept. 1910).

Il s'agit des fresques découvertes dans la chapelle du village.

DELAGE (Daniel). — *Les derniers jours du Conventionnel de Valady.* (Revue du Périgord, 1re année, n° 3, mars 1910).

DELAVILLE LE ROUX. — *Bulle de convocation d'une assemblée des Hospitaliers à Carpentras.* 1365. (Bibl. de l'Ecole des Chartes, 1909, p. 73).

Il s'agit du projet formé par Urbain V de créer une ligue des peuples chrétiens pour assurer la défense de Rhodes.

GRAFFIGNY (H. de). — *Le tour de France en aéroplane.* 1 vol. in-4°. Paris, Picard, 1910. Ouvrage illustré à l'usage de la jeunesse.

On y trouve une vue de la grotte de Nabrigas.

GRAND (Roger). — *Les dernières opérations militaires de Du Guesclin, sa mort, ses funérailles.* (Bull. Soc. Archéol. de Nantes, 1905, t. XLVI, p. 243-276).

HILAIRE (R. P. A.) — *Règlement de la Confrérie des Pénitents blancs de N.-D. du Gonfalon, établie au Bleymard en 1723.* 1 op. in-16. Mende, Pauc, 1895.

Inventaire des Archives de la Lozère.
— Série C. 1 fascicule. Mende, Privat, 1910.

Ce fascicule contient l'énumération des liasses de la *Série C* épargnées par l'incendie de la Préfecture en 1887 et inventoriées en 1876, et la liste des registres versés par l'administration des Domaines.

— Série Q. 1 fascicule. Mende, Privat, 1910.

C'est l'analyse des documents relatifs à la vente des biens nationaux.

JACCOUD. — *Théophile Roussel.* Eloge prononcé à l'assemblée annuelle de l'Académie de médecine, le 14 décembre 1909. Paris, Masson, in-4°.

LADOUCETTE (Edmond). — *La Guerre des Camisards.* Paris, Fayard, 1910.

Roman populaire à *treize sous* : la valeur littéraire et historique de cet ouvrage justifie son prix. Sur les 477 pages qui le composent, il y a bien à peu près 40 lignes relatives à la Guerre des Camisards.

Le Gévaudan. — Journal politique hebdomadaire. N° 1, 27 février 1910. 8 numéros parus. Marvejols, Vieilledent.

LENOTRE (G.) — *La Bête du Gévaudan.* (Lectures pour tous. Paris, Hachette, Août 1910).

Article illustré, tiré du volume publié et imprimé par M. l'abbé Pourcher sur la *Bête du Gévaudan.* L'auteur donne quelques renseignements sur ce prêtre qui a passé quarante années de sa vie à fouiller de nombreux dépôts d'archives, publié et imprimé lui-même plusieurs travaux relatifs à notre histoire locale.

Le Soc. — Marvejols, Guerrier.
— X... *Histoire locale. Sous les coups des barbares* (à suivre). (N° du 26 décembre 1909).

Roman-feuilleton dont le début intéresse *Gabalum.*

— X... *Nasbinals pendant la Révolution* (1791-1799). Notes et souvenirs. (nᵒˢ des 10 et 25 décembre 1910).

Il serait à désirer que les collaborateurs de ce journal fassent connaître leur nom, quand ils abordent des sujets d'histoire locale.

MALAN (Jean). — *Lis Ausards.* (Journal *Vivo-Prouvenço.* n° du 7 sept. 1908 et suivants).

Sous ce titre, l'auteur qui se cache sous le pseudonyme de Jean Malan, publie une étude en patois provençal sur la Guerre des Camisards.

MARTEL (E.-A.) — *Nimes le Vieux*. (La Nature, N° du 10 Novembre 1910).

Notice sur cette curiosité naturelle située au front du Causse Méjean et rappelant en petit Montpellier le Vieux. Six gravures.

NOBIRULUS. — *Livre d'or de 600 familles du Velay, Auvergne, Gévaudan*, etc. 1 vol. in-4°, orné de planches et dessins. Lyon, Brun, 1910.

— *Les familles Brun du Velay, du Gévaudan,* etc. 1 vol. in-4°. Lyon, Brun, 1910.

PIOU (Jacques). — *Discours parlementaires* (1885-1890).

— *Questions religieuses et sociales* (1892-1909). — 2 vol. in-16. Paris, Plon, 1910.

REMIZE (Félix). — *Saint-Privat, martyr, évèque du Gévaudan* (III° siècle). 1 vol. in-8. Mende, Pauc, 1910. — Ouvrage de 432 pages, imprimé sur papier de luxe, avec 5 plans et un nombre considérable de dessins et photographies. (Voir le compte-rendu dans le procès-verbal de la séance du 8 décembre).

Revue illustrée du Club-Cévenol, XVI° année, 1910.

— N° 1. G. REVAUX. *La Grotte de Dargilan*, avec 4 phot.

— N° 2. A. BOYER. *L'histoire de Florac* (à suivre).

— N° 3. A. BOYER. *Idem.*

REYNAUD (D' Maurice). — *Note sur des ossements fracturés, suivis de consolidation pendant la vie, trouvés dans un tumulus, à Saubert, canton de Meyrueis.* (Bull. de la Soc. d'Etudes des Sc. nat. de Nimes, 1909, p. 34 à 41. 1 gravure).

Semaine religieuse du diocèse de Mende.

— SOLANET (Alexis). *La découverte archéologique de St-Préjet-du-Tarn.* (N°ˢ du 26 août et du 2 sept. 1910).

— SOLANET (Albert). *Serments et mort de l'abbé Jean Tournemine, curé de Florac, en 1789.* (N°ˢ des 28 oct., 4, 11, 25 nov., 9, 16 et 23 déc. 1910).

— Pagès (M.) *Confrérie et Pélerinage de N.-D. de la Salette dans l'église paroissiale de St-Privat-de-Vallongue.* (Nos des 24 juin, 1, 8, 15 et 22 juillet 1910).

Solanet (Albert). — *Manuel d'Agriculture.* — Tome I. *Chimie agricole* : Formation et développement des plantes. L'atmosphère et les plantes. Le sol. Les assolements. Les amendements et engrais. — In-12 de 320 pages, illustré, 137 figures.

— Tome II. *Plantes cultivées* : La vigne. Les céréales, Les plantes fourragères et industrielles. Les plantes à racines et à tubercules. Les arbres. Les plantes potagères. — In-12 de 800 pages, illustré. Paris, Amat, 1910.

Le succès remporté par la première édition de ce manuel va s'affirmer à nouveau, car l'auteur a abordé et traité, avec sa compétence coutumière, en un langage clair et sans mots techniques, tous les sujets qui se rattachent à l'agriculture. Petits agriculteurs, horticulteurs, vignerons, amateurs, instituteurs, tous y trouveront leur profit et des notions pratiques qu'ils ont intérêt à utiliser et à faire connaître. C'est un ouvrage de propagande qu'a voulu écrire M. Solanet : Il y a certainement réussi.

Thèses soutenues en 1908 devant la Faculté des Lettres de Montpellier et non éditées.

— Grousset. — *Situation économique de la Lozére pendant la Révolution.*

— Déniau. — *Les Etats du Gévaudan du XVIe au XVIIIe siècle.*

La Vérité. — Mende, Imprimerie nouvelle. Journal politique hebdomadaire. N° 1, 24 décembre 1910.

Chronique et Mélanges
1911

Quelques mots sur deux arrière-Petits Neveux d'Urbain V. — Les Borbal de Combret.

A la suite d'un compte rendu publié dans le journal le *Petit Mar·seillais* concernant l'ouvrage de l'abbé Chaillan, mon confrère Gourbin mentionne l'existence d'un descendant de la famille du grand Pape français : le colonel d'Infanterie coloniale Borbal de Combret, en retraite à Marseille, et l'un des estivants les plus assidus de la jolie sous-préfecture de Florac où il possède encore plusieurs immeubles et où la plupart des indigènes, en le saluant d'un amical bonjour, ignorent probablement qu'ils saluent ainsi un arrière petit neveu du glorieux Urbain V.

La filière des douze générations qui séparent l'oncle illustre du colonel d'aujourd'hui est relativement facile à établir.

Urbaine de Grimoard, dernière héritière de ce nom illustre était la fille d'Antoine de Grimoard, baron de Grisac, propre neveu d'Urbain V.

Petite nièce, par conséquent, de l'illustre pape, Urbaine de *Grimoard* épousa, en 1478, Guillaume VII de Beauvoir, seigneur du Roure.

De ce mariage. sortit Claude de *Grimoard de Beauvoir*, seigneur du Roure, Grisac, Verfeuil. etc., lequel épousa, en 1520, Florette de Porcelet. (1)

Les treize enfants qui naquirent de cette union devinrent la souche des branches du Roure, d'Arles, de Nimes et d'Angleterre. (2)

L'un de ces enfants, Jacques de *Grimoard de Beauvoir* du Roure, épousa Suzanne d'Yzam de Coursoules et en eut cinq enfants dont l'un, une fille, Catherine de *Grimoard* du Roure, s'unit, en 1599, à Jean Antoine de Fustier, seigneur de la Fugère et de Combret.

Leur fils Jacques, seigneur de Combret, épousa, en 1642, Jeanne de la Garde. De ce mariage naquit Jeanne de Fustier qui apporta ainsi en

---

(1) La famille seigneuriale des Porcelets est originaire du Comté d'Arles. J'ai vu aux Alyscamps la chapelle mortuaire de cette famille d'où est sorti le général de Gallifet.

(2) Gourbin renvoie aux « Documents historiques sur la Province du Gévaudan ». par Gustave Burdin, archiviste de la Lozère.

dot à son époux Jean Borbal (1) (filiation directe maintenant jusqu'à nos jours) non seulement la seigneurie de Combret, mais encore le sang de son illustre aïeul Urbain V.

De l'union de Borbal avec l'héritière des *De Grimoard*, seigneurs de Grizac, naquit Louis Borbal qui épousa, en 1721, Anne de Régis (2) et en eut Jean-Baptiste Borbal de Combret.

Ce dernier se maria,, en 1742, à Dorothée de Bancillon et en eut le grand-père des de Combret actuels, qui maintenant, foulent, pendant leur séjour dans notre coquette cité floracoise, le sol que les seigneurs de *Grimoard* ont marqué à jamais de leur inoubliable empreinte.

En Lozère, en effet, et principalement dans les Cévennes, le nom des de Grimoard, les barons de Grisac, est intimément lié à l'histoire du pays. Il est regrettable que M. l'abbé Chaylan, dans son récent uvrage, ne se soit pas davantage appesanti sur le rôle considérable joué par Urbain V et sa famille dans notre Lozère.

J'ajouterai, pour ceux qui s'émeuvent encore aux vieux souvenirs, que les tombes du père et de la mère d'Urbain V — Guillaume de Grimoard et Amphélise de Montferrand — abritent leurs vénérables pierres dans la vieille et curieuse église collégiale de Bédouès, à 2 kilomètres à peine de Florac.   P. A.

Nouvelles d'il y a cent ans, en Lozère.

5 Janvier 1810. — Publications légales relatives à des ventes d'immeubles au Mazel, commune de Ste-Croix (Florac), au Monastier (Marvejols). (Figurent aux actes : Deliane, maire du Monastier ; Durand, avocat-avoué à Marvejols ; Bonbernat, greffier au dit lieu) ; au Villaret, commune de Meyrueis : figurent aux actes : Gal, Fages, Salgues, Boniol, Belon, de Villedieu, avoué à Florac.

10 Janvier. — Actes concernant certaines cessions de biens et où figurent : Combes, du Fraisse, Vachin, de Carnac, Barrandon, maire de Sainte Enimie, Rodier, huissier, Dalbignac, greffier, Teissonnière, avoué à Florac, Guiran, conservateur des hypothèques au même lieu.

20 Janvier. — Ce soir, sur le Théâtre de la Préfecture, à Mende, premières de *Mme de Sévigné*, comédie en 3 actes. et du *Prince-ramoneur*, comédie en 1 acte.

25 Janvier. — Etat des quantités de roissons ou vivres déclarés pour

(1) **Avocat au Parlement.**
(2) **Ancienne famille provençale.**

l'année 1809 à l'octroi de Mende. Vins ; 6,644 hectolitres ; eaux de vie liqueurs, bières, 57 hectolitres ; 66 bœufs, 32 vaches, 1 515 veaux.

— Un détachement de 151 prisonniers espagnols est arrivé hier à Mende et en repartira demain pour Riom.

31 Janvier. — La Société dramatique de Mende a donné le 29, *Le Sourd ou l'auberge pleine* et *Molcour*, comédie.

5 Février 1810. — Un décret impérial, du 20 novembre 1809, autorise l'acceptation d'un legs de 2.400 fr. fait par le s^r *Court* à l'Hospice de Mende.

— Le S^s Préfet de Florac donne avis de la reconstruction du pont en pierres sur le Rieumalet, commune du Pont-de-Montvert, route d'Alais à Mende.

— Avis de la vente d'une maison sise à Mende, « plan des Csstres », « donnant sur la place aux serges, de plusieurs étages et plain pieds « par dessus. » (Figurent audit acte Laurent Bancilhon, Bassuèges. Bondan, greffiers. Rivière de Larque, maire, Jeanneton Alcais, de Mende, Toquebœuf, Martin, avocats avoués).

15 Février. — Nouveau passage à Mende de 151 prisonniers espagnols.

20 Février. — Réunion du Conseil général : Latreille, de Mende, Bouillon, secrétaire.

25 Février. — A St Juéry, canton de Fournels, meurt un s^r Dallo, âgé de 108 ans.

29 Février — Nouvelle comédie au théâtre de Mende : *Le Séducteur ou les deux sœurs*, cinq actes en prose. Le Courriériste du *Moniteur* ajoute, après son impression sur la pièce : « nous ne pouvons en don er l'analyse en ce moment n'ayant pu en saisir parfaitement la marche dans sa première représentation. »

20 Mars 1810 — 1 500 prisonniers espagnols traversent Mende en deux convois ; une partie de la Garde nationale de Mende les escorte jusqu'à Riom. (Prisonniers provenant de la bataille de Vich, du 2 février dernier).

5 Mai. — Le *Moniteur* consacre plusieurs pages à l'assassinat d'un colporteur, près du Malzieu, affaire jugée à l'audience du 28 avril dernier, à Mende. Arrêt de mort rendu le même jour à 3 heures et sentence exécutée ledit jour à 4 heures. Cette affaire avait fait grand bruit dans le pays.

25 Mai. — Le *Moniteur* publie la liste des réjouissances qui auront lieu à Mende le 31 courant à l'occasion des fêtes du mariage de l'empereur avec l'archiduchesse Marie-Louise d'Autriche.

31 Mai. — Compte rendu de ces réjouissances : Salves d'artillerie;

union de 3 couples mendois en présence des fonctionnaires, de la gendarmerie, des « sous-officiers du Recrutement » de la Garde nationale :
— Brillante cérémonie religieuse ; — à une heure, banquet ; «.., les
plaisirs de la danse ont succédé à ceux de la table : tous les habitants
« de la ville ont été admis à y prendre part ; la gaieté était peinte sur
« tous les visages » ; — à 5 heures, jeux du mât de Cocagne, du saut
« sur le chemin du Prévival » ; — à 7 heures, nouveau Banquet à la
Préfecture et, immédiatement après, grand bal, ouvert « par un qua-
« drille composée de Mme Flourens, épouse de M. le Préfet, avec un
« militaire, nouveau marié du jour, et de M. le Maire avec une nou-
« velle mariée. » Le soir, favorisées par un temps merveilleux, Illuminations brillantes : « nous remarquerions bien, ajoute le journal, que
« la veille il avait plu à seaux, que le lendemain il plut encore et que
« le plus beau jour avait brillé à la fète mais c'était un jour consacré à
« Napoléon le Grand et personne n'ignore que la Providence se plait
« à concourir à son embellissement. »

10 Juin 1810. — De passage hier, à Mende, allant rejoindre le Maréchal d'Empire Macdonald, en Catalogne, un officier et des équipages
de l'Etat-major de cette armée.

25 Juin. — Compte-rendu de la réception de la délégation du Conseil
général de la Lozère, à l'audience de l'Empereur.

« Après que M. de Latreille, président de la députation de la Lozère,
« a fait un petit discours à S. M., l'Empereur a eu l'entretien suivant
« avec lui :

« L'Empereur : Avez vous des Manufactures ?

« M. de Latreille : Oui Sire, nous avons une manufacture de Ca-
« disserie dont on fait grand usage dans votre Armée pour doubler les
« habits des soldats.

« L'Empereur : C'est bien le ci-devant Gévaudan ?

« M. de Latreille : Oui, Sire.

« L'Empereur ? Quel est votre Préfet ?

« M. de Latreille : M. Florens.

« L'Empereur : Homme sage ?

« M. de Latreille : Oui, Sire, homme sage et respectable à tous
« égards ; c'est le meilleur préfet que V.M. pût faire à notre dépar-
« tement.

« L'Empereur : Plus de brigandages.

« M. de Latreille : Non sire, tout est tranquille ; tout obéit aux
« Lois. »

15 Juillet 1810. — Service religieux officiel à la Cathédrale de Mende,
à l'occasion de la mort du Maréchal duc de Montebello.

20 Juillet. — Décret adjoignant le Commandant Brun, aide de camp du Duc de Dalmatie au Collège électoral de la Lozère.

25 Juillet. — Le Jury impérial décerne son premier grand prix au Comte Chaptal, de la Lozère. pour son *Traité de Chimie appliquée aux Arts.*

31 Juillet. — Compte rendu des Assises de la Lozère : Entre autres condamnations, celle de 8 années de fer et 6 heures d'exposition au poteau pour vol d'un sac de farine, d'un coupon d'étoffe et d'une somme de 9 francs.

1er Août 1810. — S. A. S. le prince de Neufchâtel, vice-Connétable, Grand-veneur, nomme M. Christophe Langlade, de Montgros, lieutenant de la Louveterie en Lozère, 15e Conservation forestière.

16 Août. — Manifestations ordinaires à l'occasion de la Fête de l'Empereur : Banquets, Services religieux, illuminations, discours ; Chacun, à Mende, se félicite vivement des fonctionnaires envoyés par l'Empereur dans ce départemunt, de leur valeur, etc.

Vêpres solennelles, salves d'artillerte et le soir « Banquet, Cercle et « Bal à l'Hôtel de la Préfecture où une réunion nombreuse a pris part « aux plaisirs de la danse jusqu'à une heure du matin. »

25 Août. — Dotation accordée au sr Bonnet, de Mararèche, commune de Grandrieu, chasseur au 28e Régiment d'infanterie légère, blessé grièvement à la bataille de Wagram.

30 Septembre 1810. — Décès à 107 ans de Jacques Belot, cultivateur aux Hermeaux, arrondissement de Marvejols.

5 Octobre 1810. — Décret impérial réorganisant les Tribunaux de Mend, Florac et Marvejols. — Assises de la Lozrre ; plusieurs condamnations entre autres celle d'un habitant des environs de Ste-Croix convaincu d'avoir tué son propre fils : Après la lecture de l'arrêt de mort, le Président des Assises à Mende, a prononcé ces quelques mots :

« R... La Cour vous a condamné à la peine capitale. Eh, certes, vous « deviez l'être.

« Vous avez été convaincu d'infanticide. Quel crime que le vôtre ! « Il figurera à jamais dans les annales des forfaits ; puissent les siècles « futurs dénier la possibilité d'un délit de même nature !

« Eh quoi ! l'arbrisseau se dessèche pour nourrir ses rejetons ; la « tigresse a pour ses petits une tendre fureur ; le père le plus dissipé « immole toutes ses passions au bonheur de l'être à qui il a donné « l'existence ; en un mot, tout ce qui végète et respire dans la nature « semble ne plus s'animer que dans ce qui le reproduit et vous avez « poussé la barbarie..... Ici, la parole expire sur mes lèvres ; ici, mon « sang se glace dans mes veines.

« R....., Vous avez outragé la Nature, la Nature sera vengée. Je vous
« exhorte à la patience, à la résignation. Quand, comme vous, on a pu
« donner la mort dans des circonstances si pénibles, on doit savoir
« mourir soi-même. Mourez donc. »

L'exécution a eu lieu à Mende quelques instants après la lecture de
l'arrêt.

5 Novembre 1810. — Compte rendu de la foire de la Toussaint :
Beaucoup d'affaires en Cadisserie. — La paire de bœufs de labour n'a
pas dépassé 552 fr., les moutons 23 fr pièce : grains soutenus.

15 Novembre. — Montant des recouvrements effectués par les Con-
tributions directes de la Lozère en 1909 : 934,334 fr.

21 Novembre. — 15 Conscrits de la Lozère, réfractaires, sont condamnés à 500 fr. d'amende chacun.

25 Novembre — L'Evêque de Mende donne des ordres à son clergé
pour que des prières particulières soient dites en vue de l'heureuse délivrance de S. M. l'Impératrice Marie-Louise.

30 Novembre. — M. Florens, préfet, de retour d'un congé, rentre à
Mende. « Son retour, ardemment désiré a comblé le vœux des habitants
« de la ville. Plusieurs personnes avaient été à cheval à sa rencontre
« jusqu'aux limites de cet arrondissement. »

5 Décembre 1810. — « L'Hiver est dur, cette année, en Lozère ; le
« Maire fait appel aux âmes charitables pour obtenir de quoi acheter
« des grains. »

10 Décembre. — Publication officielle relative à la Concession des
Mines d'antimoine dans les communes de St Germain-de-Calberte et le
Collet de-Dèze. (Figurent auxdits Actes les s^rs Canonge, Mathieu, Deleuze, Bardet, Corbier, Angot, Fayet, Montjoie, Cyprien Cade, Maison-
neuve, Florens, préfet.

31 Décembre. — Le Recteur de l'Académie de Nîmes enjoint à tous
les chefs d'établissements particuliers où l'on enseigne le latin, d'envoyer au Collége du lieu tous les élèves en état de suivre utilement lss
Cours : Ceci en vue d,obtenir une plus grande uniformité dans l'ins
truction.   Pierre AGULHON

Quelques renseignements sur le Couvent des Carmes de Mende d'après les "Miscelanea atque Collectanea" du P. Bulle.

MANUSCRITS DE DIJON DE 1768 ET 1771.

Un religieux Carme, qui fut nommé prieur du couvent de Dijon en
1769, par le chapitre provincial de Lyon, le P. Robert Bulle a écrit sur

les maisons de son ordre établies en France deux volumes petit in-folio qui n'ont jamais été imprimés et se trouvent actuellement à la bibliothèque municipale de Dijon,

Ces deux volumes manuscrits portent un titre identique.

Miscelanea

atque

Collectanea

F. Roberti Bulle

Juniensis

L'un est daté de Vesoul, *Vesuntione*, 1768, l'autre de Dijon, *Divione*, 1771, et le dernier reproduit à peu près textuellement le premier.

L'ouvrage du P. Bulle est très intéressant et très documenté. Il a été rédigé d'après les archives, les registres, les délibérations de l'ordre des Carmes, et contient des renseignements précis et complets sur un grand nombre de monastères de cet ordre. Malheureusement les détails qu'il donne sur la maison de Mende sont des plus restreints; néanmoins ceux qu'il indique çà et là au cours d'autres études sont assez précis pour mériter une rapide nomenclature.

La date de la fondation du couvent des Carmes de Mende est signalée dans la *Series et ordo conventuum provinciæ Narbonæ de Monte Carmello*, sous la brève formule « n° 8, *Mimatensis Mende-circa* 1286 ». Ce monastère était donc le 8ᵐᵉ de la province de Narbonne par ordre chronologique et remontait à la fin du XIII° siècle. Le P. Bulle ne connait au surplus que très peu de chose sur ses origines et se borne à rapporter qu'en l' « an 1293, *prior hujus concentus erat pater Guilhelmus Bonnafosse* ». Il ne fournit ensuite aucun autre renseignement sur ce couvent jusqu'en 1579, tous les documents, pièces, archives ayant été détruits lors du sac, de l'incendie et de la prise du couvent par les troupes protestantes, il se contente de mentionner les noms de ses prieurs dans le tableau des *ordinationes priorum et regentium extracta ex registris* qui commence en 1460.

Le premier fait important relaté aux *Miscelanea* concerne les évènements de 1579 et est résumé en ces termes : *Anno 1579, prior hujus conventus erat M. Joannes Farcon* (1) *quo anno occupatus civitas ab haireticis irruentibus intempesta nocte in ipso natali Domini. P. Joannes Joyeuse, alias Moisset suspensis per verenda funibus torsus est, martyrioque superstes obiit anno 1591., 24 nov. concurrentibus episcopo clero, 27 incolis ad pompam funebrem, ut scripsit R M. Edmondus Mathevot provincialis in visitatione an. 1592.*

---

(1) Jean Farcon avait été élu prieur le 3ᵉ dimanche après pâques en 1579.

Le P. Bulle ne donne pas d'autres détails de la prise et du sac du couvent par les troupes de Merle ; il avait cependant sous les yeux les rapports du provincial Mathevot qui devait contenir de ce chef des renseignements précis. Car il est certain que ce religieux vint souvent visiter la maison de Mende pendant ces periodes troublées et fut intimement lié aux évènements d'alors. On en trouve du reste la preuve dans une courte biographie du P. Mathevot où le P Robert Bulle signale une de ses entrevues auprès des pouvoirs publics, sans en indiquer d'ailleurs les causes et la raison. « On raconte de lui, dit il, que « prèchant le carème pour la seconde fois en 1591 à Mende, il détourna « M. de Fosseuse, gouverneur de la ville et de la citadelle, grand séné « chal du Gévaudan, de l'horrible dessein qu'il avait de faire mourir « tous les principaux de la ville, car ayant appris cette résolution, il « s'exposa à la mort pour pénétrer dans l'hôtel du gouverneur, auquel « il représenta avec tant de prudence et de zèle, la grandeur du crime « qu'il allait commettre, qu'il l'en dissuada. »

Le Manuscrit des *Miscelanea* n'indique aucun fait saillant de la vie conventuelle des Carmes à Mende de 1591 à 1618, et ne fournit notamment aucun renseignement sur l'abandon des anciens bâtiments situés en dehors de l'enceinte, aux bords du Lot, et sur l'édification du nouveau monastère, dans l'intérieur des murs de Mende près de la citadelle. Le premier évènement qu'il rapporte après le martyr du P. Moysset, est l'abandon de l'ordre par le P. Legellé ou Lagellé. Cette abjuration d'un prieur renommé est l'objet de trois récits, les deux premiers en latin, et le troisième en français ; les deux derniers font partie de la biographie du provincial Berthelot.

Le premier est ainsi conçu :

An 1618; prior erat Natalis Lagellé, doctor Parisiensis, nepos R.M. Roberti Berthelot, demisso habitu recessit Amiliatum ad Calvini cathedram, post modum sacrilegis nupciis ad Maringos Arvernorum se-polluit, agensque extrema, cum frustra sacerdotem catholicum postulasset obiit in errore.

Le second est exprimé en ces termes :

Ex pluribus quos habitu nostro Robertus Berthelot induerat, Natalis Legellé, ex sorore nepos, quem ad studia in collegio Parisiensi et ad aliquos in provinciæ dignitates promoverat si non fine acerrimo animi dolore ablatus est, qui ad partes hereticorum transfuga misere extro ordinem periit.

Le troisième, écrit en français, s'exprime ainsi :

« Robert Berthelot était lié d'amitié avec St-François de Sales ; sa « vertu et sa patience avaient été beaucoup exercées par les désagré-

« ments qu'il reçut de la part de quelques uns qu'il avoit vêtus de l'ha

« bit de religion, particulièrement du P. Noel Legellé, son neveu, doc-

« teur de Paris et prieur de notre couvent de Mende (1), charge qu'il

« quitta en 1520 pour passer dans le parti des Calvinistes où s'étant

« marié, il mourut, dit on, dans son apostasie, à Maringue en Au-

« vergne. »

Le dernier renseignement fourni par le manuscrit de P. Bulle sur la maison de Mende a trait à la tentative d'un prieur mendois, le P. Blanchard, d'abandonner le couvent pour la solitude d'un désert, *Anno 1637*, dit-il, *Andreas Blonchard prior sesque ad annem sequentem, quo relicto pulpito, in quo per adventum et partem quadragesimum habuerat sermones, in gremum de Graville recessit.*

Dans une courte notice sur le P. Blanchard, devenu prieur de Dijon, le même incident est reproduit en français.

« André Blanchard, prieur à Mende en 1637, définiteur en 1632, re-

« ligieux fort exemplaire, d'un naturel doux et bienfaisant, extrémement

« amateur de la solitude, désireux d'établir un couvent où on observât

« la règle primitive de l'ordre, obtint du R. P. général, Théodore Son-

« tuis, à la demande de l'évèque de Bazas, la permission d'habiter

« avec d'autres Carmes au désert de Graville dans la paroisse ds Ber-

« nos du même diocèse et quitta pour cela son prieuré de Mende où il

« préchait avent et carème. Mais par la malice de méchant Charles de

« Labadie ce pieux établissement ayant été dissous presque dans son

« commencement de la manière rapportée dans la Bibliotheca carme-

« lita, tome 1, p. 71, le P. André Blanchard abandonna Graville, rentra

« dans la province et fut prieur de ce couvent (Dijon) en 1659, pendant

« 3 ans, lesquels finis, il demanda à se retirer au couvent de Besançon

« où 3 ans après il mourut, le 26 juin 1661, âgé de septante ans. »

Tels sont les seuls renseignements fournis sur les Carmes de Mende par ce volumineux manuscrit. Ils apportent une bien faible contribution à l'histoire locale, mais méritent néanmoins de retenir un instant l'attention de tous ceux qu'intéresse le passé du Gévaudan.

Emile REMY

---

(1) Noël Legellé avait succédé au prieur Pierre Mathieu lors des élections du 3ᵉ dimanche après paques de l'an 1618. Il fut remplacé par Jacob Garnier.

Epitaphe relevée sur deux pierres tombales existant dans l'ancienne chapelle des Capucins de Mende, (aujourd'hui chapelle de la Miséricorde, près le pont Notre-Dame). — (Voir séance du 9 juin 1911).

HIC .IACET.

IOANNES. ARTUS . DE . BAGLION
COMES . DE . LA . SALLE .
PERUSIA . PRINCIPU . PRONEPOS
FRANCISCI . LUGDUNENSIS
PRÆFECTI . FILIUS.
FRANCISCI . IGNATII PICTAVORUM
ANTISTITIS . NEPOS. . PETRI
MIMATENSIS EPISCOPI . FRATER
NOBILIUM . SUÆ . PROVINCIÆ
OLIM . PRÆTOR . QUI . IN . REGIIS
CASTRIS . INTER . ACCEPTA
VULNERA . DUX . QUONDAM.
INUICTUS . DIUTURNIS
PODAGRÆ . DOLORIBUS . VICTUS
SEXAGENARIO . MAJOR . OCCUBUIT
POSTRIDIE KALENDAS . JUNIAS
1713 . PIETATE . PATIENTIA
URBANITATE . SOLERTIA
PRÆCLARUS, APUD CAPUCINOS
SEPELIRI OPTAVIT,
UT ASSIDUIS . EORUM . PRECIBUS
DIE NOCTEQVE . POSSET ADIVUARI
IIS ADDE, TUAS, VIATOR
MORTEM MEDITANDO . ABI

HIC JACET

ÀLTÆ POTESTATIS . DOMINA
DOMINA . CATHARINA .
AUMAITRE BARONISSA . DE
St MARCEL . SARRES . PONET .
POTENTIS . VIRI . JOANNIS ARTUS
DE . BAGLION . COMITIS DE
LA SALLE CONJUX FIDELIS
OBIIT . AN . ÆTATIS SUÆ
48 SALUTIS 1716.
DIE . AUGUSTI . DECIMA SEXT
CORPORIS ET INGENII . CUNCTIS
DOTIBUS ORNATA EXIMIÆ
URBANITATIS . ERGA . SINGULOS
OMNIBUS . CHARA . DUM UIVERE'
IDEO . MORTUAM . PLAVXERUNT
OMNES JUXTA . SPONSI .
TUMULUM   SEPELIRI . VOLUIT .
II QUORUM . CORDA . CONJUGALIS
AMOR CONJUNXIT . IN . VITA
CINERES . POST MORTEM ETIAM
                CONJUNGAT
REQUIEM ÆTERNAM . IPSIS
VIATOR . DEPECARE

Ces deux épitaphes paraissent pouvoir être traduites de la façon suivante :

1

Ici repose Jean Artus de Baglion, comte de la Salle, descendant des
princes de Pérouse, fils de François, gouverneur de Lyon, neveu de
François Ignace évêque de Poitiers, frère de Pierre, évêque de Mende,
autrefois chef des nobles de sa province, qui, dans les armées du roi
général invaincu malgré les blessures reçues, mais vaincu par les
douleurs opiniâtres de la goutte, est mort plus que sexagénaire le lendemain des calendes de juin 1712 (c à. d. le 2 juin) remarquable par
sa piété, sa patience, son urbanité, sa loyauté, il voulut être inhumé

chez les Capucins afin de pouvoir bénéficier jour et nuit du secours
de leurs prières — A celles-ci ajoute les tiennes voyageur et passe en
méditant sur la mort.

II

Haute et puissante dame Catherine Aumaître, baronne de St Marcel,
Serres, Ponet etc., épouse fidèle de puissant Seigneur Jean Artus de
Baglion, comte de La Salle, décédée dans la quarantième année de son
âge, le seizième jour de l'an du salut 1716, ornée de tous les dons du
corps et de l'âme, d'une urbanité à l'égard de tous, chère à tous, pendant sa vie, c'est pourquoi tous la pleurent morte ; — elle voulut être
ensevelie près du tombeau de son mari — que l'amour conjugal unisse
après leur mort les cendres de ceux qu'il unit pendant la vie.

Passant implore pour eux le repos éternel.

Serments et mort de l'abbé Jean Tournemine, curé de Florac à la Révolution de 1789.

(ARTICLES PUBLIÉS PAR L'ABBÉ ALBERT SOLANET, PROFESSEUR AU GRAND
SÉMINAIRE DE MENDE DANS LA *Semaine Religieuse* DE MENDE, 1910
(Résumé dû a l'auteur)

L'abbé Jean Tournemine était curé de Florac au moment de la grande
Révolution. Il prêta, le 6 février 1791, conditionnellement serment à la
Constitution civile du Clergé, le fondant sur ce que plusieurs députés
de l'Assemblée Constituante, entr'autres le Président de la séance du
6 janvier 1791, Emery, avaient déclaré que par cette Constitution l'Assemblée nationale n'avait pas voulu toucher au spirituel, l'abbé Tournemine fit un serment purement politique. Ayant reçu le Bref du Pape
Pie VI du 13 avril adressé au Clergé et aux fidèles de France, portant
condamnation de la Constitution civile, il la lut, du haut de la chaire,
le 22 mai 1791, avec la lettre pastorale de Mgr de Castellane qui l'ac-
compagnait. Il refusa le même jour d'assister à l'Assemblée électorale
chargée de pourvoir à la vacance des cures, en remplacement des curés qui avaient refusé le serment ou dont le serment n'avait pas été
accepté.

Cette abstention et surtout la lecture qu'il avait faite du bref du Pape
et de la lettre de son Evêque, le firent traduire devant le tribunal du
district de Florac. Une enquête fut ordonnée, à la suite de laquelle
l'accusateur public demanda l'incarcération de l'abbé Tournemine.
Mais le commissaire du roi auprès du même tribunal fut d'avis qu'il
n'y avait pas lieu de le punir pour ce motif de sa liberté et les juges
prononcèrent son acquittement. L'enquête avait d'ailleurs aussi relevé

que l'abbé Tournemine avait dissuadé plusieurs de ses confrères soit de prêter le serment schismatique, soit de demander l'institution cano-nique à l'évêque constitutionnel,

Le serment de l'abbé Tournemine n'était pas agréé de tout le monde. Le 28 juillet 1722, la municipalité de Floroc se disant autorisée par le Directoire du dictrict, manda le curé pour lui faire déclarer que son serment était défectueux. L'abbé Tournemine dit qu'il avait réservé le spirituel dans son serment. Cette déclaration fut envoyée à l'adminis-tration départementale. Pour se défendre, l'abbé Tournemine se plaint dans un acte passé devant notaire et plusieurs témoins que la munici-palité de Florac n'avait pas qualité pour le rechercher sur son serment, que celui-ci avait été reçu par l'administration du district et qu'il était disposé à le réitérer dans la forme où il avait été donné. L'Administra-tion du département décida que l'abbé Tournemine ferait à nouveau le serment devant l'Administration du district.

Le curé de Florac se présenta, le 6 septembre, devant celle-ci, réitéra le serment tel qu'il l'avait prêté une première fois et y ajouta celui que venait de prescrire (le 16 août 1792) l'Assemblée législative obligeant de jurer de maintenir la liberté et l'égalité ou de mourir en les défen-dant. Les termes de ce serment ne visaient pas le spirituel. L'Adminis-tration du district reçut ce nouveau serment de l'abbé Tournemine. Ce qui n'empêcha pas la majorité des membres de l'Assemblée électorale de le considérer encore comme défectueux et de nommer un succes-seur à l'abbé Tournemine dans la personne du citoyen Soubal, vicaire à Trest.

L'abbé Tournemine attaqua cette élection pour vice de forme. Il fit valoir que l'Administration du district n'ayant pas jugé qu'il fallut opé-rer son remplacement, le procureur syndic du district n'avait pas, en conséquence, compris la cure de Florac parmi les cures vacantes. Or la loi du 17 octobre 1791 demandait que les assemblées électorales ne procèdent qu'à l'élection des cures portées comme vacantes par le pro-cureur syndic du district ou du département. L'administration départe-mentale reconnut valable l'opposition faite par le curé de Florac à la nomination du citoyen Soubal qui fut annulée.

A cette même époque, l'abbé Tournamine dut se défendre de l'incul-pation de correspondance avec les émigrés Une lettre dont l'écriture était contrefaite, datée du 5 août, que l'on prétendait lui être écrite par Fabre de Montvaillant, était arrivée à son adresse portant le timbre de Chambéry. Elle contenait le manifeste de Brunswick et l'annonce que deux armées ennemies allaient se rendre à Paris et une troisième en Bourgogne et à Lyon. La lettre fut saisie et le curé de Florac fut interrogé Il répondit qu'il n'avait jamais eu de correspondance en Savoie et il ne fut pas autrement inquiété

L'abbé Tournemine put donc continuer encore son ministère à Florac. Un decret du 21 avril 1793 avait encore aggravé les mesures contre les pretres. Il portait la peine de mort à subir dans les 24 heures contre les prêtres qui seraient denoncés pour cause d'incivisme par six citoyens du canton. Le Comité de surveillance de Florac fit arrêter l'abbé Tournemine qui, disait il, « avait toujours été un personnage suspect et n'avait cessé de donner des preuves de son incivisme ». L'arrestation est du mois de décembre 1793. Le 20 mars 1794 (30 ventôse an II) Châteauneuf de Randon, commissaire de la Convention en Lozére, décida qu'il serait jugé par le tribunal criminel du département. Mais l'accusateur public près de ce tribunal, Dalzan, craignant qu'à la faveur des récusations du jury, il ne fut acquitté et « n'échappât, écrit-il à Fouquier Tinville, à la punition, car certainement tu seras aussi bien convaincu que moi qu'il ne doit pas y échapper » le fit déférer au tribunal révolutionnaire de Paris. Le curé de Florac comparut devant une section de ce tribunal le 25 juin 1794 (6 messidor an II). Son acte d'accusation était dressé en ces termes « Tournemine est un des ennemis de la révalution, agent direct de l'infâme Castellane, evèque de Mende (massacré le 9 septembre 1792 à Versailles). Il n'a pas tenu à lui que le département de la Lozére ne fût livré à toutes les horreurs de la guerre civile. Tournemine ne prêta le serment exigé par la loi que pour pouvoir servir les trames et complots de l'evêque de Rome et des autres conspirateurs qui voulaient annuler la souveraineté et la liberté du peuple, avec les armes du fanatisme. C'est lui, en effet, qui était le distributeur, le colporteur de tous les ouvrages destines à corrompre et empoisonner l'esprit public. C'est lui qui lisait au prône les prétendues lettres pastorales et les prétendues bulles du Vatican, et qui défendait à tous les prêtres des communes environnantes de prêter le serment. Outre ces manœuvres contre revolutionnaires, Tournemine entretenait encore des intelligences et correspondait avec les émigrés » (1). Le jury conclut à sa culpabilité et les juges prononcèrent la peine de mort. Le curé de Florac subit la peine capitale le jour meme de sa condamnation, 14 juin 1794.

Dans les *Chroniques et Mélanges* de 1910, M. le D' Barbot a signalé la présence de sangliers en Lozére. Je peux intéresser mes collègues en rappelant ici le résultat de mes recherches sur cet animal.

(1) Archives nationales W 395, dossier 916.

Les espèces animales, comme les essences végétales, subissent, dans le cours des siècles, des oscillations dans l'étendue de leur aire d'habitation, oscillations dont nous ne connaissons encore que très imparfaitement les lois. C'est ainsi que les loups ont complètement disparu en Gevaudan, et que dans la Meuse, pays beaucoup plus peuplé, on ne peut arriver à les détruire. C'est ainsi que les aurochs, malgré les soins que l'on prend des rares individus qui composent l'espèce, se maintiennent à grand peine dans le parc impérial.

Les sangliers n'ont pas échappé à cette loi, et dans les trois premiers quarts du XIX' siècle, ils étaient rares en France. Le *Moniteur des Eaux et Forêts* de 1842 rapporte que l'on tua, dans la saison de chasse 1841 1842, 490 sangliers, dans la France entière. Ce chiffre es dépassé de beaucoup actuellement, rien que dans le département de la Meuse.

Depuis 30 ans environ, ces pachydermes ont fortement augmenté : beaucoup de régions qu'ils avaient dévastées les ont vus revenir en grand nombre : la Normandie, la Gascogne, etc. et aujourd'hui l'espèce est en pleine expansion.

La Lozère a subi la loi commune. D'après le P. Louvreleuil. on trouvait des sangliers dans la forêt de Mercoire et la *Statistique de la France* de Herlin (Tome I, p 302) dit que l'espèce, très commune avant la Révolution, avait complètement disparu.

Avant 1878 on ne trouve qu'une seule mention de ces animaux, mention qui prouve combien ils étaient rares, dans le *Journal de la Lozère*, 1853, p 64.

« Depuis quelque temps, on avait observé sur la commune de Ba-
« gnols-les-Bains, la présence d'un sanglier, et le 28 mars dernier, jour
« où le pays était tout couvert de neige, on put facilement le suivre et
« le tuer. Cette capture très rare depuis que le pays est déboisé, a été
« exploitée très avantageusement par l'exhibition qu'on en a faite hier
« à Mende, moyennant une petite rétribution et à laquelle ont pris
« part un grand nombre de personnes ».

Il faut arriver jusqu'en 1878 pour retrouver trace de ces animaux.

Le *Courrier* du 15 septembre rapporte la correspondance suivante, datée de Nasbinals du 10 du même mois :

« Samedi dernier une rare et superbe capture a été faite dans la
« montagne du Trap. Un sanglier sorti de la forêt d'Aubrac, était venu
« s'égarer au beau milieu d'une vacherie. Les ruminants firent mau
» vais accueil au vagabond pachyderme ; une vache lui donna la pour-
« suite et le transperça de part en part L'animal blessé s'enfuyait sans
« résistance comme frappé d'imbécillité, ne se servant plus de ses dé-
« fenses aiguées et de son boutoir formidable. Dans cette course in-

« conscient, il passa à côté de quelques montagnards qui l'attaquè-
« rent avec leurs bâtons. Un d'eux lui remit le coup de la mort et a
« entonné fièrement le hallali sur son cadavre. Puis on fit la curée et
« chacun vint vendre son contingent à Nasbinals au prix de 2 fr. le
« kilo. Nous nous sommes tous régalés ; car chaque famille a pu en
« avoir un morceau. La bête dépouillée pesait 45 kilos ».

Depuis cette époque, les mentions dans les journaux sont rares encore, mais on en trouve quelques unes. On a affiché des battues admi-
nistratives : mais jusqu'à présent les sangliers étaient restés peu communs, plutôt à l'état erratique.   P. WEYD

Culture du pastel

Sous l'Empire, l'impossibilité de faire venir des colonies certaines
matières indispensables donna un fort élan à l'industrie nationale, qui
dut chercher des succédanés. C'est à cette circonstance qu'est due la
découverte du sucre de betteraves qui fut si favorable au développement
des manufactures et de la culture du Nord. Mais les départements, en
apparence les plus déshérités, en tirèrent profit

C'est ainsi que pour remplacer l'indigo, le Ministre de l'Intérieur
prescrivit la culture du pastel. La Lozère devait donner un appoint de
40 h., qui devaient être tous remis à la fin de 1812 (1).

Cette plante (isatis tinctoria) est indigène en Lozère; elle se rencontre
dans certains endroits, notamment à Chaldecoste, où notre collègue,
M. Peyrou, l'a rencontrée. D'ailleurs, le pastel fut autrefois la grande
richesse d'un pays dont le nom est devenu synonyme d'une région
plantureuse : le pays de Cocagne.   P. WEYD

Nous avons relevé dans les journaux de la localité la mention des
aurores boréales qui ont été visibles à Mende. Nous en trouvons sept.

8 Novembre 1833 de 9 à 10 h. du soir.	(Journal 1833	p. 493).
18 Octobre 1836 à 9 h,	(id. 1836	p. 582).
22 Octobre 1839	(id, 1839	p. 589).
17 Novembre 1848 de 8 à 10 h. 1/2.	(id. 1848	p. 172).
14 Décembre 1862 entre 6 et 7 h.	(id.	20 décembre)
17 Décembre 1870 entre 6 et 10 h.	(Mon.	18 22 decembre).
4 Février 1872 à 6 h	(Mon.	11 février).

P. WEYD

(1) *Journal de la Lozère*, 1811, t. I, p, 259.

Chroniques et Mélanges

1911

Nouvelles d'il y a cent ans en Lozère
(suite)

— *Du 5 Janvier 1811.*

Le 3 de ce mois, ainsi que nous l'avions annoncé dans notre dernier numéro, la distribution solennelle des prix aux élèves du Collège de Mende a eu lieu dans la salle des exercices publics de cet établissement. Pour ajouter à l'éclat de cette cérémonie, qui offre toujours un nouvel intérêt aux pères de famille et aux amis des lettres, M. le Préfet, accompagné de M. le Maire, de MM. les Membres du conseil de préfecture et de la mairie, avait été la présider. Un grand concours de spectateurs s'y était également rendu. Après avoir prononcé le discours d'ouverture, M. Deliane, directeur du Collége, a proclamé la liste des élèves qui avaient mérité des prix ou des accessits, et les vainqueurs se sont approchés successivement de M. le Préfet, pour les recevoir. Cette distribution a été suivie de celle d'une croix donnée au premier en composition de chacune des cinq dernières classes. En rétablissant cette ancienne récompense, le bureau d'administration a voulu faire revivre ce genre d'encouragement dont l'expérience avait prouvé les heureux effets. Les élèves qui en ont été jugés dignes, ont également reçu, des mains de M. le Préfet, cette décoration. Cette cérémonie a été terminée par un discours de remerciements, au nom des élèves, qu'a prononcé M. Commandré, réthoricien. Le défaut d'espace nous force de renvoyer à un prochain numéro la publication de la liste des élèves couronnés.

— Observations météorologiques faites à Mende, par M. l'abbé Crouzon, pendant le mois de décembre 1810.

THERMOMÈTRE

Maximum, le 27. . —+ 7 d.   } *Medium* —+ 0 9/10
Minimum, le 31. . — 8 d. 3/3}

BAROMÈTRE, *à 8 toises au-dessus des eaux moyennes du Lot.*

Maximum, le 14. 25 p. 10 l. 3/4,   *Médium* 25 p. 7 l. 1/4
Minimum, le 8. 25 p. 1 l. 1/2}

Vents dominants : Nord-Ouest, Sud-Ouest.

Jours de pluie ou de neige : les 7, 11, 15, 16, 19, 24, 25, 29, 30, 31.

Quantité de pluie tombée : 1 pouce 4 lignes 1/4.

Quantité d'évaporation : 1 pouce.

Brouillards : les 6, 7, 26. Grand vend du Nord le 20.

Température : froide, humide.

A Monsieur le Rédacteur du Journal de la Lozère :

Monsieur le Rédacteur,

Voudriez-vous avoir la complaisance de donner une place dans votre Journal à l'observation suivante, que j'ai faite le 21 octobre 1810, en montant à l'hermitage de Saint Privat, près Mende ; elle est relative au phénomène du mirage, dont plusieurs physiciens ont parlé, et no·tamment MM. de Saussure et Biot.

J'étais parti vers les 6 heures du matin pour me rendre à l'hermitage de St-Privat, élevé d'environ 300 mètres au-dessus de la rivière du Lot. Le vallon de Mende, qu'arrose cette rivière, bordé des pentes rapides des montagnes de St-Privat, de Serre de l'Homme, de Flagic, de Chaldecoste et de la Rousselle, était couvert d'un brouillard épais qui voilait totalement le soleil. Arrivé au-dessus de cette masse de vapeurs condensées et stagnantes où se refléchissait le soleil, j'aperçus comme une nappe d'eau qui s'étendait depuis la commune de Badaroux jusqu'à celle de Barjac, environ 14.000 mètres le long du vallon, et dans laquelle le ciel, le sommet des montagnes et mon corps se peignaient dans une situation renversée, ce qui produisait un effet extrèmement pittoresque.

Le Baromètre à 25 p. 10 l. 1/2 à 8 t. au dessus de la rivière.

Plusieurs personnes qui ont parcouru la montagne peu après le lever du soleil m'ont assuré avoir remarqué le même phénomène.

J'ai l'honneur, Monsieur, de vous saluer,　　　　　Crouzon

— Du 10 Janvier 1811.

Voici la liste des élèves du collège de Mende qui ont été couronnés, le 3 de ce mois, à la distribution des prix (suite).

BELLES-LETTRES

Narration Française *Prix*, M. Commandré, de Mende. *1" Accessit*, M. de Ligonnès, de Mende. *2' Accessit*, MM. Bouteilhe, de Mende. Brun, de Ribennes.

Version. *Prix*, MM. Brun ; Salanson, d'Ispagnac, Commandré. *1" Accessit*, MM. Commandré, Bouteilhe, Brun. *2' Accessit*, MM. Salanson, de Ligonnès,

Thème. *Prix*, M. Salanson. *1" Accessit*, MM. Brun, Commandré, de Ligonnès. *2° Accessit*, M. Chevalier, du Tuffe.

VERS LATINS. *Prix*, MM. Brun, Commandré. *1er Accessit*. M. Nurrit, de Fontans. *2e Accessit*. M. Salanson.

MÉMOIRE. *Prix*, MM. Brun, Commandré, Malaval, de Mende. *Accessit*, M. Maliges, de Barjac.

TROISIÈME

VERSION. *Prix*, M. André, de Villefort. *1er Accessit*, MM. Michelet, de Chasseradès, Castanier, de Villefort. *2e Accessit*, MM. Persegol et Rebeyrolles, de Mende, Alexis Bonnet, de Châteauneuf, pensionnaire.

THÈME. *Prix*, MM. Persegol. Frédéric Paradan, de la Canourgue. *1er Accessit*, MM. Joseph Blanc, de Bedos, Monteils-Charpal, André Galtier, de Bahours. *2e Accessit*, MM. Mézi, de St-Germain, Raschas et Rebeyrolles, de Mende, Pansier, de la Garde-Guérin.

VERS LATIN. *Prix*. MM. Castanier, Rebeyrolles, *1er Accessit*, M Louis Crouzon. *2e Accessit*, M. Blanc.

MÉMOIRE. *Prix*, MM. Monteils-Charpal, Rebeyrolles, Mezi, Raschas, Persegol, Blanc. *1er Accessit*, MM. André, Bertuit *2e Accessit*, M. Crouzon.

QUATRIÈME

VERSION. *Prix*, M. Souchon, de Villefort. *1er Accessit*, MM. Martinet, de Mende, Charbonnel, de Serverette, pensionnaire, Ranc, d'Espinouze, Lasalce, du Malzieu, Gleize, de Mende. *2e Accessit*, M. Charles-Julien-Ignon, de Viviers (Ardèche).

THÈME. *Prix*, M. Lasalce. *1er Accessit*, MM. Charbonnel. Gleize. *2e Accessit*, MM. Souchon, Mathieu, de St-Alban, Solanet, de St-Préjet.

VERS LATINS. *Prix*, MM. Charbonnel, Souchon, du Born. *1er Accessit*, MM. Bergonhe, de Mende, Ranc. *2e Accessit*, MM. Tuzet, de Mende, Olivier, de Ste-Enimie, pensionnaire.

MÉMOIRE. *Prix*, MM. Bergogne, Bassuége, Olivier, Lasalce, Renouard. *1er Accessit*, M. Martinet. *2e Accessit*, M. Ignon.

— *Du 15 Janvier 1811*.

Fin de la liste des élèves du Collège de Mende qui ont été couronnés le 3 de ce mois, à la distribution des prix.

CINQUIÈME

VERSION. *Prix*, MM. Brouilhet, de St-Amans, Pratlong, de Castelbouc. *1er Accessit*, MM. Jaffard de Lajonquière, d'Ispagnac, Jassin, de Quézac. *2e Accessit*. MM. Rousset, de St-Alban, pensionnaire, Lavignole, du Bleymard, pensionnaire, Clément Chevalier, de Mende.

THÈME. *Prix*, M. Lajonquière. *1er Accessit*, MM. Rousset, Louis Jacques, de Mende. *2e Accessit*. MM. Martin, de Mende, Méjean, de Venède.

Mémoire *Prix*, MM. Rousset, Méjean, de Quézac, Méjean, de Venède, Sirvens. de Mende, Broulhet, Lavignole, Jaffard. *1er Accessit*. MM. Martin, Pelisse et Plagne, de Mende. *2e Accessit,*, M. Veyrunes, de Mende.

SIXIÈME de 1819

Version. *Prix*, M. Urbain Félix-Charles Florit de Corsac, de Mende, *1er Accessit*, M. Jean Pierre Gauzi, de St-Julien, *2e Accessit,* M. Eugène Salanson, d'Ispagnac.

Thème *Prix*, MM. Charles Rivière de Larque, Valgalier, et Jean-Antoine Louis Gustave Reboul, de Mende, *1er Accessit*, MM. Roupi, de Mende, Gauzi. *2e Accessit*, MM. Bouniol et Dufau, de Mende, Salanson,

Mémoire *Prix*, MM. Bouniol, Dufau, Chaptal, Rougi, Oudin, de Mende. *1er Accessit*, M. Rocoplan, de Mende. *2e Accessit*, M. M. Velay, de Mende.

SIXIÈME de 1811

Version. *Prix*, M. Eugène Boissonade, de Mende. *1er Accessit*, M. Antoine Rieu, de Langogne, *2e Accessit*, MM. Camille Baldit et Dominique Chevalier, de Mende, Jean-Antoine-Isidore Vincens, de St Alban.

Thème. *Prix*, M. Becamel, de Mende. *1er Accessit*, M. Chevalier. *2e Accessit*, M. Baldit.

SEPTIÈME

Prix, MM. Eugène Olivier et Jean-Antoine Benoit, de Mende. *1er Accessit*, MM. Louis Martinet et Alexandre Pichaud, de Mende. *2e Accessit*, M. Auguste Coste, de Villefort, pensionnaire.

— *Du 20 Janvier 1811.*

Mercredi dernier, les amateurs de musique se sont réunis, à 9 heures du soir, à l'hôtel de la préfecture, et y ont exécuté un concert et une cantate à l'occasion de la fête de M. Florens, préfet du département, Plusieurs dames et plusieurs messieurs s'y étaient également rendus pour partager l'empressement des musiciens et prendre part à cette fête de famille. Des fleurs, des couplets et des vœux ont été offerts à ce magistrat, non moins chéri des Lozérois pour le rang qu'il occupe, que pour ses vertus personnelles La musique de la cantate, dont la composition est de M. Sauvage, père, organiste de la cathédrale, et les paroles de M. Amans Sauvage, fils, vérificateur des poids et mesures, est d'un bel effet. Le dernier couplet a été chanté par Mlle Henriette Florens, qui, en offrant son cœur et celui de ses sœurs, au lieu de bouquet, est devenu l'interprète des sentiments de toutes les personnes que cette fête avait réunies.

— *Du 20 Avril 1811.*

Le général de division comte de Lagrange, grand-officier de la légion

d'honneur, inspecteur général de la gendarmerie, à qui S. M. l'Empereur a confié le commandement des colonnes mobiles de deux divisions
militaires, est arrivé dans cette ville mercredi dernier; et en est parti
hier pour se rendre dans le département de l'Ardèche. Comme on n'é-
tait pas prévenu de son arrivée, on n'a pas pu lui rendre les honneurs
dus à son rang ; cependant MM. les Membres des différentes autorités
ont été lui présenter leurs hommages.

— La colonne mobile envoyée dans ce département se compose de
deux compagnies du 2ᵉ régiment d'infanterie de ligne suisse et d'un
détachement de gendarmerie à cheval ; elle est commandée par M. le
chef d'escadron Bardin. Nous rapportons aux *Actes de l'Autorité* l'avis
que M. le Préfet vient de publier à l'occasion de l'envoi de cette force
armée.

— Un nouveau détachement de conscrits de 1811 de ce département,
fort de 86 hommes, est parti hier pour la même destination que le
précédent.

— *Du 10 mai 1811. (Mende)*.

En creusant la terre, il y a environ huit mois, dans un enclos de
cette ville, on a trouvé deux monnaies anciennes : l'une d'or et l'autre
d'argent. La première est un florin de Pierre, roi d'Aragon ; et celle
d'argent, un denier delphinal. Les deux monnaies paraissent apparte-
nir au XIIIᵉ siècle. Les rois d'Aragon possédaient dans le Gévaudan
plusieurs villes, châteaux et terres, qu'ils cédèrent à St Louis, roi de
France, en 1257. Le florin présente sur une face la figure de St-Jean-
Baptiste ; la légende porte ces mots, en lettres gothiques : s. IOHANNES B.;
c'est-à-dire *Sanctus Joannes Baptista*, St-Jean-Baptiste Le revers offre
une fleur-de lys ouverte ; on y lit ces mots : ARAGO, REX P.: c'est à-dire,
Aragoniæ rex Petrus, Pierre, roi d'Aragon. Le dernier delphinal est
presque fruste , on apperçoit d'un côté un dauphin couronné, et sur le
revers une croix : les lettres non effacées sont aussi gothiques.

(Extrait du *Journal de la Lozère*, 1811.

(A suivre).

Pierre AGULHON.

Protestation au sujet des réparations à certaines églises de la Lozère

Dans le Numéro du 5 Novembre 1911 du *Courrier de la Lozère*,
quelques lignes sont consacrées à la réfection de l'église de St-Alban
et au « blanchissage » devant compléter les réparations.

La Société, dans sa dernière réunion, a émis à l'unanimité de ses membres, un vote de protestation contre ces badigeonnages successifs qui constituent — de la part même du Clergé lozérien qui devrait être le premier à le comprendre — une atteinte sacrilège à la beauté de nos vieilles églises. (Protestation déjà formulée dans les Chroniques de 1910. page 12).

Origine du nom des Cévennes

Le géographe grec Strabon (né vers 53 av. J. C.) et, après lui, Ptolémée désignent les Cévennes par le nom de *Kemmenon. Festus Avienus* parle de la *Cimenice regis*, « mons dorsa celsus ». Avienus est un écrivain tardif puisqu'il vivait au IVe siècle, mais il a utilisé le périple du phénicien Himilcon dont le voyage eut lieu vers 500-480 avant J. C. César dit *Cevenna ;* Pline *Cebenna ;* les manuscrits de Pomponius Mela portent *Cebennici* ou *Gebennici montes.*

Donc, l'ancien nom des Cévennes est double, d'un côté Kemmenon et son dérivé Cimenice, de l'autre Cebenna ou Cevenna.

Tout le monde est d'accord pour reconnaître à cette seconde forme une origine celtique. On l'a rapprochée du mot gallois *Cevyn* « dos » dont le sens s'applique naturellement à l'énorme échine que forme la chaine des Cévennes au centre de la France. (1).

Quant au Kemmenon de Strabon, Desjardins n'avait voulu y voir qu'une transcription grecque défigurée du Cevenna de Cesar. Tel n'est pas l'avis des philologues et des celtisants les plus autorisés, de d'Arbois de Jubainville et de Camille Julian, entre autres.

Ils l'ont rapproché du nom d'une ancienne ville de Ligurie sise au sommet d'une croupe, *Cemenelum,* aujourd'hui Cimiez, dans la banlieue de Nice (2) ; Et aussi des *Saltus Ceminii* de Tite-Live.

« Ces montagnes ceminiennes aux forêts profondes qui bloquaient au Nord les regards des riverains du Tibre ». (3).

Ces deux derniers noms sont de langue ligure : on en peut probablement dire autant de Kemmenon qui serait donc le plus ancien nom des Cévennes.

Et. Fages.

(1) Dottien, *Manuel,* p. 70.
(2) d'Arbois de Jubainville, *Les premiers habitants de l'Europe,* 2e éd.. II, p. 182
(3) C. Jullian, Histoire de la Gaule.

BIBLIOGRAPHIE

Æsculape. — *Revue nouvelle illustrée.* Paris, Rouzaud, 1911. — Puech (Dr P.). — *La Bête du Gévaudan,* (n[os] de décembre 1911etjanvier 1912).

Reproduction de la communication faite par l'auteur à l'Académie des Sciences et Lettres de Montpellier, avec un portrait du Dr Puech et des reproductions de plusieurs gravures de l'époque, relatives à la Bête.

Agulhon (Pierre). — *Guide des Etrangers à Mende.* Brochure in-16 de 68 pages, avec 40 gravures, plans ou cartes. — Mende, Renouard, 1911.

C'est ce qui a été fait de mieux jusqu'à présent, en fait de Guide, pour faire connaître aux Etrangers — et aux Mendois eux mêmes — ce qu'il faut voir à Mende et aux environs. En un style primesautier, l'auteur promène rapidement le lecteur dans le dédale de nos vieilles rues, pénètre dans nos rares monuments, donne quelques détails historiques et archéologiques, fournit d'abondants renseignements et, à sa suite, chacun a tôt fait de connaître le passé, les monuments et les curiosités naturelles de notre pauvre coin du Gévaudan. L'auteur a utilisé avec profit les travaux de ses devanciers mais avec discernement et sans faire œuvre de plagiaire.

Son travail sera lu et gardé sur un rayon de bibliothèque. Car c'est mieux qu'un Guide, c'est une élégante plaquette, ornée de dessins d'une facture toute originale et encadrés d'un texte d'une lecture agréable où l'on retrouve tout l'esprit et toute l'imagination de l'auteur.

Almanach du Soc. 1911. Marvejols, Guerrier. (4e année).

Armanac de Louzero. 1911. Mende, Pauc. (11e année).

Astruc (Abbé). — *Biographie de M. Raoul-Hébert de la Roquette.* Brochure in-8, Mende, Pauc, 1910.

Barbot (D[r]). — *Pages inédites de l'Histoire de Marvejols.* En cours de publication dans l'*Echo des Montagnes,* Marvejols, Vieilledent, imp.

Bessodes (Jean). — *Le Pays d'Aubrac.* Une exploitation agricole sur l'Aubrac lozérien.

Brunel (Jean). — *Etude historique sur Mathieu de Merle et sa famille.* Brochure in-8 de 96 pages, Privat, 1891.

Brunel (Cl.) — *Inventaire des Archives de la Lozère* — Série O (Administration communale) et Série P (Finances). 1 op. in-4°, Mende, Privat 1911.

— *Liste alphabétique des notaires dont les minutes sont conservées aux Archives départementales de la Lozère.* (Extrait des comptes-rendus du Conseil général, session de 1911,, p. 107-112), Mende, Ignon-Renouard.

Travail publié par M. Brunel, archiviste, à l'aide des fiches établies par M. le Dr Barbot, MM. Philippe et Fages, archivistes. Cette liste sera d'une grande utilité pour les chercheurs.

Club Cévenol (Revue illustrée du). XVIIe année, 1911.

Courrier de la Lozère. — Mende, Privat.

— Foulquier. — *Notes biographiques sur le clergé desservant des paroisses comprises dans les trois anciens archiprétrés de Barjac, Javols et Saugues.* (N^{os} du 16 janvier 1911 et suivants).

Avec une inlassable ardeur notre Collègue continue la publication de ses longues recherches sur les Paroisses et le Clergé de notre ancien Gévaudan ; mais il est regrettable qu'il n'ait pas mieux utilisé et mieux connu tous les travaux publiés à ce jour pour en extraire la quintessence dans ses Notes, ceci surtout à propos des pages relatives au canton de Marvejols, où il s'est borné à rééditer les erreurs de Denisy.

Croix de la Lozère. Mende, Pauc.

— Chaulhac (Charles). *Guy de Chaulhac.* (n^{os} des 11 et 17 décembre 1911).

— X... *Un archevêque Lozérien* : Mgr Pierre Sabadel, archevêque de Corinthe. (n° du 14 décembre 1911).

Mgr Sabadel (le Père Pie) est originaire de Langogne.

Moniteur de la Lozère (Le). Ignon-Renouard, Mende.

— Devaux (Capitaine E.). — *La Pêche en Lozère.* (N^{os} du 29 janvier 1911 et suivants).

Article fort intéressant pour les chevaliers de la gaule, mais dont les deux premiers chapitres, sorte de préambule sur l'histoire, le climat et l'hydrographie de notre région, sont d'une exactitude relative.

Petit Lozérien (Le). Journal politique hebdomadaire. Marvejols, Guerrier. (N° 1, 5 mai 1911).

— Fillon (P.). *Notre Lozère*. Poésie parue dans les numéros des 20 août et 5 novembre 1911.

Poncelet (Albert). — *Les Actes de St-Privat du Gévaudan dans* Analecta Bollandiana. t. XXX (1911), pp. 428-421.

Réfutation du classement des Vies de St Privat établi par M. Remize.

Puech (Dʳ P.). — *Qu'était la Bête du Gévaudan?* Brochure in-8, de 22 pages. Imprimerie générale du Midi, 1911.

L'auteur y soutient les théories suivantes : la Bête n'a jamais existé ; à un animal sanguinaire on a rapporté ce qui était l'œuvre de plusieurs loups, de mystificateurs et surtout d'un fou sadique. Toutes les opinions sont respectables mais l'auteur de la brochure soutient des hypothèses par trop hardies qui laisseraient croire que nos ancêtres n'étaient que des imbéciles ou des mystifiés, que les Chroniques de l'époque, relatives à la Bête, sont l'œuvre de farceurs, que les Délibérations des Etats du Gévaudan sont apocryphes, ce qui serait un peu excessif.

D'ailleurs, déjà la critique locale a répondu à l'auteur : Voir *La Croix de la Lozère*, nᵒˢ des 10 décembre 1911 et 7 janvier 1912. *Le Courrier de la Lozère*, nᵒˢ des 15 et 19 octobre 1911.

Semaine Religieuse (La). — Mende, Privat, 1911.

— Solanet (Albert). *Agrandissement et ameublement des églises des Cévennes après la Révocation de l'Edit de Nantes.*

Devis de travaux et ordonnance de Mgr de Piencourt publiés d'après les Archives départementales.

Soc (Le). — Marvejols, Guerrier.

— X... *Nasbinals pendant la Révolution*. Notes et souvenirs. (suite et fin). (Nᵒˢ des 8 et 22 janvier 1911).

— Mourgues (l'abbé). — *Les étapes des Pélerins en Gévaudan* (nᵒ du 16 avril 1911).

L'auteur se lance dans des hypothèses hardies que n'appuie aucune référence : il fait des antiques *Drayes et Camis roumis* des chemins de pélerinage, mais ne produit aucun texte pour confirmer sa thèse. Il paraît d'ailleurs ignorer le travail publié sur la matière par André, archiviste.

— *Gabalus.* — *Bertrand de Cénaret* (n° du 30 avril 1911).

Article déjà publié. croyon-nous, par la *Lozère pittoresque* ; l'auteur, notre Collègue et Collaborateur, isolé dans un bourg des Cévennes, aurait tout avantage à pouvoir fréquenter les Archives où il trouverait d'amples moissons à faire pour compléter les documents qu'il a pieusement amassés pendant de longues années passées en Lozère.

Vérité Lozérienne (La). Imprimerie nouvelle, Mende.

— X... *Conte de Noël : Le Col des trois sœurs.* (n° du 25 décembre 1910).

— X.. *Contes Gévaudanais : Le Pont de Bayard* (n° du 26 février 1911) ; — *La Dame de Mirandol* (n°ˢ des 5, 12, 19 et 26 mars, 2 avril 1911) ; — *Les Fées de la Borne* (n°ˢ des 9 et 16 avril 1911).

WEYD (Paul-Marie). — *Les Forêts de la Lozère.* 1 vol. in-8 de 416 pages. Lille, Taffin-Lefort, 1911.

Ouvrage d'une vaste érudition écrit par un homme du métier. Notre savant Collègue, Inspecteur des Forêts à Mende, a profité de son séjour en Lozère pour dépouiller nos Archives et celles de l'Administration. De ses Notes, il a extrait la matière d'un curieux travail, écrit en un style personnel, vif et alerte, qui en facilite la lecture.

L'Auteur ne nous pardonnerait pas de faire son éloge ; nous nous bornons donc à citer les chapitres où il traite de la statistique, des produits du sol. du régime et de la répartition des Forêts, de la vie des Agents, de la Forêt et des hommes. Son étude sera précieuse non seulement à ceux qui s'intéressent à notre histoire, à nos mœurs, à notre caractère, mais surtout aux forestiers qui voudront rapidement connaître notre pays — leur séjour y étant en général fort court et insuffisant pour y susciter les améliorations désirables — et profiter de l'expérience de leurs prédécesseurs. C'est un beau et utile travail tout à la fois et qui honore notre Société.

Dʳ BARBOT

Chroniques et Mélanges
1912

Une députation du Collège électoral de la Lozère chez l'Empereur. — 1812

A la veille de son départ pour la campagne de Russie (1), Napoléon Iᵉʳ, était il inquiet, et a-t-il fait provoquer des envois d'adresses par ses agents des départements, pour s'assurer du loyalisme de ses sujets ? — La chose est fort probable.

Nous ne voulons pas aujourd'hui examiner ce point d'histoire, qui, certainement, a dû être déjà traité, avec plus d'érudition et de compétence que nous, par quelques uns des nombreux historiens du César Empereur, nous voulons tout simplement rappeler un fait historique qui, à cent ans de distance, intéressera les lecteurs du *Bulletin*.

Le 4 mars 1812, le Collège électoral du département de la Lozère, réuni à Mende sous la présidence du comte Pelet de la Lozère (2), nommait une députation chargée de porter une adresse au pied du Trône.

Six députés furent élus ; MM. Bonnet-Mazimbert, adjoint au maire de Villefort ; Laporte-Belviala, conseiller à la Cour Impériale ; Paradan, président du canton de la Canourgue ; Rivière-Delarque, maire de Mende et Bonnet Labarthe, propriétaire à Mende.

M. Bonnet Mazimbert ayant réuni le plus grand nombre de suffrages fut proclamé président de cette députation.

Le 5 avril 1812, le Préfet de la Lozère M. Florent écrivait en ces termes à l'un des membres de la députation, M. Paradan :

« J'ai l'honneur, Monsieur, de vous prévenir que je viens de rece-
« voir par le Courrier de ce jour l'ordre de son Excellence le Ministre

---

(1) L'Empereur partit pour Dresde le 9 mai 1812.

(2) Le comte Pelet de la Lozère était, à ce moment là, Conseiller d'Etat à vie, commandant de la Légion d'honneur et chargé du 2ᵉ arrondissement de la Police générale de l'Empire.

Il était sur le point de marier son fils — maître des requêtes au Conseil d'Etat, et administrateur général des Forêts de la Couronne, avec la fille du comte Otto de Mosloy, ambassadeur d'Autriche.

« de l'Intérieur, de vous faire connaître que la députation du Collège
« électoral du département auprès de sa Majesté Impériale et Royale
« doit être rendue à Paris le 16 de ce mois pour être présentée, à sa
« Majesté Impériale et Royale, le dimanche suivant, 19.

« Comme vous êtes un des membres de cette députation, je vous
« notifie l'avis de son Excellence, vous priant de m'en accuser récep-
« tion.

« J'ai l'honneur, Monsieur, de vous saluer avec une parfaite consi-
« dération ».

M. Paradan fit viser son passeport par le sous-préfet de Marvejols
M. d'Espagny, le 7 avril et il ¦se trouva à Paris le 13 avril suivant
ainsi que le prouve une invitation à dîner chez le Ministre de l'intérieur, comte de Montalivet (1) portant la date de ce jour. — L'invitation était pour le 17. à 5 h. 1/2 précises.

Le même M. Paradan fut ensuite invité à dîner — avec les autres
membres de la députation — chez le Grand Maréchal du Palais (2),
aux Tuileries, le 1ᵒ, à 6 heures ; chez le Prince et la Princesse de
Neuchatel (3), le 25, à 6 heures 1/4 ; chez le Comte et la Comtesse
Pelet de la Lozère, au Conseil d'Etat, le 27, à 5 heures 1/2.

Entre temps, les membres de la députation,avaient eu une audience
du Ministre des Finances, duc de Gaëte (4), le 24, à midi.

Il est probable que ces Messieurs regagnèrent la Lozère le 28 avril,
car le passeport de M. Paradan est visé le 27. — Bon pour retourner
à la Canourgue — par le Préfet de Police, baron de l'Empire.

Une Note pour les présidents des députation des Collèges Electo-
raux, nous indique tout le cérémonial imposé aux députés, en pareille
circonstance.

Voici la copie textuelle de cette Note :

« Lorsque Messieurs les Présidents sont arrivés à Paris, ils doivent
» faire visite avec les membres des Députations au Prince, vice-grand
« Electeur et au Ministre de l'Intérieur.

« Ils doivent ensuite venir demander au grand Maître des Céré
« monies les renseignements qui leur sont nécessaires.

Ils remettent au grand Maître :

« 1. — Deux copies de l'adresse du Collège Electoral.

« 2. — Une liste de tous les députés avec leurs noms, qualités et
« et demeures.

(1) Le comte de Montalivet était Ministre de l'Intérieur depuis 1809.
(2) Duroc duc de Frioul, grand Maréchal du Palais depuis 1804.
(3) Maréchal Berthier, vice-connétable, major général de la grande
Armée, prince de Neufchâtel, de Valingen et de Wagram.
(4) Gaudin, duc de Gaëte, Ministre des Finances de 1799 à 1814.

« Les Députations rendront aussi visite aux Princes grands Digni-
« taires, au Ministre de la Police, au grand Maréchal et au grand
« Chambellan.

« Lorsque le grand Maître leur a écrit pour les avertir du jour où
« ils doivent se rendre au Palais, les Présidents écrivent à Madame
« la Maréchale, duchesse de Montebello, Dame d'honneur de l'Impé-
« ratrice, pour lui annoncer qu'ils sont présentés à l'Empereur, et
« qu'ils sollicitent la même faveur de l'Impératrice.

« Ils doivent rendre visite à la Dame d'honneur, dès qu'ils l'ont
« priée de demander leur présentation à l'Impératrice.

« Les fonctionnaires publics qui ont des biens dans le département
« et qui se trouvent à Paris peuvent s'adjoindre à la Députation.

« Les électeurs qui ne sont pas fonctionnaires publics et qui ne font
« pas partie de la Députation ne peuvent pas s'y adjoindre.

« Lorsque la Députation est introduite, les députés font trois révé-
« rences, le Président lit l'adresse à haute voix, il ne peut point
« prononcer de discours, ni lire autre chose que l'adresse.

« Aucune pétition ne peut être présentée pendant la durée de cette
« première audience ; s'ils veulent en présenter, ils peuvent le faire
« après la messe, en audience publique.

« Les députés doivent être vêtus en soie ou en velours, les magis-
« trats peuvent porter, en soie ou en velours, leur costume.

« Lorsque les Députations sont présentées à l'Impératrice, les Pré-
« sidents ne prononcent pas de discours et ne lisent pas d'adresse ».

Il est regrettable que le texte de l'adresse ne nous soit pas parvenu,
il nous aurait renseigné, sur l'état d'esprit des dirigeants de la Lozère,
au commencement de cette année 1812, qui devait si mal finir pour le
régime Impérial et pour la France.

J. D'ESPARRON.

Beaucaire, Janvier 1912.

Anderitum

A l'époque romaine les Gabales avaient pour chef-lieu Anderitum, (1)
dont le nom unissait deux termes assez fréquents dans l'onomastique
celtique.

Le premier *ande* — qui se retrouve dans le vieil irlandais *ind* et
dans le breton *an*, — est considéré comme un préfixe augmentatif. Il a

(1) Aujourd'hui Javols, com. de l'arrondissement de Marvejols.

servi à former de nombreux noms propres (Andebrennos, Andebro-
cirix, Andecamulos, Anderex, Anderoudos, etc).

Le terme *ritum* s'est conservé dans le vieux gallois *rit* « gué ».

On a relevé sept localités ou le mot *ritum* entre pour une part :
cinq en France, une en Angleterre et l'autre sur les bords du Mein (1).

Anderitum signifie donc « grand gué ». Appellation qui surprend
un peu, car le Triboulin sur les bords duquel s'élevait la Cité est
aujourd'hui, une bien modeste rivière partout guéable. Le gué primitif
peut avoir dû son importance soit au passage d'une route fréquentée,
soit à la présence de marécages aujourd'hui disparus.

Et, à ce propos, on peut se demander quelles raisons avaient fixé à
Anderitum le chef-lieu des Gabales. La vallée large et bien ouverte
où s'étendait la Ville exclut toute idée d'une cité fortifiée, d'un lieu de
refuge en cas de danger, tel que Gergovie,Bibracte, Avaricum, Lutèce,
Alesia, ou tels que Grèzes (2) et Mont Milan (1), dans le Gévaudan
même.

Ne pouvaient militer en faveur de l'emplacement de Javols que sa
situation bien centrale, son accès facile en pleine région de paturages,
le passage d'une route familière au commerce (2) et, enfin la présence
d'une de ces sources minérales si courues des Gallo-Romains.

Les sources de Javols indiquées par plusieurs auteurs, sont inex-
ploitées et leur composition n'a jamais été étudiée, que nous sachions.
L. Bonnard, dans son ouvrage sur la Gaule thermale, remarque que
parmi les édifices exhumés dans les fouilles de M. de Moré « il en est
un qui était très vraisemblablent destiné à des bains, et dont la disposition particulière semblerait plutôt convenir à un établissement
médical qu'à des thermes ordinaires (3).

Ajoutons que parmi les objets recueillis à Javols et conservés au
Musée de Mende on remarque un certain nombre de statuettes en terre
blanche, intactes ou à l'état fragmentaire, appartenant à deux types
différents : une Vénus nue, debout, et une Déesse Mère, assise dans un
fauteuil d'osier. Or voici ce que dit de ces figurines Bonnard dans
l'ouvrage cité plus haut :

« Trois types fournis fréquemment par les stations thermales et
quelquefois par les sources ou les piscines elles-mêmes, semblent
avoir eu un rapport direct avec les eaux médicinales, les vertus qu'on

---

(1) G. Dosttin, *Manuel pour servir à l'histoire de l'antiquité celtique*, 1906, pag. 88, 92 et 331 ; Holder, *Alt celtischer, Sprachschatz*,
I, 146.
(2) La voie d'Agrippa réunissant Lyon à Toulouse passait à Javols.
(3) L. Bonnard, *La Gaule thermale*, 1908, pag. 383. — Cf. de Moré,
dans le Congrès archélogique de France, XXIV° session, 1857.

leur attribue et les hommages qu'on avait coutume de leur rendre. Ces trois types sont [par ordre de fréquence] les Vénus, les Déesses Mères et des représentations assez énigmatiques d'enfants à la figure souriante ».

Et. Fages

Un manuscrit nouveau
de la vie de Saint-Hilaire de Gévaudan

Le manuscrit 1711 de la Mazarine (anc. 1319) constitue un recueil hétérogène de Vies de saints, dont les diverses parties, écrites à des époques différentes, furent reliées ensemble, au XVII° ou XVIII° siècle, pour la bibliothèque des Carmes déchaussés de Paris.

La première partie (fol. 1 à 2d7), la seule qui nous intéresse, toute entière d'une seule main, a été copiée au XI° siècle. En tête, mais d'une écriture du XIV°, on lit : *Iste liber est Sancti And.* : nom de quelque abbaye dédiée à Saint André. Il se pourrait que ce recueil eût été composé en Gévaudan. En effet, en plus de la vie de Saint Hilaire qui va nous occuper (fol. 42 v° à 45) on y trouve la Passion de Saint Privat (fol. 154-156), la Vie de Sainte Thècle (181 v°) qui avait une chapelle à Mende (1), celle de Saint Prix ou Saint Préjet à qui étaient dédiées, dans le diocèse, les deux églises de Saint Préjet du Tarn et Saint Préjet d'Allier. Autre remarque : la vie de Saint Hilaire est suivie immédiatement de celle de Saint Romain, prêtre et moine. Or, le corps de Saint Romain fut, avec ceux de Saint Hilaire et de Saint Patrocle, envoyé par l'église de Toulouse à l'abbaye de Saint Denis en 636 en échange du corps de Saint Sernin.

La vie de Saint Hilaire a été imprimée trois fois : par l'abbé Charbonnel au *Bulletin de la Société d'Agriculture de la Lozère*, par l'abbé Pourcher, dans son *Livre de Saint Privat*, enfin, en 1864, par le P. V. de Buck dans le *Acto Sanctorum,* au tome XI d'octobre, p. 638.

Cette dernière, seule, a droit au titre d'édition. Non pas qu'elle soit parfaite, à loin près. Les prolégomènes contiennent quelques erreurs qui ont déjà été relevées. Le texte lui même est médiocrement établi. Le P. de Buck n'a connu que quatre manuscrits appartenant à deux familles distinctes. Entre l'une et l'autre, il n'a pu se décider, et a

---

(1) Sainte Thècle souffrit le martyre en Perse, l'an 347, avec sa compagne Sainte Enneim, qu'on a proposée d'identifier avec la Sainte Enimie du Gévaudan.

choisi, parmi les variantes, un peu au hasard. Notre manuscrit constitue, à lui seul, une troisième famille, et ses variantes qui sont assez nombreuses, mais toutes de forme, permettront au prochain éditeur de nous donner un texte plus sûr.

De plus, notre Vie commence par un exorde qui ne se retrouve nulle part ailleurs, mais qui devait exister dans l'original. En effet, les autres manuscrits ou, du moins, trois d'entre eux (1) débutent ainsi : *Beatus itaque Hilarius*. Or, *itaque* suppose une affirmation préalable.

Enfin, dans notre manuscrit, la dernière phrase de la Vie manque. Elle est remplacée par un paragraphe relatif au transfert à Saint Denis des restes de Saint Hilaire, et qu'on n'avait rencontré jusqu'ici que dans un manuscrit de la Bibliothèque de Mende. Le P. de Buck avait attribué tout ce passage à Guy de Castres, abbé de Saint Denis de 1326 à 1350.

Cette attribution est désormais inadmissible.

Avant de terminer cette note, nous voudrions attirer l'attention sur une hypothèse que soulève le rôle monastique de Saint-Hilaire.

Sa vie nous apprend qu'il fonda un monastère, et que, suivant l'habitude du temps, il lui donna une règle. Ce monastère s'élevait très vraisemblablement sur les rives du Tarn.

Or, il existe une règle monastique anonyme du VIe siècle, éditée sous le nom de *regule Tarnatensis* (6). L'influence des règles de Cassien et de Saint Césaire d'Arles et des constitutions de Lérins y est flagrante, ce qui ne saurait étonner si on veut bien l'attribuer à notre Saint Hilaire De plus, les détails matériels qu'on y rencontre s'appliquent parfaitement à une localité des rives du Tarn, telle qu'Ispagnac où a existé, jusqu'à la la Révolution, un monastère dont l origine est inconnue.

Nous croyons donc qu'on peut légitimement proposer l'attribution à Saint Hilaire de la Tarnatensis. Ce n'est là qu'une hypothèse, mais plus vraisemblable, en tous cas, que les identifications proposées avec Agaune ou Ternay (3).

ET. FAGES

(1) L'éditeur de la vie de Ste Enimie (*A. SS.* tome III d'octobre p. 409), nous avertit que ce manuscrit de la Vaticane possède un exorde qui manque au manuscrit de Rouge Cloître. De ceci le P. de Buch ne nous dit rien. Mais nous croyons qu'il faut en conclure que le ms. de Rouge Cloître est incomplet au début, car en marge du texte des Acta on ne voit pour les premières phrases aucune variante tirée de ce dernier manuscrit.

(2) Le Cointe, *Annales ecclesiastici*, I, 521-33 ; Migne, *Patrologie*, LXVI, 477-936.

(3) Dom Besse, *les moines de l'ancienne France*, I, 58.

— Pierre Agulhon —

Plan cavalier de la ville de Mende, au XVI' siècle

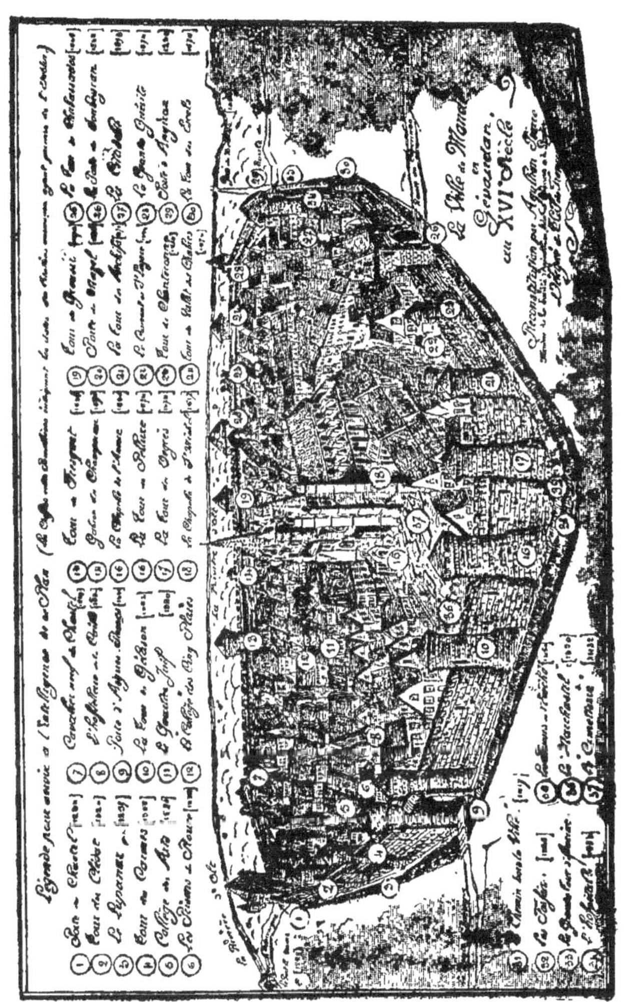

Entièrement établi d'après les documents de l'époque et le travail
du D' Barbot sur *Les anciennes Fortifications de la Ville de Mende.*
(*Bull.* de 1903).

Chronique et Mélanges
1912

Un député Lozérien à la fête du 1ᵉʳ vendémiaire an 9 à Paris (23 septembre 1800).

La fête du 1ᵉʳ vendémiaire, nous dit M. Thiers, dans son histoire du Consulat et de l'Empire, était l'une des deux fêtes que la Constitution de l'an 8 avait conservées.

« Le premier Consul voulut que celle de l'an IX se distinguât par
« un caractère patriotique et sérieux de toutes celles qui avaient été
« données pendant le cours de la Révolution, et surtout qu'elle fût
« exempte du ridicule attaché à l'imitation des usages antiques dans
« les temps modernes. Il imagina donc de faire placer ce jour là sous
« le dôme des Invalides la dépouille du grand Turenne, qui avait été
« sauvée des profanations, lors de la violation des tombes de St-Denis.
« La fête devait être ensuite complétée par la pose de la première
« pierre du monument consacré à Kléber et Desaix.

« Pour ajouter à l'éclat de ces deux cérémonies, il imita quelque
« chose qui s'était pratiqué à la Fédération de 1790, et il demanda à
« tous les départements de lui envoyer des représentants qui par leur
« présence donnassent à ces fêtes un caractère, non pas seulement Pa-
« risien, mais national.

« Les départements s'empressèrent de répondre à cet appel et de
« choisir des citoyens distingués, que la curiosité, le désir de voir de
« près le calme succédant au trouble, la prospérité aux misères de
« l'anarchie, le désir surtout d'approcher, d'entretenir un grand hom-
« me, attirèrent en foule à Paris. » (Thiers).

Cette fête fut imposante et magnifique et il est certain qu'elle dût produire une grande impression sur les députés de province.

M. Paradan, membre du Conseil général de la Lozère (1), fut désigné

(1) François Sylvestre Paradan de Malbosc, avocat au Parlement de Paris, né à la Canourgue en 1762, mort en 1826. Il joua un rôle politique important dans la Lozère, au commencement de la Révolution et sous le Consulat et l'Empire. Il avait été nommé membre du Conseil général par arrêté du 1ᵉʳ Consul du 14 prairial an 8.

pour aller y assister, et y représenter son département. Le 12 fructidor an 8 (29 août 1800) le préfet de la Lozère lui écrivait la lettre suivante :

> « Au citoyen Paradan, membre du Conseil général
> « de la Lozère.

« Le premier magistrat de la République a conçu, citoyen, la sublime « pensée de réunir à la fête du premier vendémiaire prochain des dé- « putés de chaque département, pour cimenter à jamais l'indissoluble « union de tous les membres de la grande famille nationale.

« Qu'il sera majestueux ce spectacle, ce concours de citoyens levés, « réunis à la voix d'un jeune héros qui, le front ceint de lauriers, dé- » plore les malheurs de la guerre, dédaigne les flateuses illusions de « la gloire, présente aux ennemis de la France la palme et l'olivier, et « commande dans l'intérieur le rapprochement des citoyens aigris ou « égarés.

« Connaissant, citoyen, votre moralité, vos talens, votre attachement « sincère au gouvernement républicain, joints à la confiance dont vous « jouissés dans ce département, je vous ai désigné pour assister à « cette fête, vous invitant d'être rendu à Paris au plus tard le 3ᵉ jour « complémentaire conformément à la lettre du ministre de l'Intérieur « du 1ᵉʳ de ce mois dont je vous envoie copie. (1)

« Vous vous réunirés, citoyen, à tous les députés des départements « pour jetter ensemble les fondemens d'une arche d'alliance impérissa- « ble, vous verrés de près un gouvernement paternel et bienfaisant, « qui s'occupe sans relâche du bonheur de la France, et à votre re- « tour vous ferés part à vos concitoyens des sensations délicieuses que « vous aurés (2) éprouvées à la vue d'un spectacle aussi touchant.

> « Je vous salue,
> « GERPHANION ».

M. Paradan se rendit à l'invitation du Préfet et se trouva à Paris aux jours fixés, ainsi que l'établit un passeport qui lui fut délivré à la Canourgue le 18 fructidor an 8 (5 septembre 1800). Nous avons re- trouvé dans ses papiers la carte d'entrée personnelle dans tous les Etablissements publics. qui lui fut remise à son arrivée à Paris, ainsi qu'une lettre-proclamation (3) portant la signature manuscrite de Lu- cien Bonaparte, ministre de l'Intérieur, qui lui fût donnée, avant son retour, dans la Lozère. Ce dernier document porte en tête une vi-

---

(1) Nous n'avons pu retrouver cette pièce.
(2) Les fautes d'orthographe sont dans le texte du document.
(3) Ou bien « lettre-manifeste ».

gnette très finement gravée, représentant une Républiqne assise sur un siège antique.

Voici la copie textuelle de cette intéressante pièce :

« Paris le 11 vendémiaire (1) an 9 de la République Française,
« une et indivisible.

« Les Consuls de la République

« Au Cⁱᵉ Paradan, envoyé du département de la Lozère pour assister « à la Fête du 1ᵉʳ vendémiaire an 9.

«. Les Consuls ont vu avec satisfaction votre empressement à vous « rendre à la fête du 1ᵉʳ vendémiaire ; il est pour eux la preuve de « l'intérêt qui vous attache au Gouvernement, le gage de celui qu'ils « doivent attendre de vos concitoyens ; mais il est aussi pour vous un « nouvel engagement de les seconder.

« Rentrez dans votre département ; vous direz ce que vous avez vu, « ce que vous avez éprouvé, l'heureux accord des sentiments et des « vœux, et une confiance générale dans les |magistrats que la Nation « a choisis pour la gouverner ; vous direz que l'unique ambition, l'uni- « que étude de ces magistrats, est de fermer tontes les plaies de la « France, d'assurer son repos et sa gloire, de rendre à l'agriculture, à « l'industrie et au commerce leur éclat et leur prospérité,

« Qu'ils ne connaissent entre les citoyens d'autres distinctions que « celles qu'y mettent les vertus et les talens,

« Que pour eux, les mauvais citoyens sont ceux qui veulent avancer « à la fortune par d'autres moyens que ceux du travail et d'une hon- « nête industrie,

« Qu'en administration leurs maximes sont invariables, stabilité « dans les principes, et point d'autres principes que ceux qui sont « avoués par la sagesse des temps, ceux que leur propre expérience a « vérifiés, et que dix années de révolution et de malheurs leur ont ap- « pris à respecter.

« Quand on supposera au Gouvernement des projets d'innovation, « répétez bien à vos concitoyens que ce sont de vains bruits, dernière « ressource d'une malveillance impuissante.

« La politique du Gouvernement est connue de toute la France : ob- « tenir la paix par des conditions modérées et des mesures rigoureu- « ses. Il n'en veut point d'autres ; mais c'est aux Français à soutenir « ces mesures par une attitude digne d'eux.

« Au dedans comme au dehors, les succès ne peuvent être l'ouvrage « d'un jour.

(1) 3 octobre 1800.

« Ce que quelques instants ont détruit, il faut toujours des années
« entières de travail pour le réparer.

« Mais ces succès seront le résultat infaillible de la constance du
« Gouvernement dans ses principes et dans ses vues, et de la confiance
« des citoyens dans les premiers Magistrats.

« Les premiers magistrats ont déjà obtenu de cette confiance des
« preuves qui sont bien chères à leur cœur ; et ils lui doivent bien plus
« qu'à leurs efforts les évènements prospères qui ont couronné leur
« entreprise.

« Que cette heureuse expérience encourage et développe encore ce
« sentiment ; que les citoyens se serrent tous autour de ce Gouverne-
« ment que la haine des ennemis extérieurs recommande aux vérita-
« bles amis de la patrie ; qu'ils s'unissent avec lui pour vaincre les
« derniers obstacles qui retardent encore le triomphe de la France et
« de la liberté.

« Pour vous, citoyens, vous n'oublierez point les liens d'affection qui
« vous unissent désormais aux membres du Gouvernement ; en ac·
« courant avec autant d'empressement à leur voix, vous leur avez
« donné le droit de compter toujours sur le même zèle et de vous de-
« mander de nouvelles preuves de votre dévouement.

« Le Ministre de l'Intérieur,

« L. BONAPARTE ». (1)

Les documents que nous venons de reproduire appelleraient bien
des réflexions, et mériteraient d'être commentés, mais nous ne le faisons pas, car ce serait nous écarter du but que nous nous sommes
proposé, qui est de rappeler tout simplement un fait historique suscep·
tible d'intéresser les lecteurs du Bulletin de la Société.

J. D'ESPARRON.

A ces documents se trouvaient joints des reproductions photographi-
ques du commencement et de la fin de la proclamation de L. Bonaparte
et de la carte d'entrée personnelle qui seront insérés dans l'exemplaire
destiné à la Bibliothèque de la Société.

(1) Lucien Bonaparte, frère de Napoléon Iᵉʳ. prince de Canino, resta
ministre de l'Intérieur pendant 10 mois après le 18 brumaire.

Quelques mots sur les inondations et les éboulements en Lozère.

Dans le cours de mes recherches sur les forêts, j'ai relevé un certain nombre de fiches concernant les inondations. Ces documents n'offriraient d'intérêt, que mis en œuvre dans un grand ouvrage sur les reboisements, travail que la brièveté de mon séjour à Mende ne m'a pas permis d'entreprendre.

Je ne veux cependant pas que le fruit de mes recherches soit complètement perdu, et j'indiquerai ci-dessous les diverses sources locales où l'on pourra puiser, pour écrire l'histoire de ce fléau, qui dévaste, périodiquement le Gévaudan. Cet article se termine par les récits des avalanchés et des éboulemeuts et par quelques faits saillants.

Sous l'Ancien Régime, le pays eut à subir des inondations en :

1705 (*Moniteur*, 16 septembre 1884).
1706 (*Etats du Gévaudan*, t. VI, p. 368).
1707 (ibid. p. 378).
1723 (ibid. p. 568-579.
1728 (ibid. p. 695).
1732,-1733 (ibid. p. 724).
1783-1784-1788.

Inondations en novembre 1793 (Doc. Rev. Soc. pop. Mende, 1 et 2 frimaire II).

Les habitants de St-André-Capcèze se plaignent de ce que ce fléau ravage le pays tous les trois ou quatre ans, notamment les 17 et 18 ventose X (Arrêté préfectoral, 24 ventose).

En l'an XI, inondations à Balsièges (Con. préfet t. II, p. 409) et à St-Bauzile (ibid. 512-514).

Le presbytère et l'église du Collet-de-Dèze endommagés par les ravines (ibid. 19 février 1811, n° 1105).

Voir Annuaires 1867 et 1885.

Voici les références des divers périodiques locaux, qui rapportent des faits de cette nature.

Journal de la Lozère. — Pour ce journal, la lettre qui suit le millésime indique le tome, et le chiffre, la page.

XI1. 12, 268. — XII. B. 122, 210, 217. — XIII. A. 214. — 1806. B. 62. 70, 239. — 1807. B. 211. — 1708. B. 198, 219, 214, 258. — 1809. A. 68. — 1810. A. 239. — 1811. A. 253, 260. — 1813. B. 67. — 1815. A. 52, 76.

B. 39. — 1816. A. 240, 863. — 1820. B. 12, 198. — 1823. A. 34, 225. —
1824. A. 180. 245. — 1925. A. 311, 328, 334, 388, 463, 523, 546, 554. —
1827. 48, 166, 337, 347. — 1829. 328. — 1831. 282, 296, 342, 365, 386. —
1833. 110, 425. — 1834. 305. — 1835. 289. — 1837. 397, 482. — 1839.
566, 617. — 1841. 73. 457. — 1842. 37, 62, 81. — 1844. 84, 292, 327. —
1846. 200, 392, 402, 422, 427, 436, 501. — 1847. 226. — 1849. 125, 157. —
1851. 107, 112, 117. — 1854. 219. — 1855. 183. 1856. 6, 13, 94, 98 . —
1857. 191.

Moniteur de la Lozère. — 30 juin, du 29 septembre au 17 novembre, 8, 15 décembre 1866. — 27 janvier, 29 juin, 19 novembre 1867. —
19 septembre, 24, 31 octobre 1867. — 28 novembre, 1868. — 14 septembre 1884. — 25 septembre 1887. — 6, 27 janvier, 6, 29 juin 1889. —
28 septembre, 12, 19, 26 octobre 1890.

Courrier de la Lozère. — 27 septembre, 25 octobre. 1, 12, 22. 22, 29
novembre 1860. — 24 février, 12, 19 septembre, 14 décembre 1869. —
10 mars, 2 juin, 14 juillet 1870. — 5, 12 novembre 1871. — 11, 25 janvier 15, 18, 22, 25 février, 14, 25 mars, 7 avril, 12, 30 mai, 1, 4, 8 août,
20, 24, 27, 31 octobre, 28 novembre, 1, 5, 8, 12, 18, 29 décembre 1872.
— s, 5, 12 janvier, 20, 23, 27 mars, 18 septembre 1873. — 5, 15 mars,
26 juillet, 27 août 1874. — 12, 17 mars, 21 mai, 30 juin, 11 juillet, 1 septembre, 27 octobre, 3, 5. 7, 12 novembre 1875. — 4 février, 1, 5 mars,
13 juillet, 31 août, 17, 21 décembre 1876. — 7, 11 janvier, 15 octobre
1877. — 11, 18 août, 13, 24 octobre, 1, 5 décembre 1878. 25, 28 septembre, 5 octobre 1890. — 14 juin, 25, 29 octobre 1891. — 8 juillet 1897. —
13, 17, 20 novembre 1898. — 20 août, 9, 12, 26 novembre 1899. — 30
août, 6, 30 septembre, 4, 7 octobre 1900.

Progrès de la Lozère. — 6 octobre 1872. — 20 mars, 11 août 1873.

Propagateur de Florac. — 26 septembre 1866.

Echo des Montagnes. — 17, 21 juin 1849. — 20, 27 juin, 25 juillet, 8
avril, 8 août, 26 septembre 1852. — 15 juin 1856. — 2 avril 1865. — 24
février 1867. — 27 septembre 1868. — 6 octobre 1871. — 26 septembre,
27 octobre 1872. — 3 octobre 1876. — 13 juin 1887. — 5 septembre
1888.

Ces indications sont données sous toutes réserves, car je n'ai procédé
à aucune vérification.

EBOULEMENTS ET AVALANCHES

Le 7 pluviose XIII (27 janvier 1805) entre 5 et 6 heures du soir, une
roche d'une grosseur énorme s'est détachée de la route de St-Laurent

à l'Hospitalet, et a écrasé la maison de Jacques Donadieu, de Nozières, commune de l'Hospitalet (XIII. A. 213). (1)

Dans la nuit du 8 au 9 novembre 1808, une avalanche prodigieuse eut lieu à la montagne qui domine la source du Vivier à Florac, les rochers, les graviers et les arbres qui descendirent dans le torrent furent entrainés avec tant de forces que dans un moment, le lit s'en trouva encombré (1808. B. 214).

Le 27 janvier 1815, une jeune fille du village des Fonts, commune de Balsièges, se rendant dans un village voisin, avait à parcourir un petit sentier dominé par un rocher ; une masse considérable s'en détacha tout à coup et écrasa cette jeune fille infortunée et blessa le berger de sa maison, qu'on lui avait donné pour l'accompagner (1815. A. 52).

Le 22 mai 1816, une fille de Prunières, occupée à garder ses vaches, étant surprise par la pluie, fut chercher un abri sous un grand rocher qui tout d'un coup se détacha et la déroba à la vue de plusieurs personnes. Frappées de cet évènement, elles accoururent à son secours ; on croyait cette fille écrasée et morte ; néanmoins, on pratiqua une petite ouverture et elle se fit entendre. M. le curé, prévenu de ce qui se passait, se transporta sur les lieux et après avoir écouté sa confession par cette petite ouverture et lui avoir donné les consolations que la religion seule peut donner dans des circonstances aussi critiques, on se mit en mesure pour la tirer du danger ; on prit toutes les précautions convenables et on parvint à la faire sortir saine et sauve de cette masse énorme (1816. A. 240).

Il y a peu de temps qu'une masse considérable de rochers schisteux, minée à sa base par les pluies ou la neige, s'écroula tout à coup sur le chemin communal de Badaroux à Nojaret, entre le Valat de Buisset et celui de Banacho, sans causer d'autre accident que celui de l'encombrement de ce chemin, dont la communication a été interrompue pendant quelques jours (1827. 48).

A Chaylard l'Evêque, le dimanche 16 mai 1847, un jeune homme avait été voir sa sœur. Vers les deux heures de l'après-midi, au moment où il sortait de la maison, une pierre d'un poids considérable qu'on croit avoir été mue par des enfants qui jouaient, a sauté d'une hauteur voisine et lui a fracassé la tête (1847. 226).

(1) Lorsque le périodique n'est pas indiqué, il s'agit du *Journal de la Lozère*.

Le jeudi avant le 3 décembre 1854, des ouvriers maçons extrayaient
de la pierre dans une carrière ; l'un d'eux travaillait sous une espèce
d'excavation. lorsque le terrain supérieur, ramolli par l'humidité cons-
tante qui règne depuis quelque temps, s'est éboulée et a tué le maçon
(1854. 219).

A la fin du mois de mars 1856, il se produisit une avalanche, qui
prenait les proportions d'un phénoméne géologique.

Le flanc de la montagne qui domine le hameau de Fourriés et le
moulin de Recoulettes a fait un mouvement d'environ 50 mètres sur
les rives du Lot. Le terrain qui s'est ainsi déplacé a une largeur de 600
mètres à la base et une hauteur en projection horizontale de 950 m.

Fourriès, la Concque et le moulin de Recoulettes ont disparu dans
le cataclysme. Il est impossible de reconnaître leur emplacement. La
route impériale qui les traversait a été soulevée, contournée bizarre-
ment, défoncée ou détruite sur une longueur de 570 mètres. Le mouvement de la montagne a commencé le samedi matin 31 mai, il ne s'est
arrêté que 48 heures après. Pendant cet intervalle, la population de
Barjac et de Cénaret a été dans la consternation. Les habitants de
Barjac craignaient d'être engloutis sous les débris de la montagne qui
s'avançait lentement, mais d'une manière très menaçante, et ceux de
Cénaret d'être entrainés sous l'éboulement, qui se propageant de proche en proche semblait devoir atteindre leur village. Les uns obser-
vaient dans une cruelle anxiété les soulèvements et les affaissements
qui se succédaient dans le bois à mesure que le côteau cèdait à la force
intérieure qui le poussait vers eux, qui le déchirait, qui le bouleversait
dans tous les sens ; les autres dispersés sur le bord du nouveau pré-
cipice nouvellement ouvert à côté de leurs habitations, avaient les
yeux fixés sur les crevasses prêtes à s'ouvrir sous leurs pieds, reculant
à mesure qu'elles s'agrandissaient, et tous tremblaient d'effroi, lorsqu'après avoir cédé peu à peu, les grands quartiers de rochers, roulant
avec un horrible fracas, que répétaient au loin les échos d'alentour,
allaient se briser et s'amonceler dans le vide qui succède au glisse-
ment des couches argileuses fortement détrempées.

Leurs voisins de la Roche n'étaient pas moins alarmés d'une grande
avalanche qui touchait à leur village et faisait continuellement des
progrès, ni ceux des Cayres, de quelques crevasses qui s'ouvraient
autour de leurs maisons.

M. le Préfet, M. Rimbaud, conseiller de Préfecture, M. Lefranc,
ingénieur ordinaire, faisant fonctions d'ingénieur en chef et M. le
Commandant de la gendarmerie se sont rendus sur les lieux pour
aviser aux mesures d'ordre que comportent les circonstances.

Le mal est très grand dans la commune de Barjac, mais il n'est rien en comparaison des dangers qui ont menacé quatre grands villages. Ils eussent été détruits si la pluie avait persisté avec la même intensité un ou deux jours de plus. Heureusement personne n'a péri ni à Fourriès, ni à Concques, ni au moulin de Recoulettes. Le propriétaire à Fourriès, averti à temps, s'était convaincu de l'imminence et de la gravité du danger. Il avait déménagé son mobilier. Les habitants de la Concque et du moulin de Recoulettes, trop confiants dans la stabilité du sol qui les portait, n'ont pas suivi l'exemple de leur voisin, malgré les plus vives instances ; ils ont perdu une grande partie de leur mobilier et une quantité notable de grains, qu'ils auraient pu sauver.

Environ 50 hectares de très bonnes propriétés situées entre Cénaret, Barjac et le Lot, ont été soulevées et bouleversées sur une profondeur de 15 à 20 mètres et resteront pendant plusieurs années à peu près improductives. Celles qui ont été couvertes de rochers sont vouées pour toujours à la stérilité...

L'avalanche de Barjac attire tous les jours de nombreux curieux ; on accourt en foule pour jouir du pittoresque qu'elle présente et qu'on ne peut pas trouver ailleurs. Vu du château de la Vigne, elle forme un paysage à plusieurs plans d'un ensemble magnifique. Par la dureté des lignes, l'irrégularité des formes et la vivacité des couleurs, les roches nouvellement mises au jour contrastent admirablement avec les tons doux et calmes des côteaux voisins et surtout avec la végétation luxuriante des champs inférieurs. Vues de prés, ces ruines d'une montagne étonnent par leurs proportions grandioses, leurs détails variés et la multiplicité de leurs accidents, comme par l'idée de la force immense qui mouvait une si grande masse. Il ne sort rien de comparable de la main de l'homme, la nature seule peut aller jusque là ». (1856. 98).

Un de ces jours, on entendait dans Balsièges et dans ses environs un fracas épouvantable et bientôt on en connut la cause, Un bloc de rocher énorme s'était détaché près de la chapelle de St-Théodore, située au sommet de la montagne qui fait face à Balsièges, avait fait en dégringolant des bonds prodigieux, renversé un piquet du télégraphe, détérioré la route, st s'était creusé, en reposant sur la terre molle, un lit de plus d'un mètre de profondeur. Heureusement, personne ne passait sur la route au moment de la chute du rocher ; mais l'on craint toutefois que de l'endroit où ce bloc s'est détaché, il ne s'en détache encore d'autres qui ne paraissent pas solidement assis, et il est probable que l'autorité prendra des mesures pour éviter des accidents (*Moniteur* du 3 mars 1866).

On rapporte de Langogne au *Moniteur*, le 20 janvier 1867, un accident d'éboulement sur la ligne du P. L. M. (26 janvier 1867).

Le 18 mars 1873, à deux heures du matin, le village de Pomaret fut réveillé en sursaut par un grand fracas, bientôt suivi de cris désespérés. Un quartier de roche s'étant détaché de la montagne qui domine le hameau, vint s'abattre sur la maison Bauzedat, qu'il enfonça du toit au rez-de-chaussée. La veuve Bauzedit et un de ses fils, âgé de 17 ans, ont été ensevelis sous les décombres ; les dégats sont considérables. » (*Progrès*. 23 mars 1873).

LES CRUES DU MERDENSON

Ce vieux torrent mendois, dont le nom dit assez quel est l'état de son lit aux périodes de calme ne se réveille que très rarement

Le 8 novembre 1808, il fit des siennes (*Journal* 1808. B. 210), mais il resta si tranquille pendant les années suivantes que l'on croyait qu'il avait pris un nouveau cours du côté du Valdonnez : aussi lorsque le 22 septembre 1825, on le vit reparaître, cet évènement attira un grand nombre de curieux (*Journal*. 546).

En 1856 nouvelle crue (*Journal*. 1856, p. 6) et en 1866.

Enfin je l'ai vu couler en 1907.

PONT NOTRE-DAME

Il fut endommagé par la crue du 17 au 18 mai 1811. « Une grosse pièce de bois entrainée par le courant de l'eau est venue frapper contre l'avant bec de la principale pile de ce pont, et l'a beaucoup endommagée ; elle s'était engagée dans une crevasse qu'elle avait formée, et si l'on n'avait employé de suite les moyens de la dégager, il est à craindre qu'elle eût entrainé la chute d'une partie du pont » (*Journal*, 1811 p. 253). Le 17 octobre 1846 (*Journal*, p. 427) ce vieil édifice eut encore à souffrir.

PÊCHE BIZARRE

Le 18 prairial XII (7 juin 1804) le Lot subit une crue soudaine ; les matières minérales tuèrent le poisson : « de toutes parts, dit le *Journal* (an XII , tome 2, p. 122) les habitants des villages riverains étaient à pécher avec des paniers et des corbeilles qu'ils plongeaient et retiraient de l'eau toujours avec fruit ; on ne peut évaluer la quantité de poissons qu'on a prise de cette manière ; elle est énorme, à en juger par celle prise par les habitants de Badaroux, qu'on assure être de quatre à cinq quintaux, dont la majeure partie est de truite ».

En février 1843 (*Journal*, p. 81) un jardinier retira du Lot, au pont de Montbel, une vache qui se noyait, à l'aide d'un harpon qui la saisit aux cornes.   P. WEYD

CHAPTAL

(1756-1832) (1)

Mesdames, Messieurs,
Chers Elèves,

A portée de notre ville, quelques kilomètres plus loin que Badaroux,
niche, dans la verdure des bords du Lot, le petit hameau de Nojaret.
C'est l'une de ses fermes, bien humble, qui le 3 juin 1756 devint le
berceau d'une des gloires les plus vives et les plus pures de notre Gévaudan et de notre France, de Jean-Antoine Chaptal, savant illustre,
homme d'Etat éminent, cœur admirable, dont j'ose me proposer de
retracer aujourd'hui le génie et la grande âme devant vous, Lozériens.

J'ai cru que vous parler d'un enfant de ce pays, si défectueusement
que je le fasse, devait vous intéresser. Notre contrée sait entre toutes
garder des gloires qui l'illustrèrent la passion forte et vivace. L'histoire
de Chaptal n'est pas, il est vrai, toute en nos lieux. Mais n'est-ce pas
en ce sol que le grand homme puisa les qualités de son hérédité, à cette
terre que s'attachèrent les souvenirs de son enfance, toujours si beaux
et si frais en notre cœur.

Je n'ai pas oublié que c'est à vous, chers élèves, que doit aller une
grande part de ce discours, et j'ai pensé que rien ne saurait être plus
préférable pour guider votre travail et votre vie que l'exemple de
Chaptal, l'un de vos condisciples, et le plus grand que vous ayiez eu.
C'est des bancs de votre Collège, par l'énergie d'un labeur opiniâtre,
qu'il s'est élevé à la célébrité de savant et de ministre ; mais ce n'est
pas seulement pour parvenir que vous devez l'imiter. C'est pour la di-

(1) Discours d'usage prononcé à la distribution des prix du Collège
de Mende en 1910 par M. Ponceau, alors professeur de cet établissement et dont, en retour des encouragements et des facilités trouvés
auprès de notre Société et de son président, qui l'en remercient, il a
bien voulu leur faire hommage.
Un certain nombre de passages supprimés pour la lecture publique
afin de ne pas excéder le temps prévu, ont été heureusement rétablis.
La Rédaction

rection de votre vie que sa pensée doit également vous accompagner, car nul ne fut plus haut par les qualités du cœur, nul à tout instant plus généreux, plus dévoué à sa patrie et à ses compatriotes, à tel point que son œuvre entière ne se comprend qu'à la lumière des vertus de l'homme.

Telles sont les raisons qui m'ont guidé dans le choix de mon sujet, et que j'ai cru devoir vous exposer, trop longuement peut être, mais pour que vous pénétriez bien les intentions de ce discours.

Suivons maintenant les étapes d'une si noble et si glorieuse carrière.

I

Et d'abord parcourons ces premières années où Chaptal, jeune paysan en sabots, fut tout à nous.

Il naquit en 1756 dans un pays rude, d'une famille simple, d'aisés et honnêtes cultivateurs, et grandit, ne connaissant que les champs, dans lesquels il gardait les troupeaux de son père. Sans doute dut-il à ces rustiques origines l'amour de la terre, et, en même temps que l'endurance du corps, l'opiniâtreté de l'esprit. Peut-être aussi un sentiment plus tard développé chez lui à l'extrême, l'amour des hommes, lui vint-il en souvenir de la vie difficile de ses débuts.

Jusqu'à dix ans son éducation fut peu soignée. Il fut placé à cet âge chez un prêtre de notre ville, qui, l'ayant initié aux éléments du latin, le mit en état d'entrer en cinquième à notre collège, aux mains alors des Pères de la Doctrine Chrétienne. Il y resta jusqu'à la rhétorique inclusivement, à la tête de la classe, révélant déjà la distinction de son intelligence et l'activité de son travail.

L'enseignement reçu profita-t il toutefois pour une large part à sa formation ?

Les études secondaires n'étaient guère alors que des études littéraires, pour la raison que la plupart des sciences n'étaient encore qu'à l'A B C de leur développement. Le résultat, nous dit Chaptal lui-même dans les mémoires qu'il a laissés, fut qu'il apprit le latin de manière à pouvoir expliquer sans embarras les auteurs classiques les plus faciles. Et il ajoute « Tout ce qu'on apprenait d'histoire et de géographie s'oubliait pendant les vacances, par la mauvaise méthode d'enseigne ment qui ne consistait qu'à apprendre des mots sans les fixer dans la mémoire par l'inspection d'un globe ou d'une carte ».

Bien défectueuse fut par conséquent cette instruction et ne laissant rien préjuger de l'avenir de Chaptal, mais au moins peut-on assurer

que cette culture littéraire eut pour effet d'assouplir son esprit pour
des études plus solides.

II

Je me suis complu à ces débuts, parce qu'ils sont pour nous la partie
ja plus proche, la plus intime de la vie qui nous occupe. Prenons maintenant le jeune homme, émancipé de son pays et menons-le jusqu'au
moment où il fut prêt pour son éclatante carrière.

Les qualités de la riche nature de Chaptal, puisées dans notre milieu,
mais à l'étroit peut-être en lui, allaient désormais s'épanouir. Ce ne
fut pas sans vicissitudes cependant qu'il découvrit sa voie et la période
où nous entrons sera celle de luttes parfois violentes entre des tendances diverses de son esprit. Nous n'avons qu'à nous louer toutefois de
cette lente éclosion, car elle n'en fut que plus mûre et plus complète.

Au sortir de Mende, Chaptal était allé au Collège de Rodez. Un oncle qu'il avait à Montpellier, Claude Chaptal, éminent praticien de cette
ville, s'était intéressé de bonne heure aux succès du jeune élève et avait
formé le rêve d'en faire son successeur. C'était lui qui venait de déci
der le déplacement de son neveu, connaissant la réputation distinguée
du professeur de philosophie de Rodez. Voici donc le jeune homme
à son nouveau Collège, éblouissant condisciples, maîtres, notabilités de
la région par les thèses qu'il soutenait des heures durant, contre les
personnages les plus redoutables en argumentation. Il était en passe
de devenir un gymnaste de l'esprit et de la parole.

Cet entraînement à la scholastique retarda le développement plus
solide de son intelligence. Après deux ans à Rodez en effet, Chaptal
étudiant, appelé à la succession future de son oncle, se faisait inscrire
à la faculté de médecine de Montpellier.

A l'audition des savants maîtres de cette école alors célèbre dans
l'Europe entière, il fut pris de passion pour la physiologie. « Mais »,
nous dit-il, « l'habitude que j'avais contractée à Rodez d'argumenter
et de disputer sur tout me donnait un goût privilégié pour les systèmes.
je discutais avec pédanterie le pour et le contre de toutes les hypothèses, je prenais constamment le contre-pied de l'opinion de mes cama-
rades ».

« Système puéril d'ergoterie », ajoute t-il, dont heureusement lui
fit mesurer l'inanité sa liaison avec un jeune médecin de Montpellier,
le docteur Pinel. Esprit sagace et réfléchi, ce dernier lui conseilla,

pour le désabuser à jamais des systèmes, la lecture de trois auteurs
ennemis des théories, Hippocrate, Plutarque et Montaigne. « Ma con-
version, écrit Chaptal, fut complète ; je pris en horreur les hypothèses,
je ne connus plus que l'observation pour guide de mes recherches ».

Ce furent ces principes nouveaux qu'il essaya l'année suivante, en
1776, d'appliquer dans sa thèse de fin d'année d'études médicales, in-
titulée « Coup d'œil physiologique sur les sources des différences
parmi les hommes au point de vue de la culture des sciences ».

C'est un ouvrage à la vérité moins médical que philosophique, mais
faisant preuve d'une observation patiente et variée, suivant la méthode
nouvelle de l'auteur, et qui méritait de nous arrêter au moment où
nous étudions sa formation.

Sorti de la Faculté, l'heure était venue pour le jeune docteur de
prendre la suite de son oncle mais cette perspective ne le flattait que
médiocrement, car la lecture de Montaigne, dans cet esprit qu'elle
avait converti, avait fait naitre le doute pour la science médicale « dont
le caractère le plus démontré n'est pas toujours celui de la certitude ».
Usant d'artifice, le jeune homme put obtenir un délai avant d'exercer,
et sous le prétexte de compléter ses études, se rendit à Paris.

Ce qu'il y devait parfaire, ce ne fut pas la médecine, mais il allait enfin toucher au terme de l'évolution qui l'entraîna à la chimie. Enthousiasmé par les leçons des chimistes Bucquet, Sage, Romé de l'Isle,
séduit par l'attrait d'études neuves alors, il résolut de s'appliquer à
égaler de tels maîtres.

Peut être toutefois n'était ce encore là qu'un caprice pour cet esprit
jusque-là indécis. Mais les circonstances mêmes devaient travailler à
fixer cette route à son avenir.

Le président des Etats de Languedoc en effet, Arthur de Dillon, archevêque de Narbonne, ayant su la rapide distinction acquise par
Chaptal dans la chimie, demandait à la fin de 1780 aux Etats, qu'ils le
chargeassent de l'enseignement de cette science à Montpellier. Avant
que d'être agréé, Chaptal dut faire devant leur illustre assemblée une
leçon d'essai, mais son organe flexible et sonore, sa physionomie ex-
pressive, son regard spirituel et puissant, comme aussi son réel talent,
conquirent aussitôt l'auditoire.

Chaptal désormais était lié pour sa carrière à la chimie, et par celle-
ci à la gloire.

III

Au moment où j'entreprends de vous dire les mérites du savant, il me faudrait les qualités et la parole d'un technicien. Mon insuffisance à ce point de vue m'obligera à bien des réserves, pour ne me permettre que de m'attacher aux grandes lignes : j'espère toutefois qu'elles vous laisseront saisir l'originalité du rôle de Chaptal, grand non par le génie des théories, mais par celui de leur vulgarisation et de leurs applications. Lorsqu'il commença à professer, la chimie touchait à la révolution essentielle qui, la dégageant des hypothèses gratuites pour ne l'appuyer que sur les faits, devait vraiment la constituer. Ce fut le bonheur de Chaptal de tomber à cette époque de fécondes découvertes opérées presque simultanément par plusieurs illustres savants, par Lavoisier surtout, dont l'expérience de la décomposition de l'air et la théorie des oxydations métalliques jetèrent bas les principes erronés de la vieille chimie.

Chaptal, dont le jugement sûr était éclairé par la **pratique** de l'observation, ne tarda pas à se rendre compte, quand encore les fausses doctrines régnaient en maîtresses, de l'excellence des théories de Lavoisier, et c'était lui qui allait assumer la tâche de vulgariser en France et dans l'Europe entière l'œuvre révolutionnaire du savant.

« Une science entièrement nouvelle était créée, où tout était également neuf, les faits, les principes, la langue ».

Jugez du rôle de propagande de Chaptal. Il publiait en 1789 ses Eléments de Chimie. « Je n'attachai, dit-il, à cet ouvrage, que le mérite de pouvoir servir de guide à mes nombreux élèves ; mais quelle fut ma surprise lorsque je vis qu'on en demandait de toutes parts et que toutes les nations se l'appropriaient par des traductions ».

On l'a dit justement : ce fut en ce livre à la précision, à la clarté, à la facilité remarquables, que la moitié de l'Europe apprit la chimie nouvelle.

Si distingué fût il dans le domaine de la vulgarisation, Chaptal ne s'en contenta pas, et poussa son travail dans des champs plus dignes encore de sa valeur et de sa noble ambition. A lui fut réservé le mérite je plus immortel assurément des nombreux titres de gloire de sa carrière, d'une véritable création, celle de la chimie appliquée. Il ne suffit pas en effet que la science soit formée, c'est une devise essentielle encore et de conséquences incalculables, que l'utilisation au profit du

bien-être universel des trésors d'énergie accumulés dans les découver·
tes de la science pure.

Notre industrie, sans encouragements depuis Colbert, végétait mi·
sérable. Ce fut la pensée de Chaptal de la régénérer par les applica·
tions de la Chimie : « Je formai, écrit-il, le projet d'affranchir ma Patrie
du tribut onéreux qu'elle payait à l'Angleterre et à la Hollande par
l'importation en France des produits de leurs préparations chimiques ».

Ainsi se révèle ce patriotisme généreux que Chaptal apporta dans
toute l'œuvre de sa vie. De son professorat à Montpellier jusqu'à la fin
de sa carrière, accroître la part de son pays, tel fut l'objet de son inces·
sante sollicitude et à le réaliser il devait consacrer sa fortune et les
hautes positions que l'avenir lui réservait.

Il profita des ressources que lui laissa son oncle le médecin pour
fonder à Montpellier l'usine-modèle de la Faille, afin d'expérimenter
les procédés de son invention et de fabriquer d'après eux des produits
capables de remplacer en France les produits étrangers. Acides sul·
furique, nitrique, oxalique, alun, couperoses, ammoniaque, furent
fournis en immenses quantités. L'alun notamment lui coûta beaucoup
de peine: mais il eut la joie de réussir à le préparer avec l'argile et
l'acide vitriolique, alors qu'auparavant nous le faisions venir à grands
frais de minerais naturels du Levant ou d'Italie. Berthollet avait dé·
couvert la propriété décolorante du chlore, Chaptal l'appliqua au blan·
chiment des vieux chiffons, et grâce à lui le monde entier se sert au·
jourd'hui du papier blanc.

Montpellier avait fondé d'immenses fabriques de mouchoirs et tissus
de coton, qui faisaient venir du Levant deux ou trois teinturiers pour
teindre les fils en rouge dit d'Andrinople. Le procédé était secret,
Chaptal le découvrit. Il n'est pas d'industrie dans le Languedoc qui
n'ait reçu de lui son perfectionnement : fabrication des verdets, des fro·
mages dans les caves de Roquefort, fermentation et distillation des
vins, art des poteries et de leur vernissage.

Par la parole, par la plume, par les visites d'ateliers et d'usines,
Chaptal ne cessait de propager ses procédés nouveaux par la France
entière. Le résultat fut une nouvelle époque de prospérité pour notre
industrie recréée. Aussi n'était-ce que justice, lorsque Chaptal en 1788,
pour récompense d'une activité si profitable, reçut des lettres de no·
blesse et le cordon de l'ordre du roi.

IV

La Révolution cependant approchait auprès de laquelle les privilèges créés par de tels titres ne devaient bientôt plus compter. La nature généreuse de Chaptal ne put lui en vouloir d'inscrire l'égalité à la base de son programme de rénovation. Laborieusement appliqué au bonheur du pays, il applaudit aux idées de 1789. « L'égalité primitive, écrivait-il enthousiasmé, est rétablie ; la vertu, le talent feront seuls les distinctions, le pauvre cultivateur respirera enfin ».

Il n'entra pas à la Constituante, mais peut être préparait-il au club de Montpellier sa candidature à une assemblée future, lorsque malheureusement les excès commencèrent ; Chaptal ne put comprendre comment nous avions eu la main forcée pour entrer dans leur voie, ni comment, une fois entrés, les circonstances, les plus critiques que notre pays ait jamais connues, nous commandèrent d'y persévérer. Il ne vit que les manœuvres des ambitions, que les troubles anarchiques des factions. Il ne put franchir l'abîme entre 89 et 93, et tomba, comme bien d'autres, avec la conviction que c'était là son devoir de patriote, dans le mouvement fédéraliste des Girondins. Il en devint un des chefs dans le Languedoc, et songeait à préparer la marche contre les tyrans de la Montagne, quand il fut prévenu et arrêté. Il réussit à s'échapper et se cacha dans les Cévennes. Des offres de refuge lui vinrent d'Espagne, de Naples, des États-Unis même, avantageuses autant que flatteuses ; il les déclina, ne voulant pas de la sécurité et de la fortune au prix de l'aliénation de son talent à d'autres pays que sa patrie, bel exemple qui n'obtiendra jamais assez d'éloges.

La Convention cependant dut oublier ses motifs de défiance contre l'homme pour ne se souvenir que des mérites du savant ; et, au moment où l'invasion menaçant la France, il s'agissait de vaincre ou de mourir, elle résolut d'employer dans le formidable choc en retour contre les ennemis de la patrie un talent dont elle savait et l'utilité et le dévouement.

Chaptal fut donc chargé par le Comité de Salut Public de diriger la fabrication du salpêtre dans le Midi ; puis, les résultats obtenus ayant été surprenants, grâce à la découverte par lui d'un procédé plus rapide de raffinage, il fut bientôt mandé à Paris, d'où avec Monge et Berthollet il imprima à la France « ce beau mouvement qui la couvrit d'ateliers de salpêtre ». Il était également préposé à la fabrication de la poudre, et fonda la poudrière de Grenelle. Pressé par le Comité de Salut Public, il en quadrupla bientôt la production journalière. Malheu reusement avec une telle surproduction, les conditions do la plus élé- mentaire prudence étaient violées ; l'explosion inévitable se produisit à laquelle Chaptal n'échappa que par un miracle du hasard qui l'avait retenu chez lui ce jour-là.

Les victoires cependant répondaient à nos efforts. Chaptal surmené en profita après le 9 thermidor pour donner sa démission d'un poste, où il avait assez fait pour la patrie pour que sa retraite ne put être taxée de lâcheté. En onze mois avaient été fabriquées sous sa direction vingt-deux millions de livres de Salpêtre et six millions de livres de poudre.

« Jamais n'avait paru avec plus d'éclat le rôle que jouent, dans les Sociétés modernes, la science et l'industrie ».

Dans l'intervalle l'Ecole Polytechnique avait été fondée, et Chaptal y professa quelque temps la chimie appliquée aux arts. Mais il aspirait à une retraite plus complète. Ses intérêts étaient compromis à Montpel lier, il s'y rendit et y resta quatre ans, remettant en état sa fabrique el sa fortune. Le séjour de cette ville n'eut plus toutefois pour lui le même attrait qu'avant la Révolution, celle ci ayant rompu les liens de son ancienne Société. Il partit à nouveau pour Paris, avec l'intention de s'y fixer.

Il y fonda aux Ternes un établissement de produits chimiques et fut nommé membre de l'Institut pour la section des Sciences.

Mais les évènements allaient l'appeler bientôt à une destinée plus brillante que celle de manufacturier et d'académicien ; le Consulat de- vait l'élever aux plus hautes fonctions de la politique.

V

En 1799, Bonaparte, héros de l'Italie et de l'Egypte, s'emparait du gouvernement. Il osait le 19 brumaire, et tout changeait : « La force, dit Chaptal, succédait à la faiblesse, l'ordre succédait à l'anarchie et en trois mois on organisait un gouvernement fort, éclairé ». L'esprit pé- nétrant, le tact sûr du 1er consul sentaient le besoin, pour fonder son pouvoir plus encore dans l'opinion, de s'assurer le concours des hom- mes en chaque branche les plus instruits et les plus zélés. Chaptal était du nombre. Il fut appelé au Conseil d'Etat.

C'était des rouages créés par la Constitution de l'an VIII, le plus actif, chargé de préparer les lois et d'en soutenir les projets devant, le Corps Législatif. Dans ces importantes fonctions Chaptal se signala, surtout par trois grands travaux, dont la valeur le désigna bientôt à une position plus éclatante encore. Le premier, sur l'organisation de l'administration générale, n'est rien moins que la loi administrative qui nous régit depuis plus d'un siècle.

Le second, sur le perfectionnement des arts chimiques en France, est remarquable par des vues, qui en économie politique ont devancé les temps ; c'est la doctrine du libre-échange en effet que Chaptal préconise pour assurer le développement de notre industrie et de notre commerce.

Quant au troisième travail, un Rapport sur l'Instruction Publique, il tendait à établir la liberté de l'enseignement sous la tutelle de l'Etat.

Nous n'avons pas à discuter ici toutes ces idées ; marquons seulement que le tempérament autoritaire du premier consul lui commandait en économie politique et en éducation d'autres vues que celles de son Conseiller d'Etat. Il découvrit pourtant en Chaptal le talent et le dévouement, et n'hésita pas à lui donner la véritable position qui lui convenait, en le créant à la fin de 1800 ministre de l'Intérieur.

Le grand homme dès lors allait pouvoir passer de la théorie à l'application. Au faîte de la puissance, sa rare intelligence et son aptitude à saisir le côté pratique des choses allaient être à même de réaliser plus que jamais les généreuses pensées formées pour le plus grand bien de notre France.

La tâche n'était pas légère. Le ministère de l'Intérieur comprenait alors, en plus des administrations, les manufactures, le commerce, l'agriculture, les travaux publics, les beaux-arts, l'instruction publique, les cultes. L'on sortait d'une période d'anarchie et tout était à créer et à mettre en marche.

Du moment que Chaptal prit ses fonctions, tout reçut une impulsion nouvelle. « Je crois, dit-il modestement, avoir fait dans mon ministère quelque bien ». Ce furent des merveilles qu'en réalité il opéra en quatre années de labeur fécond. « Je conserve, écrit-il, le doux souvenir d'avoir organisé les hôpitaux de Paris et amélioré le régime des prisons ».

La Révolution avait en effet réduit au dénuement nos établissements de bienfaisance. Chaptal tenta une réforme complète des hospices parisiens. Il créa un conseil général d'administration, dont chacun des membres était attaché plus spécialement à un établissement. « L'on vit des hommes dont le zèle n'avait pas besoin d'être excité se pénétrer d'une sainte émulation et chercher à qui d'entre eux ferait le plus de bien ». Il créa une boulangerie, une pharmacie, une manufacture centrales, pour le pain, les médicaments et les toiles de tous les hôpitaux. Il fit enfin de la Maternité la grande école qu'elle est restée et mit à sa tête l'illustre praticien Baudelocque. La classe des prisonniers était moins intéressante. Chaptal cependant ne négligea rien pour qu'ils fussent traités avec plus d'humanité et d'hygiène, et surtout pour transformer les prisons en écoles de régénération, séparant les diverses catégories de détenus et les obligeant au travail « moyen le plus sûr de les amender ».

Chaptal d'autre part proposa et fit arrêter tous les plans d'embellissement de Paris. Sans m'arrêter à ces travaux, je signalerai seulement le projet de conduire dans Paris un volume d'eau suffisant pour ses besoins, et la mise à exécution à cet effet du canal de l'Ourcq.

Pour l'Instruction publique Bonaparte ne laissa pas à son ministre la latitude de la refondre ainsi qu'il l'aurait désiré. Chaptal apporta du moins toute son ardeur à la perfectionner dans les détails, dont on voulut bien lui permettre de s'occuper. Il réorganisa le Jardin des Plantes, le Muséum d'Histoire Naturelle, le Conservatoire des Arts et Métiers ; il réforma l'enseignement trop théorique de l'Ecole des Mines en créant dans les centres miniers des écoles d'application. Il pensionna les artistes et les savants. Plus près de nous enfin, il réorganisa la Faculté de Médecine de Montpellier, se souvenant qu'elle avait été sienne et comme étudiant et comme professeur.

« Mais surtout, écrit Chaptal, je me consacrai de toutes mes forces au relèvement du commerce, de l'industrie et de l'agriculture ».

Le savant ne pouvait oublier en effet dans son illustre position la tâche à laquelle il s'était voué bien avant, développer la prospérité de son pays. C'est avec plus d'ardeur au contraire, en raison des moyens plus nombreux et plus efficaces mis à sa disposition, qu'il usa de sa science pour éclairer la marche de nos progrès et c'est avec justice qu'est resté attaché à son nom celui de second Sully ou de nouveau Colbert.

Un point de départ essentiel à connaître était l'état exact de nos ressources, leurs imperfections et les moyens d'y remédier. Il fit dans ce but, commencer par toute la France auprès des Préfets une enquête qui nous a donné les premières statistiques de notre richesse publique.

L'étranger, par des procédés nouveaux, nous avait distancés : il importait de combler l'avance par l'acquisition de ses secrets. Chaptal installa à Paris un fabricant anglais qui nous enseigna l'art de filer la la laine et de lainer les draps par l'usage des machines.

Il fallait non seulement emprunter, mais créer. Une société d'encouragement pour l'industrie fut fondée, dont Chaptal devait rester le président, à laquelle les artistes communiquèrent leurs découvertes, et qui par l'offre de prix se chargea de les stimuler à combler les lacunes ou les imperfections de nos arts.

Le ministre ne craignait pas au reste de payer de sa personne. « Je ne crois pas, dit il, avoir passé une semaine sans aller visiter une fabrique ou un atelier ». Là il observait, critiquait, corrigeait, quittant parfois son habit officiel, pour joindre dans l'exemple l'action à la parole.

On quitte avec regret ces années du ministère de Chaptal, ne pouvant suffire à exposer ni les réalisations ni les projets d'un dévouement à tel point intense et éclairé.

Il y a là une œuvre immensément grande mise aujourd'hui dans l'ombre par la gloire du premier consul, mais que le devoir de l'historien est de ramener à la lumière.

VI

Bonaparte cependant était devenu Napoléon. Trop de distance, trop de personnalité irréductibles séparaient désormais l'empereur assoiffé d'autorité et le savant toujours épris d'indépendance. Pour avoir le droit de la conserver, Chaptal préféra donner sa démission d'homme d'Etat.

Il avait acheté près d'Amboise la terre de Chanteloup, la même où Choiseul disgracié s'était jadis retiré. Ce fut également la retraite arrêtée par Chaptal, mais tandis que l'ancien ministre de Louis XV s'était contenté d'y vivre dans une oisiveté inutile, Chaptal, toujours en quête de dévouement, résolut de s'y consacrer au perfectionnement de l'agriculture par la chimie. Il eut tôt fait de transformer Chanteloup en un vaste champ d'expériences. Il s'occupa de la théorie des assolements, il étudia la culture des prairies artificielles, il fit pousser la vigne et surveilla la fabrication du vin ; il s'attacha surtout aux recherches sur le sucre de betterave. A lui ne revient pas le mérite d'avoir découvert la production de ce sucre à bon marché, ce fut l'œuvre de Delessert, mais à lui appartient la gloire de s'être fait le protecteur officiel et le vulgarisateur des résultats de l'inventeur

La démission de Chaptal n'avait pas entraîné sa disgrâce. Il était resté au contraire auprès de l'Empereur le représentant accrédité des

choses de la prospérité nationale. Sénateur, grand officier de la Légion
d'honneur, il devait même en 1814, au moment critique de l'invasion,
être investi par la confiance de Napoléon des fonctions de Commissaire
Extraordinaire à Lyon., Pendant les Cent Jours il fut créé ministre
d'Etat, pair de France, directeur général de l'industrie et du commerce.
Jusqu'au bout, ne voulant pas de la livrée de la servitude, il avait accepté néanmoins de rester un digne serviteur du 'pays.

VII

Avec la Restauration. nous allons passer brièvement sur la suite
des années de Chaptal. Sans être moins remplies ni moins utiles que
les précédentes, elles n'apportèrent cependant que peu de nouveau à
la physionomie et à l'œuvre dont nous venons de voir les grands traits.

Chaptal s'y consacra notammant à deux occupations.

A celle d'abord que lui créa en 1818 sa réintégration à la chambre
des Pairs, d'où Louis XVIII l'avait primitivement écarté. Il n'y prit pas
part aux débats politiques, mais pour les questions économiques exerça
sur ses collègues un véritable règne.

A celle ensuite, parvenu à la vieillesse, de résumer l'œuvre de sa vie.
Ce furent les résultats acquis par lui à l'industrie qu'il récapitula dans
le livre paru en 1819 sur l'*Industrie française*, de même qu'en 1823
dans la *Chimie appliquée à l'Agriculture* ce fut son œuvre pour l'agriculture. Il publiait enfin vers le même temps ses *Souvenirs sur Napoléon* et ses *Mémoires.* autobiographie d'intérêt incomparable, fonds
précieux aujourd'hui de notre documentation sur lui.

Le vieillard vécut ainsi dans l'activité d'un labeur incessant, continuant de se tenir au courant de tous les travaux concernant le bien
être national et de patronner les découvertes et leurs inventeurs. Il
traversa la Révolution de Juillet, applaudissant aux idées libérales.
Mais l'asthme qui depuis longtemps le minait ne devait pas tarder à
finir une carrièse si glorieuse. Il mourut le 30 juillet 1832 âgé de soixante seize ans.

VIII

Vous savez maintenant à quels titres la vie de Chaptal méritait de vous être exposée. Vous avez vu le savant ; il en fut de plus grands, sans doute, mais vous n'en sauriez trouver dont le génie pratique ait été plus utile à son pays. Vous avez suivi l'homme d'Etat ; il en fut de conceptions plus grandioses, mais nul peut être ne posséda mieux le don de servir ses concitoyens. Des réalisations toujours, voilà ce que nous trouvons à chaque objet que Chaptal a touché. C'est que nul homme ne fut plus grand par les principes qui guidèrent sa vie, nul plus soucieux à tout instant de sa patrie et de ses compatriotes ; et si je puis tenter de résumer ici une nature si riche et si généreuse, « Chaptal ». vous dirai-je, « est la figure même de la science et du travail, sans cesse appliqués au bien par le dévouement de sa vie entière ».

Tel fut, Mesdames et Messieurs, celui qui formé parmi vous doit rester votre gloire la plus vive et la plus chère. Tel fut, chers élèves, le plus grand de vos condisciples que vous devez, dans un bel élan de votre jeunesse, proposer comme un idéal à votre travail et à votre vie.

PONCEAU

Bail à ferme des eaux de Bagnols en 1769

Charles de Molette, comte de Morangiès, baron de Saint-Alban, du Tournel, etc., donne en location à André Champagnac, aubergiste, « les bains et eaux minérales de Bagnols qui lui appartiennent, dont ledit preneur a une parfaite connaissance, pour le temps et terme de 6 années, moyennant le prix de 2.708 livres, 7 sols, 6 deniers, payables en deux termes égaux ; promettant ledit Champagnac de prendre, percevoir et exiger le droit desdits bains et eaux minérales, conformément au tarif qu'en a été dressé et qui a été autorisé par MM. les officiers ordinaires de la baronnie du Tournel ; outre lequel susdit prix et sans diminution d'iceluy, ledit Champagnac ne pourra exiger aucun droit dudit seigneur, ni de sa famille, ni de ses domestiques, soit pour prendre lesdits bains, boire lesdites eaux sur les lieux ou les faire porter là où il le jugera à propos ....

Ledit Champagnac s'oblige d'entretenir le tout en bon père de famille ....., de tenir deux lampes à huile sans cesse allumées dans le temps que les bains seront fréquentés par le public, d'entretenir les portes, d'avoir soin que le tout soit toujours dans la dernière propreté, lui ayant remis le cachet aux armes dudit seigneur avec une inscription autour *Eaux minérales de Bagnols,* lequel Champagnac sera tenu de remettre à fin de ferme et deux écluses de bronze et robinets qui lui ont été remis, avec promesse de remettre le tout en très bon état comme il le reçoit....» (1).

Cinq ans plus tard, le même comte de Morangiès fait pareil bail avec Buisson, de Sainte-Hélène, qui prend la suite de Champagnac. Il lui afferme en outre le droit de pêche dans les rivières du haut-mandement du Tournel et se réserve pour lui le droit de délivrer des billets aux pauvres de ses terres pour prendre des bains et boire les eaux gratuitement (2).

Vente de la maison commune de Mende

« L'an 1791 et le 14 mai, après midy, par devant nous notaire royal et tesmoins soussignés, ont été présents MM. Jourdan de Combette, maire, Randon de Mirandol, procureur de la commune, Bergonhe, officier municipal et Laurans de Charpal, notable de la ville de Mende,

(1) Fontibus, notaire, 1763-69, fol. 261. Etude de M⁰ Cord, notaire à Mende.
(2) Ibidem, 1774-75, fol. 207.

commissaires nommés par délibération de cejourd'huy de la commune de ladite ville de Mende, tous habitans dudit Mende, à l'effet de vendre à MM. les administrateurs du Département de la Lozère la maison commune de la dite ville et ses dépendances pour y placer les administrations du département et du district ainsi qu'il est porté par la loy du 20 mars dernier.

Lesquels en exécution desdites loy et délibération, ont vendu au nom de la municipalité de ladite ville de Mende et vendent à M. Joseph-François Rivière, procureur général syndic dudit Département de la Lozère, agissant en ladite qualité et en vertu du pouvoir à luy donné par MM. les administrateurs du Directoire du Département, en date du 11 de ce mois, ici présent et acceptant, l'entier corps de bâtiment qu'occupent la maison commune et les frères de l'école chrétienne, ensemble une salle basse où les sœurs noires font une de leurs écoles et les basse-cours de ladite maison ; comme ensemble, celle qui était entre ladite maison et celle qui est occupée par lesdites sœurs, de manière qu'il soit formé une muraille qui parte de l'angle de ladite dernière maison, prendra en droite ligne une partie du jardin de ladite maison commune et aboutira à la maison du nommé Rives.

Convenu de plus qu'aux frais dudit Département il sera conduit dans la partie réservée aux dites sœurs, la même quantité d'eau dont elles jouissent actuellement. Les dites maison, basse cour et jardin vendus confrontant, du levant les maisons du nommé Ribes et du sieur Bergonhe, dudit levant midy et couchant la rue publique, dudit couchant et nord maison et jardin occupé par lesdites sœurs noires et le sieur Bergonhe avec ses autres plus vraies et légitimes confronts, droits d'entrée, issues, servitudes, passages, privilèges, libertés et facultés, etc., moyennant le prix et somme de 9.000 livres : laquelle dite somme sera employée par ladite municipalité conformément à la dite loy du 20 mars dernier à l'acquisition de la maison des Pères Carmes ou de toute autre maison nationale qui sera acquise par ladite municipalité et payée aux termes fixés par les décrets de ladite Assemblée nationale pour l'acquition des biens nationaux, lesquels dits commissaires et procureur général syndic ont remis en nos mains les extraits des délibérations du Directoire du Département de la Lozère et commune de ladite ville de Mende, qui les autorise à faire ladite vente et acquisition, lesquels extraits par eux signés demeureront annexés au présent registre. Fait et récité à Mende.. ..• (1).
suivent les signatures.

(1) Fontibus, notaire, 1791-92, fol. 18. Etude de M⁰ L. Cord, notaire à Mende.

Quelques anciens droits seigneuriaux

En 1762. Louise-Charlotte de Mottier de Lafayette, veuve de Messire de Guérin de Chavagnac. seigneur et baron de Montialoux, St-Bauzile et autres places, demeurant au château de Montialoux loue à Pierre Combes et Pierre Velay, pêcheurs de Mende, le droit de pêcher dans les rivières de Chaliac, Montialoux et Saint-Bauzile, avec défense de pénétrer dans les parties interdites, marquées par des bornes que doit leur indiquer l'abbé du Tournel. La location est faite pour six ans à raison de 12 livres par an. (1).

A la même date, Louise de Chavagnac afferme à deux bouchers de Mende le droit quelle possède « d'exiger et faire prendre toutes les langues des bœufs et vaches qui s'égorgent dans la ville de Mende » (2) pour une durée de six ans à raison de 39 livres par an. (3)

· Elle afferme aussi pour 6 années, à raison de 260 livres par an, le *droit de quart* quelle lève et perçoit chaque année sur les défriches des terres hermes du Causse de Saint-Bauzile.

Elle afferme également les censives, droits de *brassage* ou *vingtains*, partages argent ou *épices*. ou menus cens qu'elle perçoit à Moutialoux, Saint-Bauzile, Lantondre, Chaliac, Ventaillac, les Sagnes, Ste-Hélène, etc , et le droit de quart sur le terroir de la Bazalgette, Montmirat, les Chairouses, St-Etienne et le Fraissinel, « consistant les susdites censives brassages ou vingtains en 45 setiers 4 cartes de froment, 12 setiers, 7 cartes, 3 couffaux seigle, 10 setiers, 6 cartes, 9 couffaux orge, 38 setiers 10 ras d'avoine, le tout à la mesure de Montialoux ou de Chapieu et quelque peu à la mesure de Mende, en épice ou menus cens et droits de partage. »

Le bail est fait pour six années,à raison de 1453 livres par an, payables par semestre. L. de Chavagnac reçoit, le jour du contrat 72 livres « en épingles oú pots de vin » dont elle donne quittance au preneur (4)

Dans un bail afferme de la terre de Morangiès en 1768 par Charles de Molette de Morangiès, baron de St-Alban, du Tournel, Allenc, La

(1) Fontibus, notaire, 1768, fol. 156.

(2) Un arrêt du Sénéchal de Nimes, en date du 15 janvier 1676 obligeait les bouchers de Marvejols, a donner le jour de la St-Michel, une langue de bœuf au Comte de Peyre, César de Grolée. — Dr Barbot, *Pages inédites de l'Histoire de Marvejols*, en cours de publication.

(3) Fontibus, notaire, 1768, fol. 157.

(4) Ibidem, fol. 159.

Garde Guérin. etc., il est question des droits perçus sur le four banal de Villefort, le cartalage et le courretage perçus sur la place dudit lieu, le droit de saume prélevé à la Garde, la feuille de mûrier, le droit de moutonnage. (1)

Dr J. BARBOT

BIBLIOGRAPHIE

Almanach du Soc. 1912. Marvejols, Guerrier. (5ᵉ année).

Armanac de Louzero. 1912. Mende, Pauc. (11ᵉ année).

BARASC (Jean de). — *La Bête du Gévaudan. (Le Mois littéraire et pittoresque,* mars, 1912).

Nouvelle étude sur la *Bête* avec cinq gravures.

BARBOT (D^r). — *Pages inédites de l'Histoire de Marvejols.* En cours de publication dans l'*Echo des Montagnes,* Marvejols, Vieilledent, imp.

BIENVENU (D^r). — *Le monstre du Gévaudan. (Médecine internationale,* janvier 1912).

Curieux article, accompagné de quatre gravures et où l'auteur après avoir produit des documents nouveaux trouve un peu hardies les assertions du Dr Puech contenues dans une notice *Qu'était la Bête du Gévaudan,* mentionnée dans la précédente bibliographie.

BOST (Ch.) — *Les Prédicants protestants des Cévennes et du Bas-Languedoc, 1684-1700.* 2 vol. in-8°, Paris, Champion, 1912. Nombreuses gravures hors texte et une carte.

Excellent travail où les chercheurs trouveront quantité de documents inédits relatifs à notre région. L'auteur a puisé aux meilleures sources les innombrables références citées au bas des pages en font foi. Aussi son étude peut elle être considérée comme définitive. Ce sujet est traité sans aucun parti pris et on ne peut que louer cette méthode.

(1) Fontibus, notaire, 1768, fol. 281.

BOUDET (M.) — *Cartulaire du prieuré de St-Flour*. 1 vol.
in-4°, Monaco, 1910.

Superbe travail où on trouve des documents nouveaux relatifs aux
Mercœur et aux d'Apcher.

— *L'ours et le gros gibier dans la Haute-Auvergne d'autrefois.* (*Revue de la Hte-Auvergne*, 3° et 4° fasc. 1911).

L'auteur y parle de la Bête du Gévaudan et apporte quelques nouveaux documents.

BROQUELET. — *Nos cathédrales*. 1 vol. in-16, Paris,
Garnier, 1912.

Deux pages sans intérêt consacrées à la cathédrale de Mende (1 gravure).

BRUNEL (Cl.) — *Répertoire numérique des Archives de
la Lozère.* — Série K (Lois, ordonnances et arrêtés) et
Série L (Administration révolutionnaire). 1 op. in-4°,
Mende, Privat, 1912.

— *Liste des Conseillers généraux du Département de la
Lozère*, 1800-1912. Broch. in-8°, Mende, Ignon-Renouard, 1912.

— *Necrologium conventus Mimatensis ordinis fratrum
minorum*, 1290-1790. (*Analecta franciscana*, Quarra-
chi, 1912).

— *Les miracles de St Privat, suivis des opuscules d'Aldebert III, évêque de Mende.* 1 vol. in-8 de XLV-156 p.
Paris, Picard, 1912.

*Bulletin de la Société de l'Histoire du protestantisme en
France.* 1910.

— FR. PUAUX. *Au camp des Camisards*, pp. 425-436.

— Dr MALZAC. *Croix huguenote et bijoux cévenols*, avec
une planche, pp. 569-574.

CHABANON (Dr J.) — *L'Hygiène au pays Cévenol. Assainissement et embellissement des villages.* (Echo médical des Cévennes, n^os de juillet, août et septembre 1912).

— *Etude sur une trouvaille gallo-romaine faite à Cubières.* Brochure in-8°. Alais, Beau, 1912. 1 gravure.

Il s'agit dans ce travail d'une lampe en plomb.

CHARPENTIER. — *Deux états de mobilier à Carcassonne*

*en 1701. (Mém. de la Soc. des Arts et Scien. de Car-
cassonne*, T. V, 1909, p. 1-12).

Mobilier des maisons occupées par le comte de Peyre, commissaire du Roi aux Etats généraux de Languedoc et sa suite.

Club Cévenol (Revue illustrée du), Cahors, Coueslant,

— XVII° année, 1911.

N° 1. DE COSTELONGUE. *Meyrueis et ses environs*
(5 gravures).

N° 2. D° CHABANON. *Au pays des Camisards.*

N°° 3 et 4. *Millau et ses environs* (10 gravures).

— XVIII° année, 1912. Millau. Artières et Maury.

N° 1. X... *Le Pompidou* (3 gravures).

BARBOT (M° J.) *La Légende de Dargilan.*

N° 2. NELLY DARBLAI. *Mende et ses alentours.*

D° BARBOT. *Mende, centre d'excursions*
(5 gravures).

N° 3. DE COSTELONGUE. *Vers Meyrueis* (1 gravure).

COSTECALDE (L.) — *L'église de St-Joseph de Bon-Se-
cours de Cros-Garnon*. 1 op. in-12. Mende, Pauc, 1912.

Intéressante monographie relative à la paroisse de Cros-Garnon,
sur le Causse Méjan, l'une des premières de France dédiée à St Joseph.
Curieux aperçus de l'auteur sur la topographie du Causse et nombreux
documents inédits. Deux superbes vues de l'église et de son intéreur
illustrent cette plaquette.

Courrier de la Lozère. — Mende, Privat, 1912.

— FOULQUIER. — *Notes biographiques sur le clergé
desservant des paroisses comprises dans les trois anciens archiprétrés de Barjac, Javols et Saugues. (En
cours de publication).*

Le Tome 1° n'est pas encore terminé. Dans sa Préface (*Courrier* du
16 janvier 1910) l'auteur annonçait que son travail comprendrait environ 250 pages : or, il a atteint la 900°, qui ne terminera sans doute pas
le volume.

Il est vrai que notre savant Collègue a accumulé à la suite de ses
monographies quantité d'*Appendices* et de *Pièces justificatives* : mais
on se demande si le lecteur arrivera à se reconnaître dans ce dédale
et s'il n'eût pas été plus logique et plus clair d'éliminer des longueurs
et des répétitions qui n'ajoutent aucun intérêt à cette étude.

DIENNE (C° de). — *Le maitre Guillaume de Carlat dans
la tentative d'envoûtement de Bernard VII d'Armagnac. (Revue de la Hte-Auvergne*, 4° fasc. 1910 et 1°°
fasc. 1911).

. Il y est question de Pépin qui tenta également d'envouter l'évêque Lordet.

FABRE (C.) — *Guida de Rodez, baronne de Castries et Montlaur, 1212-1266*. (*Annales du Midi*, avril 1912, pp. 155, 173 et seq. et juillet 1912, p. 352).

FAUCHER. — *Formation et organisation du département du Cantal*. (*Revue de la Hte-Auvergne*, 3 derniers fasc. de 1911).

Cette étude intéresse la Lozère.

FONTBERLINE. — *L'estivage dans la montagne d'Auvergne*. (*La vie à la campagne*, 1er juillet 1912. Paris, Hachette).

Intéressante notice sur la région de l'Aubrac, les paturages, la vie dans les burons, la fabrication du fromage et les améliorations qu'on pourrait réaliser. (11 gravures).

GAFFAREL et DURANTY. — *La peste de 1720 à Marseille et en France*. 1 vol. in-8 de VIII-630 p.

GEFFROY (Gustave). — *Les funérailles de Duguesclin*. (*Le Fureteur breton*, avril-mai 1911).

Notice relative à une tapisserie des Gobelins, représentant les obsèques de Duguesclin.

GONNET. — *Le diocèse du Puy en Velay de 1789 à 1812*. 1 vol. Paris, Hachette, 1912.

Quelques mots sur les émigrés et révoltés de la Lozère.

L'Echo des Montagnes, Marvejols, Vieilledent.

— X... *Histoire locale* (n° du 20 octobre 1912).

Délibération de la commune de Marvejols, 1er juin 1793, relative à Charrier et à un épisode de sa campagne.

LUCAS CHAMPIONNIÈRE (Dr). — *Les origines de la trépanation décompressive*. 1 vol. in-8°. Paris, Steinheil, 1912.

Cette étude contient la reproduction d'un crâne néolithique trépané provenant de la collection Prunières et une notice explicative.

MÉNABRÉA (André). — *Le Jouet lozérien*. (*Revue française*, 17 mars 1912).

Article plein d'intérêt consacré à la nouvelle industrie créée en Lozère par M. Philippe de Las Cases et accompagné de reproductions de différents jouets.

MESTRE (A.-L.) — *Manuel théorique et pratique des propriétaires, fermiers et locataires*. 1 op. in-12, Mende, Imprimerie nouvelle, 1912.

POUPARDIN. — *St-Privat par F. Remize. (Annales du Midi,* oct. 1911, p. 496-498).

Critique du savant travail de notre collègue.

PUECH (D^r). - *La Bête du Gévaudan. (Revue du Midi,* 1911, n° 8, p. 481-494 et n° 9, p. 529-541).

REMIZE (F.) — *Précis de Théologie ascétique.* 1 op. in-12. Mende, Pauc, 1912.

Traduction d'un travail du Jésuite Allemand, Fr. Neumayr.

Républicain Mendois (Le). Mende, Ignon-Renouard, 1912. Organe de la démocratie républicaine et de la défense des intérêts communaux de la ville de Mende. (n° 1 paru le 22 avril 1912).

Cette feuille, créée à la veille des élections municipales du 5 mai 1912, n'a eu que trois ou quatre numéros.

Revue du Midi.

— DURAND. — *Etat religieux des trois diocèses de Nimes, Uzès et Alais à la fin de l'ancien régime.* 1909, N°s 6, 7, 8, 9.

— ROBERT. — *Les débuts de l'insurrection des Camisards. L'affaire du Pont-de-Montvert,* 24 juillet 1702. 1910. N° 9, p. 549-560 ; n° 10, p. 589 à 612 : n° 11, p. 678-689.
1911. N° 2, p. 87-103 ; n° 3, p. 181-190 ; n° 4, p. 253-264 ; n° 5, p. 303-311.

Semaine religieuse du diocèse de Mende, 1912.

— SOLANET (A.). *L'Abbé du Chaila.* N°s 31, 33, 35, 37, 38, 39, 41, 42, 43, 44, 46, 48, 49, 50, 51, 52.

VILLAT. - *Les régions de la France. Le Velay. (Revue de synthèse historique,* t. XVI, 1908, p. 303-372).

Quelques mots sur la Lozère et l'émigration des prêtres.

X... — *Un érudit (Semaine littéraire,* 21 janvier 1912).

Article sur M. l'abbé Pourcher, et où l'auteur annonce la publication d'un « grand ouvrage sur le Gévaudan » qu'attendent impatiemment tous ceux qui étudient l'histoire locale

Dr J. BARBOT

Découverte du cimetière St-Ilpide, à Mende

Le 26 avril 1913, M. Folcher, conseiller d'arrondissement, faisait
creuser les fondations d'un petit pavillon, à 500 mètres de Mende, en
bordure du chemin de la *montée de St-Privat,* au quartier connu sous
le *nom de St-Ilpide.*

Celui-ci comprend un petit plateau ou palier qui s'étend sur la pente
du Mont-Mimat et domine, du côté de l'ouest, le faubourg de Lavabre, et, du côté du nord, la partie occidentale de la ville de Mende, sur
la rive gauche du Lot, c. à. d. les casernes et le Boulevard de la Banque.

Après avoir trouvé, dans un mur qu'ils démolirent, un fût de croix
rectangulaire, percé à un bout, et la moitié d'un croisillon circulaire
où se trouve sculpté grossièrement un bras de Christ, les ouvriers,
attaquant le terre plein, mirent soudain, à découvert, des tombes dal-
lées sur trois faces, (sortes de *Loculi* funéraires) assez bien conservées.

Grâce à l'initiative et au bienveillant concours de son vice-président,
M. Rémy, et de son trésorier, M. Nogaret, la *Société d'agriculture,
industrie, sciences et arts de la Lozère* demanda et obtint gracieusement
la permission d'exécuter des recherches plus minutieuses.

On fouilla le terrain avec soin, sur une superficie de 12 m. carrés, et
on mit dix tombes à découvert dont deux d'enfants, âgés de 10 à 12
ans, et huit de personnes adultes.

Bien conservés dans leur position primitive, mais se désagrégeant
facilement au contact de l'air et du soleil, les squelettes étaient tous
orientés vers l'est. Les corps avaient été déposés à nu sur le sol, suivant l'antique usage. Les tombes disposées symétriquement et quelquefois même superposées, en deux étages distincts, étaient formées
de dalles horizontales qui reposaient à plat sur deux rangées de dalles verticales, fermées par d'autres dalles aux deux extremités, et formaient ainsi un cercueil lapidaire. Un seul caveau était formé par deux
grandes dalles latérales placées en biseau et en forme de toit.

Ces sépultures, surtout les plus profondes, peuvent remonter au
haut moyen-âge, et les plus récentes ne paraissent pas postérieures
au XVI⁰ siècle.

En effet, d'après les témoignages historiques que nous rapporterons
ci-après, la chapelle et la maison y attenant de St-Ilpide furent brûlés,
dans le cours du XVI⁰ siècle (1562). A cette même époque, l'établissement monastique d'enseignement secondaire, établi *très probablement*
à St-Ilpide, dût suspendre ses cours, surtout après la fondation, dans
l'intérieur de la ville de Mende, d'un établissement du même genre,

du *Collège de la Trinité*, fondation faite par le chanoine Pierre Atcher, le 11 septembre 1554. (1)

Malheureusemet, aucune inscription, aucun indice, aucun objet métallique n'a été découvert qui puisse permettre d'identifier les sus·dites sépultures et de leur assigner une date même approximative.

Toutefois, nous pouvons donner certaines indications sommaires qui seront de nature à éclairer l'esprit et à fixer l'attention des érudits sur cette découverte ; elles seront, peut-être, comme le point de départ de nouvelles recherches.

I.

1° Il existe, dans nos archives départementales, un manuscrit du XIV° siecle : il renferme un office spécial, en l'honneur de St Privat, qui remonte au moins au XII° s. Voici le passage que nous y lisons relativement au petit plâteau de St-Ilpide :

« *Itur ad caunam, deponitur sanctus ad collem, cui Tortoris nomen* « *est. Et cum non posset perverti, fustibus cæditur. Multisque actus ver-* « *beribus, ad vicum usque perducitur...* » (2)

Traduction : « Les barbares, c. à. d. les Alamans montent à la grotte (de St-Privat) déposent le saint sur la *colline* qu'on appelle (aujour d'hui) la *colline du Bourreau*. Ne pouvant le porter à apostasier, ils le frappent à coups de bâton et après l'avoir flagellé cruellement ils le conduisent jusqu'au *rillage...* ». Or, celui-ci ne pouvait être que le village de Lavabre qui, de l'avis de tous, fut le premier noyau de la ville de Mende, et la *colline* dont il est ici question ne pouvait être que le plateau de St Ilpide, puisqu'il n'en existe pas d'autre entre la grotte de St Privat et le faubourg de Lavabre, où se trouvait l'église de St-Gervais.

2° Dans un second manuscrit de nos Archives départementales qui remonte au XIII° s., et renferme une prose, en l'honneur de St-Privat, composée, au moins, au XII° s., nous lisons la strophe suivante :

« *Privatus orans saxea invenitur in cavea, ducitur in monticulum* « *Mimati vico proximum.* »

« On trouve Privat dans sa grotte de pierre plongé dans la prière ; on le conduit sur un monticule qui se trouve près du village de Mende... Un interprète lui propose de trahir ses ouailles, *hortatur per interpretem ad ovium perniciem* ; et sur son refus, *fustibus ergo cæditur, dehinc ad vicum ducitur*, on le fustige cruellement et on le conduit au village ». (3)

---

(1) Cf. La ville de Mende, par Ferdinand André, p. 103.
(2) Cf. A. d. Série G 1446. St-Privat, par M. le ch. Remize, p. 346.
(3) G 1435. St-Privat, p. 350.

Pour le besoin de la rime on ne donne plus ici à la butte de St-Ilpide le nom de *colline,* mais on l'appelle *monticule* ou mamelon, ce qui revient au même.

3° D'autre part, voici comment s'expriment, à ce sujet, les grands Actes du Martyre de St Privat qu'on croit remonter au moins au VI° siècle et dont « St Grégoire de Tours est peut-être l'auteur », nous dit M. le chanoine Remize.

« *Continuo itur ad caunam, deponitur sanctus ad collem, inter montem ipsum et ecclesiam constitutum, in quo munimen est cui Tortoris nomen conditor vetustus imposuit* ». (1)

« Les Alamans courent donc à la grotte, entrainent St-Privat sur la « colline qui est entre la montagne et l'église, et où s'élève (*aujour-« d'hui* c. à. d. *au moment où furent composés ces Actes*) un fortin, ou « un petit camp retranché, auquel son constructeur donna jadis le nom « de *fortin du Bourreau* ». (2)

Quel fut donc le motif qui détermina ce dernier à donner *un pareil nom à son ouvrage ?* Ce fut, sans doute, parce qu'en ce lieu même les Alamans avaient commencé d'exercer l'office de cruels *Bourreaux* contre le St Martyr. Une telle interprétation nous parait plausible, obvie et toute naturelle. Toutefois, comme cette dénomination paraissait un peu trop *barbare,* on la remplaça probablement, plus tard, par celle de *St-Ilpide.*

II.

Pourquoi aurait-on donné à ce quartier le nom de St-Ilpide ?

Saint Ilpide est un saint Gévaudanais contemporain de St Privat. D'après nos chroniqueurs, Louvreleul, Pascal, Charbonnel, Ollier, etc. et la légende du Bréviaire (17 juin), ce saint vivait du temps des empereurs romains Valérien et Gallien, c. à d. dans la seconde moitié du III° siècle : « *Tunc temporis in christianos sæviebant Valerianus et Gal-« lienus.* St Ilpide était animé d'un zèle ardent pour le salut des ames; « il s'appliquait surtout à recueillir les restes des martyrs et à leur « procurer une honorable sépulture : *Ipse condendis sanctorum mar-« tyrum corporibus operam dabat.* Se trouvant fort avancé en âge, il « distribua tous ses biens aux pauvres et se retira dans une grotte, « sur les rives de l'Allier, où il s'adonna aux jeûnes, aux veilles et aux « prières ; il y opéra un grand nombre de miracles et de conversions : « fût découvert, deux ans après, par les païens persécuteurs et massa-« cré en haine de sa foi ». (3)

(1) St-Privat, p. 92.
(2) Ibidem.
(3) Cf. la Légende du Bréviaire de Mende. 17 juin.

« Peut-être, nous dit l'abbé Pascal, fut-il un de ceux qui recueillirent
« le corps de St-Privat et l'inhumèrent au pied de la montagne qui lui
« avait offert un asile. La place de St Ilpide, après sa mort, était donc mar-
« quée auprès des restes sacrés de son évêque. Or, *c'est là même que le*
« *monastère de St-Privat avait été édifié* (c. à. d. sur la butte de St Ilpi-
« de.» On croit, toutefois, que le corps de St-Ilpide fut inhumé à Brioude.

« On découvrit, en 1805, sur ce lieu, des vestiges qui ne peuvent
« laisser aucun doute sur cette destination religieuse ». (1)

Peut-être même, ajouterons-nous, nous-même, comme assertion purement gratuite, St-Ilpide établit-il, sur la butte du Mimat, un oratoire
et une communauté de prêtres chargés de veiller, soit sur les restes des
pieux chrétiens qu'il y avait ensevelis, soit sur la grotte de St Privat,
afin d'en assurer la garde et le service religieux ? De cette fondation
serait né le monastère où St Louvent aurait fait ses études, 200 ans
plus tard, et dont il devait devenir le supérieur. Peut-être même, propriétaire d'une partie du plateau, en aurait-il fait hommage à l'évêque
de Mende, qui plustard y aurait construit une église et un monastère?

Voilà pourquoi on aurait donné son nom à ce quartier. A l'avenir
d'élucider et de résoudre cette question encore en litige.

III.

*Le monastère de S Privat, dont St-Louvent fut le supérieur au VI' s.,
était-il construit sur la butte de St-Ilpide ?*

1° L'abbé Pascal, comme nous venons de le voir, se prononce pour
l'affirmative. Toutefois, comme preuve fort peu convaincante, il n'apporte que le cercueil en tuf, les squelettes et autres débris découverts
en 1805.

2° St-Privat, écrit M. Ollier, fut enseveli dans la crypte de la cathédrale. Plus tard, un monastère en son honneur *s'élevait non loin de
son tombeau* ». (2) Il est à noter que cet auteur n'en donne aucune
preuve, ne citant pas même le document où il a puisé son assertion.

3° La récente découverte du cimetière de St-Ilpide semble cependant
militer en faveur de notre thèse. Ce cimetière évoque nécessairement

----

(1) Gabalum, p. 68. « Le 11 mai 1805, des ouvriers, occupés à extraire de
la pierre, dans un champ situé au quartier de St-Ilpide, appartenant à M.
Brunel, découvrirent un cercueil creusé dans un seul bloc de tuf. Ce cercueil contenait les ossements de plusieurs cadavres placés irrégulièrement,
et entr'autres sept crânes, de différentes grosseurs. En continuant les fouilles, on trouva quelques débris d'autres cercueils en tuf, un arceau de
porte, un fragment de bénitier et quelques chaînons de cilice. Toutes ces
trouvailles indiquaient assez un édifice religieux et les doutes qu'on avait
sur l'emplacement de St-Ilpide durent être levés. Le propriétaire fit cesser
les fouilles ». (Arch. Loz., H 80, vol. 1 à 3. — Bull. Loz., 1894, p. 173).
(2) Le Gévaudan, p. 26.

l'idée qu'il existait, en ce lieu, une communauté assez nombreuse, pour motiver un pareil établissement, de même que l'existence d'une chapelle ou église. Les squelettes d'enfants que nous avons découverts semblent confirmer cette opinion.

« Il est notoire que jusqu'au XVIIIe siècle, dit M. Bachelet, les ca-« tholiques ont établi des cimetières tout autour des églises ou des « monastères ». (1)

4° Le fortin du *Bourreau*, qui se trouvait sur la butte de St Ilpide, était de nature à protéger un établissement de ce genre, surtout à une époque où les incursions des bandes armées étaient si fréquentes.

5° Qu'il existât, en ces lieux, une chapelle, c'est un fait certain.

« La chapelle de St-Ilpide, dit M. André, existait en 1299 et elle « était située au dessous de la grotte ». (2)

Il est fort probable qu'avant 1170, les prêtres de St-Ilpide avaient assuré le service de la grotte du Mont Mimat. (Voir la note insérée à la fin de ce rapport).

6° Comme preuve plus manifeste de l'existence d'un monastère ou cloître, sur le petit plateau de St Ilpide, nous avons trouvé, dans nos archives, les actes de reconnaissance féodale d'une pièce de terre sise, en ce lieu, et qu'on appelait la claustre, depuis le XIVe jusqu'au XVIIe siècle. La première de ces reconnaissances porte la date de 1385, la deuxième eût lieu en 1413, etc., elle est la plus explicite. La voici :

« En 1413, et le 21 décembre, Jean Rampoul, fils et héritier de Ber « nard Philippe, reconnait au clergé de Mende, un jardin situé au ter-« roir de la chapelle, ou de St-Ilpide, confrontant avec les autres jar-« dins du dit Jean Rampoul et avec les terres de Vidal et Privat Sa-« batier, dit *Claustre*, certain viol au milieu, sous la censive avec di-« recte d'un carton avoine, suivant acte reçu par Me Vidal Jégonzac, « n[os], folio 97. (3)

Voici le premier acte : « En 1385 et le 10 octobre, Jean Magiron re-« connait à l'université du clergé de Mende une pièce de terre, sise à « la *Coste de St-Ilpide*, appelée *Claustre*, etc. » (4)

---

(1) Cf. Dict. des Arts, au mot Cimetière.
(2) Ville de Mende, p. 223. — En 1170, Aldebert du Tournel établit le premier chapelain de la grotte de St-Privat et y affecta un revenu de 7 setiers seigle et 4 setiers froment. *(Manuscrit de St-Privat)*.
Un collège fut fondé à l'Ermitage sous le nom de *Collège de St-Privat-la-Roche*, par l'évêque Guillaume Durand IV, en 1312. Le prélat désireux d'augmenter la dévotion des fidèles qui se rendaient à la grotte située aux flancs du Mont-Mimat, desservie par un prêtre, établit trois autres chapelains pour faire le service religieux de ce sanctuaire. — Ibidem.
(3) Arch. dép., G 2855. A moins que ce Sabatier ne portât le nom de *Claustre* ???
(4) Ibidem. — Ces actes de reconnaissance. au nombre de huit, se trouvent inscrits sur une même feuille.

Les autres actes qui suivent donnent encore à ce champ le nom de *Claustre* et les deux derniers lui donnent *un bois* comme confront. Cela étant, ce champ pourrait être celui qui se trouve au dessus du chemin, à gauche en montant, et est situé entre le bois actuel et le cimetière en question ; le sentier de St-Privat se trouve, en effet, entre les deux propriétés. Quoiqu'il en soit, le mot *claustre* suppose nécessairement l'existence d'un *cloître* ou d'un *monastère* (1). Celui-ci se trouvait-il bâti dans le champ en question ? ou tout près ? nous l'ignorons. Des fouilles futures pourront probablement résoudre ce problème.

7° Comme l'histoire de St-Louvent se rattache à celle du Monastère de St-Ilpide, il est bon d'en dire un mot.

« Né tout près de l'antique *Anderitum*, nous dit le P. Desguerrois, derrière les remparts crénelés du château du Mont, à ce qu'on croit, vers l'an 540, le jeune Louvent fit ses études à Mende, dans un établissement d'instruction en grande estime dans la province du Gévaudan ». (2) Sur le conseil d'Eventhius, son évêque, voir même sur son ordre formel, il embrassa l'état ecclésiastique, vers l'an 564 ; il entra dans le *monastère de St-Privat* qu'on avait fondé pour le service de la basilique Notre-Dame et de l'illustre martyr, en devint abbé vers l'an 576, s'illustra par ses prédications et ne pût s'empêcher de flétrir, du haut de la chaire, les excès révoltants de Brunehaut, reine d'Austrasie ». (3)

Le monastère de St-Privat aurait donc existé dès le VI° s. et son fondateur aurait été probablement St-Hlaire I°", évêque de Mende, auteur d'une règle monastique anonyme du VI° s., qu'on a déterrée, dans ces derniers temps, de la bibliothèque Mazarine, et éditée sous le nom de *Regula Tarnatensis*. (4) Règle Tarnesque ou Tarnenche.

On attribue à ce saint évêque la fondation des monastères d'Ispagnac et de La Canourgue. Cela étant, on ne voit pas comment lui-même ou ses prédécesseurs n'en auraient pas fait autant pour leur villa épiscopale. Ses actes portent qu'il avait établi une maison de retraite, à près de 2.000 pas de la ville de Mende, où il se retira, au printemps de son âge, avec trois de ses compagnons. Etant évêque, il aurait pu

---

(1) Ce ne sont, sans doute, là que des *présomptions* qui ne résolvent pas ce problème d'une manière catégorique, mais nous avons remarqué, en étudiant de vieux monastères, v. g. au Rozier, au Monastier, à St-Frézal-d'Albuges, que le champ, jardin, enclos qui portait le nom de *Claustre*, se trouvait généralement englobé dans l'ensemble des bâtiments monastiques. Il pourrait en être de même de la *Claustre* de St-Ilpide.
(2) Cf. La vie de St-Louvent, par le P. Desguerrois
(3) Ibidem. Passim.
(4) Bull. Chr. et Mélanges. p. 161, année 1912. — Bibl. Mazarine, n° 1711.

fort bien transférer cet établissement un peu plus près de sa ville épiscopale.

IV.

Incendie et destruction de la chapelle St-Ilpide.

Les seigneurs de St-Julien et de Gabriac, les capitaines Lacroix, de
Millau et Blanc, de Génolhac, Guilho, du Pont-de Montvert, Coppier,
ministre de Florac, etc., à la tête de plusieurs milliers de Réformés,
arrivèrent devant Mende, le 22 juillet 1562. « Ils auraient, dit un témoin,
« coupé les conduits des eaux et fontaines de la ville, emporté les tuyaux
« de plomb, et auraient brulé les églises des Carmes, des Cordelliers,
« de St-Gervais, les *églises, maison et collège de St-Ilpide* et St-Pri-
« vat ». (1)

Voici un second témoignage : « Jean Bonnet, âgé de 45 ans, dit que
« les gens de la Religion P. R. campèrent, devant Mende, le 22 juillet
« 1562, mirent le feu au Couvent des Carmes, un fort beau couvent
« bien meublé, ce qu'il a vu habitant la ville, aussi mirent le feu à
« l'Ermitage et église St-Privat, à l'église et maison St-Ilpide, à la
« chapelle N D. du Pont...» (2)

Troisième témoignage : « Jean Destrech dit qu'ils firent bruler tout
« le Couvent des Carmes, une partie de celui des Cordelliers, l'église
« paroissiale St-Gervais, l'église St Ilpide *avec la maison y joignant,*
etc. » (3)

La chapelle et la maison de St-Ilpide furent sans doute aménagées
et restaurées de nouveau, puisque nous avons trouvé dans le registre
de la taille de la ville de Mende qu'elles existaient encore en 1667. (4)

Toutefois, M. André dit qu'en 1690, la chapelle de St-Ilpide était
« entièrement ruinée par la négligence de ceux qui en ont été pour-
« vus. Nous pensons, ajoute t-il, que cette chapelle ne fut pas réédifiée
« et qu'une autre fût construite près la grotte même ». (Ville de Mende, p 223).

Après la ruine de la chapelle St-Ilpide, le service religieux qui s'y
faisait fut transféré à St Gervais et les revenus de la chapellenie furent
affectés à un autel de ce sanctuaire paroissial.

En 1721, de Lamothe, prieur de Laval, était titulaire de cette chapellenie. En 1734, le chapelain s'appelait Moutte ; il paya 34 l. 11 sols
et 4 deniers de taille, pour les biens de la chapellenie.

---

(1) Arch. dép. G 969. Cette liasse renferme 15 dépositions de témoins
faites devant le délégué de l'évêque de Mende, qui avait ordonné une enquête.
(2) Ibidem.
(3) Ibidem.
(4) Cf. Arch: de la ville de Mende. Registre de la taille, année 1667.

En 1757 et 1763... le chapelain de St Ilpide était Joseph Cabanette. Il fit faire : « quatorze cannes de muraille, le long du chemin de Mende « à St Privat, le tout estimé 4 l. 10 sols ». (1)

V.

Statistique des biens de la chapelle St Ilpide, en 1544.

Nous reproduisons le texte trouvé dans les Archives départementales n° G 1933.

» Extrait de la matrice pour *Séjalan* et *St-Ilpide*, contenant la dési- « gnation des pièces de terre de la chapelle St-Ilpide.

1. Jean de Gibrat pour le pré acquis d'Etienne Bertin, 20 l. 5 s.

2. Pour le champ de Bertin, sous St-Ilpide, 6 l. 10 s. 6 d.

3. Robert Vanel, pour un champ, 6 l. 5 s. 6 d.

4. Hoirs de Mᵣ Gui de Lapanouse (2) pour sa maison et champ de St-Ilpide 12 l. 10 s. 11 d.

5. Pour la partie du pré clos près la chapelle St-Jean, 9 l. 10 s. 11 d.

6. Pour le champ Jean Jordan de Thomas Corti, 4 l. 5 s.

7. Pour le champ de Guillaume Robert, 1 l. 5 s.

8. Pour le champ indivis et jardin, 4 l. 4 s.

Nota. — Le chapelain se cottise pour tous les dits articles ·.

(A. D. série G 1933). Le chapelain possédait donc 6 champs, 2 prés, une maison et un jardin.

Note. Voici une preuve irrécusable d'après laquelle le ou les prêtres de St-Ilpide auraient été chargés du *service de la grotte de St-Privat*, avant la fondation du *collège* connu sous le nom de St-Privat-la Rocbe. Elle a été extraite par M. l'abbé Daurelle, en 1897, des Archives du Vatican, Regeste de Clément VI, fol. 413.

« En 1343, collation de la chapellenie de la chapelle St-Ilpide, prés « la ville de Mende, vacante auprès du St-Siège apostolique, par la « résignation de Pierre Combage, qui a permuté avec la prébende de « l'eglise de Liège, en faveur de Guillaume Roux, chanoine de cette « église. La chapelle St-Ilpide se trouvait bâtie non loin de la grotte « de St-Privat, *pour le service des pèlerinages.* La chapelle St-Laurent « près Mende, était située entre Mirandol et le Pont St-Laurent, sur « la rive gauche du Lot » (3)

L. Costecalde.

(1) Arch. dép. G 1933. On trouve, dans cette liasse, tous les détails ci-dessus.
(2) Mgr Guy de Lapanouse avait été évèque de Mende 150 ans auparavant, de l'année 1444 à l'an 1468.
(3) Cf. Semaine Religieuse de Mende, nᵒˢ du 30 juillet 1897 et 18 mars 1898.

Leçons des offices des saints du Gévaudan
dans le bréviaire de Mende de 1542.

On ne connaissait dans la Lozère que deux bréviaires du diocèse de
Mende, l'un paru en 1764 et l'autre en 1828 (1), quand un troisième,
du XVIe siècle, fut signalé en 1888 par un bibliographe Anglais J.
Weale (2). L'indication en avait sans doute été donnée à cet érudit
par M. le chanoine Chevalier (3), lui même informé par M. le chanoine
Requin, d'Avignon, qui avait pu se procurer un exemplaire de ce bréviaire inconnu jusqu'alors. Aucun autre exemplaire n'en a pu être
trouvé, et le seul qui existe vraisemblablement est en ce moment la
propriété du grand bibliophile et bibliographe Lyonnais, M. G. Baudrier,
qui le tient de M. le chanoine Requin (4). Le bréviaire de Mende de
1542 a été utilisé par M. le chanoine Remize (5) et par moi même qui
en ai donné une description bibliographique (6). Son importance au point
de vue liturgique est sans doute capitale et sa rareté sera fort regrettée

1) Ces deux bréviaires avaient été précédés de deux propres publiés
en 1619 et en 1720. On ne connait plus d'exemplaires du premier qui était
paru à Lyon et qui a été utilisé par les Bollandistes (*AA. SS.*, aug. t. IV,
p. 437 et oct. t. III, p. 407) et l'abbé Charbonnel. Le second se rencontre
encore, au moins à la bibliothèque des Archives de la Lozère (8° O 9) :
Officia propria sanctorum pecuiarium insignis ecclesiae... Mimatensis. Mende,
1720.

(2) *Bibliotheca liturgica. Breviaria,* dans *The ecclesiologist*, Londres, 1888.

(3) M. le chanoine U. Chevalier a lui-même signalé ce bréviaire dans sa
Topo-bibliographie, t. II (Paris, 1900-1903) au mot *Mende*.

(4) Renseignements dus à l'obligeance de M. G. Baudrier.

(5) *Saint Privat*, Mende, 1910.

(6) *Les miracles de saint Privat suivis des opuscules d'Aldebert III, évêque
de Mende* (Paris, 1912), p. X. Les notes manuscrites suivantes se lisent sur
l'exemplaire que M. G. Baudrier a bien voulu me permettre de consulter à
loisir : sur le feuillet de garde préliminaire, d'une main du XVIIIe s.,
« Cette édition du bréviaire de Mende est très rare en ce qu'elle est en entière. elle mérite d'être conservée. On y voit que l'églize de Mende en adop-
tant un nouveau bréviaire a repris la pluspart de ses anciens rits. Il y a
des statuts qui peuvent servir au chapitre. A coûté 12 livres » : — sur le
titre, d'une main du XVIIIe s. : « *ne varietur*. De Retz Fraissinet, archiviste. », — d'une main du XVIIe s. (inscription barrée) : « Ad usum Capu-
cinorum Mimatensium dono domini Andreae Savy. », — de la même main
que la note du feuillet de garde : « Carolus de Pisseleu, episcopus Mimatensis. ».

dans le diocèse de Mende. Au seul point de vue historique, le bréviaire nouvellement découvert est encore très précieux, car les leçons propres des offices des saints locaux nous transmettent les légendes de ces mêmes saints sous une forme qui, comme il est arrivé pour les leçons de l'office de saint Privat, peut être la reproduction d'un texte original ancien parfois perdu (1). En toute circonstance, ces leçons nous font au moins connaître l'état au XVI⁰ siècle de légendes qui ont évolué et, au point de vue de l'exégèse hagiographique, elles sont des documents d'un grand intérêt. Nous croyons donc utile d'en faciliter l'étude en les publiant de nouveau puisque leur édition première, malgré la libéra·lité de M. G. Baudrier, reste difficile à consulter pour un grand nombre au moins de ceux qu'elle peut intéresser (2)

LEÇONS.

14 janvier, saint FIRMIN, évêque de Mende (3).

Aucune leçon propre. L'office est du commun d'un confesseur. seule l'oraison est propre.

26 janvier, saint SÉVÉRIEN, évêque de Mende.

Simple commémoraison avec oraison propre.

Troisième dimanche après Pâques, Révélation de saint PRIVAT (4).

Lectio I. Si quem vero movet... permiserit occultari. *Aldeberti opusc. prim.* (*Bibliotheca hagiographica latina* n° 6936), § 31 (5).
Lectio II. Animadvertat hoc... in ecclesia beate Tecle. *Ibid.*
Lectio III. Sed si adhuc etiam... declaratur exemplis. *Ibid.*

(1) C'est ainsi que M. le chanoine Remize a découvert dans ce bréviaire le second miracle des *Miracula sancti Privati* qui manquait dans le manuscrit.

(2) Nous donnons seulement les leçons qui n'ont été publiées que dans ce bréviaire. Nous nous contentons pour les autres d'un renvoi aux éditions postérieures. Les offices des saints du Gévaudan figurent à leur date dans le *Sanctorale speciale* du bréviaire qui a une foliotation propre.

(3) Dans le propre actuel cette fête est célébrée le 16 janvier.

(4) Cette fête est aujourd'hui célébrée le 4ᵉ dimanche après Pâques.

(5) Les *miracles de saint Privat* et les *Opuscules* d'Aldebert sont cités d'après notre édition, *op. cit.*

29 juillet, saint Loup (1).

Aucune leçon propre. L'office est du commun d'un confesseur.

21 août, saint Privat.

Lectio I. Valeriani et Galieni temporibus..... congratulatione tor-
queri. *Passio sancti Privati* (*Bibliotheca hagiographica latina* n° 6932),
éd. Remize, (2) p. 86-99.

Lectio II. Et namque tempestate... solitudinem reliquerunt vastitati
Ibid.

Lectio III. Quibus Alemani... se evasisse gratularentur. *Ibid.*

Lectio IV. Tunc regioni sive ecclesie... ad solemnia procedebat. *Ibid.*

Lectio V. Ergo cum prefate regionis... oppugnationis habere potue-
runt. *Ibid.*

Lectio VI. Quibus inceptis merito... tortoris nomen conditor vetustus
imposuit. *Ibid.*

Lectio VII. Evangelium : Si quis vult post me venire .. (3).

Lectio VIII. Nam cum ibi ut barbari moris est... efficeretur inimicus.
Éd. Remize, p. 92-99.

Lectio IX. Sacrificia ergo funesta... tormenta despicio. *Ibid.*

Dans l'octave de saint Privat.

I.

Lectio I. Tunc barbari... esse non possum. *Ibid.*
Lectio II. Melius est enim... exanimis relinqueretur. *Ibid.*
Lectio III. Post hec barbari... obsidione discederet. *Ibid.*

(1) On croyait au moyen-âge que saint Loup, évêque de Troyes, avait été
évêque de Mende. Voy. Fages, *Sur les premiers évêques de Mende,* dans
Bullet. de la Soc. d'agr... de la Lozère, Chroniques et Mélanges, t. I (1903-1908),
p. 113 — Cette opinion est encore celle du rédacteur du bréviaire de 1542
comme le montre l'oraison de la fête des reliques de l'église et de tout le
diocèse (15 nov.) : « per intercessionem beate Marie semper virginis, beati
Michaelis archangeli, beati Johannis Baptiste, sanctorum Apostolorum Petri et Pauli et beatorum Privati, Fredaldi, Firmini, Ilerii, Severiani, Ilarii
et *Lupi,* hujus ecclesie pontificum, et aliorum quorum preciosas habemus
reliquias ».
(2) *Op. cit.*
(3) *Matth.,* XVI, 24.

II. (1)

Lectio I. Plebs vero egrediendi... in communi redderent. *Ibid.*
Lectio II. Beatus vero confessor.,. injustissime puniebant. *Ibid.*
Lectio III. Populus vero assistens sancto... dignatus impendere, regnante Domino... seculorum. Amen. *Ibid.*

Octave de saint Privat.

Lectio I. Certe (2) Valeriani et Galieni imperatorum temporibus, quia Christum corporaliter persequi non poterant, tam ipsi nominati imperatores quam eorum procuratores contra Christianos gravissima faciebant judicia, nam quos ex ipsis christianis capere poterant, aut carcere claudebant, aut vinculis constringebant, aut flagellis exquisitis cruciabant, aut bestiis devorandos tradebant, aut gladiis detruncabant, ant igne torrebant.

Lectio II. Eratque sancte Ecclesie timor simul et gaudium. Timor, ne vincerentur sui, gaudium, propter sempiterni premii repromissam letitiam. Ideoque Domino decantans clamaba[n]t : « Domine posuerunt mortalia servorum tuorum escas volatilibus celi, carnes sanctorum tuorum bestiis terre » (3). Eo tempore Cornelius et Ciprianus, pretio-sissimi martyres, apud Carthaginem laureati sunt corona martyrii.

Lectio III. Sed postea Romana potestas, que hoc contra potestatem divinam faciebat, non recognoscens ab illo qui mutat tempora et transfert regna sibi traditam universi orbis dominationem, justam contra se sentiit indignationem.

Lectio IV. Cum enim persequitur Christi subjectos, subito contra eam armantur sibi subjecti, in tantum ut ab oriente usque in occiden-tem diversi generis de loco sue habitationis egressi barbari, qui unanimi conventu sibi condixissent, urbes destruere, populosque occidere, et colonias absque cultore facere.

Lectio V. Sed de aliis pretermittentes, veniamus ad eorum narratio-nem quibus noster imitandus est sermo. Alanorum gens ab Alania egressa, non solum numero timenda, quin potius fortitudine corporis et magnitudine fugienda, per universam Galliam diffusa, Gaballitanos quoque non distulit fines intrare.

Lectio VI. Quod cum habitatores terre ipsius sibi imminere suum

(1) *Alia die.*
(2) Ce texte non signalé n'est qu'un abrégé de la *Passio sancli Privati.*
(3) *Ps.* LXXVIII, 2.

periculum cognovissent, ad montem cui Gredona nomen est confugerunt. Qui videlicet mons, naturale castellum a Deo eis preparatum, in
semetipso tantum habet fortitudinis et munitionis, ut etiam in portis
custodia non indigeat hominum, ubi non solum Gaballitani, quin
etiam et de vicinis plagis (1) propter timorem Alanorum, ut vitam
suam vel in eodem saxo defenderent, confugerunt.

Lectio VII. Evangelium : Si quis vult post me venire... (2)

Lectio VIII. Tunc autem Gaballitane ecclesie beatissimus Privatus
preerat episcopus, qui sibi sedem et conversationem in quodam vico,
cui nomen Mimas, preparaverat, antiquum eorum tenens usum qui
ante ipsum fuerant, qui in ipso Mimatensi vico et habitaverant, et se-
pulti erant.

Lectio IX. Sed tamen idem episcopus Privatus societatem hominum
fugiens, ut liberius et melius Deo serviret, in monte, qui super ipsum
vicum est, concavum locum fecerat ut ibi habitaret. *Cetera ut in festo.*

Pendant l'année, à la Commémoraison de saint PRIVAT.

I.

Lectio I. Predium quoddam est... incolas depopularet. *Miracula sancti
Privati,* § 2.

Lectio II. Cunque diu... talia referebat. *Ibidem.*

Lectio III. En vos amici .. de talibus curent. *Ibid.*

Lectio IV. Sed quicquid sit... retinere tentabo. *Ibid.*

Lectio V. Unde factum est... celebrare excubias. *Ibid.*

Lectio VI Quo defuncto... invenire mereretur. *Ibid.*

Lectio VIII. Sepulto igitur... apparuit miraculum. *Ibid.*

Lectio IX. Nam posteris... ardoris emittere. *Ibid.*

II. (3)

Lectio I. Que miraculi fama... et meror. *Ibid.*

Lectio II. Dicunt alii... contradictione asserebant. *Ibid.*

Lectio III. Sed ut rei... supereffundunt aque. *Ibid.*

Lectio IV. Sed res mira... et flamma. *Ibid.*

(1) Corr. *pagis.* Les fautes d'impression abondent dans le volume.
(2) *Matth.,* XVI, 24.
(3) *Alia die.*

Lectio V. Quod cernentes... virtutem agere. *Ibid.*
Lectio VI. His quippe... in anima. *Ibid.*

III. (1)

Lectio I. Presidente regioni Gaballitane presule Aldeberto... invadere attentavit *Miracula sancti Privati*, § 4.

Lectio II. Ad cujus strepitum... interficiuntur. *Ibid.*

Lectio III. De quorum nece... puniri ultione. *Ibid.*

Lectio IV. Sicque factum est.. vindicare curaret. *Ibid.*

Lectio V. Plurimis namque... discerpere fatebantur. *Ibid.*

Lectio VI. Et hec quoque... obstupescant. *Ibid.*

IV. (1)

Accedit etiam quodam tempore... in anima cruciari (2). *Miracula sancti Privati*, § 8.

4 septembre, saint FRÉZAL, évêque de Mende.

Lectio I. Temporibus Ludovici... gentilium corda *Vita sancti Fredaldi* (*Bibliotheca hagiographica latina*, n° 3141), éd. Pourcher, (3) p. 368 et suiv.

Lectio II. Et divini roris... accumularet divinitus. *Ibid.*

Lectio III. Accipiens diversorum... blande alloquitur. *Ibid.*

Lectio IV. Euge serve... Domini tui. *Ibid.*

Lectio V. Cum tanta... inimicus invidit. *Ibid.*

Lectio VI. Ad hec sancta... divinis mucronibus. *Ibid.*

Lectio VII. Evangelium : Si quis vult post me venire... (4).

Lectio VIII. Et cujus certamine... et propriis. Éd. Pourcher. *Ibid.*

Lectio IX. Quem si forte... sceptrum judicis sui. *Ibid.*

6 octobre (5), sainte ÉNIMIE.

Lectio I. Sancta igitur Enimia virgo... Eustorgia fuit. *Vita sanctae Enimiae* (*Bibliotheca hagiographica latina.* n° 2553), éd. Pourcher, p. 130 et svt. (6)

---

(1) *Alia die.*
(2) Ces leçons ne sont pas séparées.
(3) *Manuscrit ou livre de saint Privat*, Saint-Martin-de-Boubeaux, 1898.
(4) *Matth.*, XVI, 24.
(5) Cette fête est maintenant célébrée le 5 octobre.
(6) *Acta sanctae virginis Enimiae*, Saint-Martin-de-Boubaux, 1883.

Lectio II. In hujus virginis... consonarent. *Ibid.*

Lectio III. In suo quippe... ducente conscendit. *Ibid.*

Lectio IV. Adhuc corpore... pietas condiebat. *Ibid.*

Lectio V. Erat in sermonibus... ministraret. *Ibid.*

Lectio VI. Viris tantum illis... permanere. *Ibid.*

Lectio VII. Evangelium : Simile est regnum celorum decem virginibus... (1).

Lectio VIII. Mira iniquam inter... expetenter. Éd. Pourcher.. *Ibid.*

Lectio IX. Tandem uni... preces effundit. *Ibid.*

Dimanche après la Saint-Luc, Translation de saint PRIVAT.

Lectio I. Apud Podium .... fide conducederent. *Miracula sancti Privati,* § 7.

Lectio II. Igitur concurrentibus... habebatur. *Ibid.*

Lectio III. Sed et episcopi .. propulsabat. *Ibid.*

Lectio IV. Inter quos miser pater... offerat natum. *Ibid.*

Lectio V. Cum voce magna... convenerat. *Ibid.*

Lectio VI. Itaque adeundi... populum invitabat. *Ibid.*

Lectio VII. Evangelium : Si quis vult post me venire... (2).

Lectio VIII. Denique videntes..... emittebat eger. *Miracula sancti Privati. Ibid.*

Lectio IX. Cumque hec... facultatis evolvere. *Ibid.*

25 octobre, saint HILAIRE.

Aucune leçon propre. L'office est tiré du commun d'un confesseur.

1ᵉʳ décembre, saint ILÈRE.

Lectio I. Beatus itaque Ylerus... nuncupatus est *Vita beati Ylarii* (*Bibliothecu hagiographica latina,* n° 3910). Éd. Charbonnel (3), p. 30.

Lectio II. Quod nomen etiam .. estibus turbabat. *Ibid.*

Lectio III. Interea dum incredibili... maceratum. *Ibid.*

Lectio IV. Quantis autem... discrimina potestatis. *Ibid.*

Lectio V. Hunc Ylerus... tremens abscessit. *Ibid.*

(1) *Matth.,* XXV, 1.

(2) *Matth.,* XVI, 24.

(3) *Legendes de saint Hilaire évêque de Mende au VIᵉ siècle,* dans *Bullet. de la Soc. d'agr... de la Lozère,* t. XVI (1885). Comme on voit, saint *Ylarus* a dans le bréviaire de 1542 la légende qu'on attribue aujourd'hui dans le diocèse à saint *Hilarius* qui, lui, n'a dans ce même bréviaire, aucune légende.

Lectio VI. Itaque duos ferme... remedia consecutum. *Ibid.*

Lectio VII. Evangelium: Homo quidam peregre... (1).

Lectio VIII. Mox somno excutitur... discrimini eripuit. *Vita beati Ylarii. Ibid.*

Lectio IX. Exiguam tamen segetem . abstulit tempestatis. *Ibid.*

Cl. Brunel

L'église de Florac en 1578

L'acte de prise de possession de la cure de Florac en 1578, communiqué à la Société par le D' Malzac, fera connaître dans quel état se trouvaient l'église et la cure de Florac, après les premières guerres de religion.

« *Prinze de possession de M⁺ Guillaume Sautel prêtre et prieur de Florac* (2).

« Scachent tous présens et advenir que l'an mil cinq cent septante huit et le dix huitiesme jour du mois de juing, très chrétien prince Henry par la grace de Dieu Roy de France et de Pologne regnant. A Florac diocèse de Mende et au devant la porte de l'eglise parrochiale de St Martin de Florac. A comparu et s'est présenté M⁺ Anthoine du Feron maistre en artz procureur et en tel nom de mestre Guillaume Sautel curé, a fait aparoir de sa procuration prinze par M⁺ Pierre Granier notaire le dernier du mois d'abril dernier que a il exibé, Que en vertu des bulles tant gracieuse que rigoureuse de nostre sainct père le pape Gregoire troisième, expédiées en forma dignum et aussi des lettres obtenues de monsieur l'official de Roddez commissaire délégué député par nostre dit sainct père le pape par les dites bulles [qu']il a exhibées signées et scellées par led. sieur official commissaire et par M⁺ Estienne Guillen notaire despechées en datte du neuviesme du mois de may portant la commande faite dudit prieuré de Florac audit Sautel en vertu dudit forma dignum comme vacant par le moyen contenu aux susd. bulles et requis M⁺ Pierre Malbosc presbstre et vicaire d'Arrigas en le diocése de Nisme vouloir mettre led. Sautel en sa personne comme son procureur, en la vraie réelle actuelle et corporelle possession

---

(1) *Matth.*, XXV, 14.

(2) Valentin Emenard. notaire de St-Martial. 1578. fᵒ 203. Archives de M⁺ Jean Rouquette, notaire à Sumène (Gard .

dudit prieuré de Florac avec ses droicts, profficts, revenus et émoluments comme luy estoit mandé faire par lesdites actes. Et ce sans préjudice toutesfois d'aultre possession prinze par led. Sautel ou en son
nom par son procureur dudit prieuré mais icelle par cestuy confirmant
tant que besoin serait. Ledit M' Pierre Malbosc presbtre retenues lesdites bulles et lettres de forma dignum des sieurs official commissaire
délégué du pape avec honneur et.... A offert faire son debvoir et nobéir
au mandement de nostre dict sainct père le pape et de son official commissaire. Et ce faisant a mis ledit Sautel en personne dudit de Feron
son procureur en la vraye réelle actuelle et corporelle possession dudit
prieuré de Florac et de ses droicts réserves et émoluments et apparte-
nances quelconques. Et ce par le bail des dites bulles et lettres mises
en ses mains, par l'entrée de ladite église sonnerie d'une cloche qui y
a esté laissée tant seulement ayant esté lad. esglise démolie par les
huguenots. Et aussi par l'entrée de la maison prieurale ou cazal d'icelle
ayant esté aussi desmolie. Et ce publiquement et manifestement sans
contradiction aulcune. Dequoi led. Du Feron procureur susdit pour
ledict prieur a demandé instrument par moy notaire soubsescript estre
retenu présents a ce Jehan Fournier cousturier, Jehan Deleuze labou-
reur, François Agulhon tisserant dudit Florac enquis ont dit ne sapvoir
escripre M' Pierre Rolland, Guillaume Fabre de Ganges soubsignés.
Et de moi Valentin Emenard notaire royal du lieu de St Martial soubsigné et requis.

    Rolland   Emenard   Du Feron proquureur.

Agrandissement de l'église de Florac en 1686

Le roi, Louis XIV « informé que les églises qui sont construites dans
l'étendue des diocèses de Nimes, Mende, Uzès et Viviers sont d'une
trop petite étendue pour contenir le nombre considérable des sujets de
Sa Majesté qui se sont nouvellement convertis, en sorte qu'il est né
cessaire de les agrandir et faire réparer celles qui se trouveront en
mauvais état, même d'en faire construire une quantité considérable de
nouvelles... ordonne qu'il sera incessamment dressé des plans et devis
et fait des marchés des églises qu'il convient de construire dans l'étendue des diocèses susdits ensemble des augmentations et réparations
qu'il conviendra de faire à celles qui sont construites ».

(Arrêt du Conseil d'Etat du 1er décembre 1685).

DEVIS DES RÉPARATIONS ET CONSTRUCTIONS DE L'ÉGLISE PAROISSIALE DE FLORAC, DIOCÈSE DE MENDE.

En exécution de l'arrêt qui précède, furent faits les devis (1) des réparations nécessaires pour mettre les églises des Cevennes en état de recevoir les nouveaux convertis. Voici le devis de l'église de Florac (2).

« La dite église contient quand à présent, en longueur, y compris le presbytère (3), cinq cannes et, de largeur, trois cannes six pans (4). La dite église a d'hauteur, depuis le plain pied du pavé, jusques à la superficie de la voûte, quatre cannes et demie. La dite église se trouvant fort petite pour le nombre de communiants, il est nécessaire de la rebâtir de la longueur de sept cannes six pans, laquelle longueur a été démolie par les gens de la religion, et construire le dit bâtiment sur les mêmes fondements qui sont à quatre pans au-dessous du plain-pied du pavé et, sur la dite longueur, il faut faire deux pilastres de chaque côté de trois pans de largeur et six pans de saillie. Et, depuis le plain pied du pavé jusques à la naissance de la voûte de la nef qu'il faut construire, sera donné de hauteur aux murailles trois cannes et, sur la longueur, seront faits trois croisiers de voûte en arête et à leur plein cintre, et seront faits deux arcs doubleaux sur la longueur pour la séparation des croisiers, et de même largeur que les pilastres. De même, sera fait un arc doubleau à la muraille qui fait clôture à la dite église du côté de la démolition et les dits pilastres et arcs doubleaux seront de tuf, comme aussi les voûtes. Et à la longueur d'icelle augmentation, seront faits quatre vitraux de pierre de taille, de la largeur de deux pans et demi et de hauteur sept, qui seront vitrés et ferrés.

« De même, il faudra changer l'entrée de l'église du côté de la place, vu qu'elle est trop proche du presbytère et même qu'elle occupe la place d'une chapelle, laquelle chapelle formera l'église en croix, et à la dite porte de l'entrée qu'il faut changer sera donné huit pans de largeur et de hauteur douze, avec pilastres, corniche et fronton, le tout de pierre de taille proprement taillée et bois d'assemblage de noyer avec ses ferrements nécessaires, ferrures et clefs.

« De même à la dite augmentation seront faites six ancoules, en

---

(1) Ces devis sont conservés aux *Archives de la Lozère* C 1466.

(2) Florac comptait 150 anciens catholiques et un millier de nouveaux convertis.

(3) Le mot presbytère était employé pour désigner le chœur de l'église.

(4) La canne valait environ 2 m. et le pan 0 m. 25.

dehors des murailles, ainsi qu'il est marqué sur le plan, et leur sera donné de largeur quatre pans et de saillie par le bas autres quatre pans, et seront montées en talus jusques à trois pans au-dessus de la naissance des arcs doubleaux qui seront réduites à un pan et demi sur leur hauteur, et sera donné aux murailles de la dite augmentation quatre pans au rez-de-chaussée, réduites en leur hauteur à trois pans et le pan restera en dehors en talus.

« Plus est nécessaire de rebâtir une chapelle qui est du côté de la place, laquelle chapelle a été ci devant démolie, y ayant trouvé les fondements, de même des pierres d'attante sur les côtés, laquelle contiendra en longueur deux cannes six pans, et d'enfoncement deux cannes trois pans, y compris l'épaisseur de la muraille du chœur de l'église, et sera donné d'épaisseur aux murailles de la dite chapelle quatre pans au rez-de chaussée, réduites par le haut à trois pans, le pan restera par dehors en talus. Joignant la dite chapelle sera construite une petite sacristie d'une canne de largeur, et de longueur une canne six pans et y sera fait un vitrail de deux pans de largeur et quatre de hauteur, et à la muraille de la sacristie, du côté du levant sera donné d'épaisseur trois pans au rez-de chaussée, réduite par le haut à deux pans. De même, un vitrail à la dite chapelle de deux pans de largeur et cinq de hauteur. Plus sera faite une porte de pierre de taille pour entrée du presbytère (chœur) à la sacristie, de trois pans de largeur et huit pans de hauteur et une porte de bois de noyer en menuiserie, avec les ferrements nécessaires, serrures et clefs.

« Plus sera fait un cordon au-dessous du toit du couvert de la nef de la dite église, tout à l'entour d'icelle, de huit pouces de saillie, le dit cordon aura autres huit pouces de hauteur, lequel sera fait de tuf, et un cordon aussi à la dite chapelle et sacristie. De même il faut faire une cloison de clapet pour séparer la dite chapelle d'avec la sacristie et à la dite cloison sera faite une porte pour entrer à la chapelle, de même une porte de bois en menuiserie avec les ferrements nécessaires, serrures et clefs.

« Et à la dite augmentation de la nef de l'église qu'il faut construire il y aura cent cannes de muraille à faire ou environ. Plus aux murailles de la chapelle et sacristie vingt sept cannes. De même il faut faire un couvert de charpente et de bon assemblage et bois nécessaire pour couvrir icelle augmentation de l'église et voûte qui est faite en berceau jusqu'au presbytère. De même est nécessaire de rhabiller partie du couvert du clocher qui menace ruine à l'égard des tuiles, et même il faut mettre quelques planches à la place de quelques-unes qui sont pourries par le mauvais temps. Plus hausser les pilastres à proportion de la hauteur des murailles. Plus hausser la muraille de la voûte joignant le presbytère, à la hauteur du bâtiment qu'il faut construire à neuf et qui sera de cinq cannes et demi, depuis le rez de chaussée jusques à toute sa hauteur. De plus, sera fait aussi un couvert de la chapelle et sacristie, de charpente avec bon assemblage et bois aussi nécessaire et sur la dite charpente seront posées de bonnes planches de châtaigner, pour porter la tuile qui sera mise à la cheville, tant à la dite chapelle sacristie que nef.

« Comme aussi paver toute l'entière église, chapelles et sacristie, et faut du pavé en tout soixante-trois cannes six pans, ou environ, lequel pavé sera conforme à celui qu'on a. Plus il faut blanchir toute l'entière église, chapelles et sacristie de blanc en bourre, fusé depuis longtemps, étant les murailles bien rebattues avec de bonne chaux et sable vif, et le mortier bien conditionné, et en les rebattant, bien unir les murailles afin de poser la seconde couche qui sera faite de mortier fin et bien uni pour poser le dit blanc.

« Plus faire deux bénitiers à l'entrée de l'église. De même deux autels, un à la chapelle et l'autre à la sacristie qu'il faut construire à neuf. Et tout l'entier bâtiment sera fait de bonne maçonnerie avec chaux et sable vif et bien conditionné, et posées les murailles sur des fondements d'épaisseur à proportion de leur profondeur et sera fait à toutes les murailles de bonnes liaisons pour rendre le bâtiment ferme et solide et le tout conformément au plan et devis ».

Drayes et anciens chemins

Dans la séance du 9 octobre 1912, il a été question des *drayes* de la Lozère et une Commission a été nommée pour rechercher les documents qui pourraient permettre d'établir le tracé de ces anciens chemins.

En 1902, j'ai publié un travail sur les *drayes* et en 1909, j'ai attiré l'attention de la Société sur l'intérêt qu'il y aurait à faire faire des recherches méthodiques dans chaque commune, à l'aide du cadastre, pour y retrouver tous les noms de parcelles portant le nom de *drayes* ou ayant parmi leurs confronts une *draye*.

A l'appui de ce que je disais, j'apporte quelques indications : elles ont été puisées dans les annonces judiciaires publiées l'an dernier dans deux ou trois journaux locaux.

Il s'agit de ventes de parcelles portant les noms suivants :

Saint-Chély Forain.	Section A. N° 334.	*Chemin Ferrat.*
Saint-Pierre-le-Vieux.	— N° 464.	*Chami Ferrat.*
Arcomie.	Section B. N° 99.	*Chemin Ferra.*
La Canourgue.	Section E. N° 172.	*Lous camis ferrats.*
Saint-Léger-de-Peyre.	Section C. N° 262.	*Prat ferra.*
Le Crouzet (C° de Gabrias).	— —	*Ferraches.*
Lasbros (C° de la Chaze).	— —	*Chemin Ferré.*
Saint Sauveur-de Peyre.	Section C. N° 149.	*La draye.*
Canillac.	Section C. N° 67.	*La drayette.*
La Canourgue.	Section E. N° 93.	*Draïe des Porcs.*
—	Section E. N° 257.	*Los Draios.*
Saint-Alban.	Section E. N° 837.	*L'estrade.*
Fournels.	Section C. N° 739.	*L'estrade.*
Les Bessons.	Section B. N° 500.	*L'Estrade.*
Javols.	Section A. N° 412.	*La Chalsade.*
Lajo.	Section A. N° 807.	*Cami Rouniou.*
Saint-Chély-d'Apcher.	Section A. N° 20.	*Champ des Chemins*
Saint-Jean-la-Fouillouse.	Section A. N° 27.	*Chon de la Draye.*
—	Section E. N° 31.	*Chon Negre,* con-frontant au midi avec la *draye* de Fourcha-des à Beauregard.
—	Section E. N° 68.	*Lou Plo,* confron-fronté au nord par la *draye* de St-Jean à la Barraque de la Mothe.

etc.

Par ces quelques exemples, on peut voir l'intérêt qu'il y aurait à consulter l'état des sections des diverses communes de notre département.

Si l'on s'adresse aux documents — il y en a encore beaucoup dans les études de MM. les notaires et les chercheurs sont plutot rares — on trouve des indications fort précieuses.

Dans plusieurs reconnaissances de l'année 1517 faites par divers habitants du village du Mouilhet (c°° de Rieutort) (1), il est souvent question d'un *chemin ferré* dont il serait sans doute facile d'établir le tracé d'après le plan cadastral et à l'aide des documents qui vont suivre.

Dans un de ces actes, la Montagne du Mouilhet est délimitée de la façon suivante : « Quidem territorium sive mons confrontatur a solis

____

(1) Documents en notre possession.

« ortu cum terris champestris de *Colombescha* (1) et de *Villa nova* (2)
« et a parte solis occasus, cum terris locorum de la *Rocha* (3) de *Bos-*
« *cheto* (4) et devesiis hominorum dicti loci de *Sangneriis* (5) et de
« *Salassos* (6) et cum terris mansi de *Bolsaffol* (7) des *Mazes* (8) et de
« *Colonia superiori* (9) et cum suis aliis confrontationibus... ».

Les parcelles énumérées dans les actes portent les noms suivants, avec l'indication des confronts :

Champ appelé *Lou Rocha* lel confrontant avec le chemin *del Pouzet* et d'un autre côté « *cum itinere ferrato* ».

Champ de *la Garde* confrontant avec ce dernier chemin.

Champ des *Plantiers* confrontant avec le même et un chemin allant à Mende.

Champ de la *Chalmeta* confrontant avec le chemin ferré.

Champ del *Meisonial* confrontant avec le même et le chemin allant vers le *Pontet*.

Pré appelé la *Chapelle del Meissonnial*.

Champ *Sobre l'hostal* confrontant avec le chemin de l'église (de R.)

Champ et paturage *del Py* confrontant avec le chemin ferré.

Champ et paturage *les Sanhes* confrontant avec le chemin ferré d'un côté et le chemin allant vers *le Ponteils*.

Il serait curieux de savoir si ces parcelles ont conservé leur ancienne dénomination : dans ce cas, le tracé du *chemin ferré* serait facile à établir.

Dr BARBOT

Le colonel Borrelli de Serres

Poitiers, ce 5 juillet 1913.

Mon cher Président,

Je suis à la Bibliothèque de Poitiers et en lisant la *Revue historique* je trouve un article que je copie pour vous le transmettre afin que vous

(1) La Colombèche.
(2) Villeneuve.
(3) La Roche de Rieutort.
(4) Le Bouchet.
(5) Les Sagnes.
(6) Salassous.
(7) Boussafol.
(8) Terroir inconnu.
(9) Coulagnes-Hautes.

décidiez s'il n'y a pas lieu de l'insérer dans le prochain Bulletin parmi les *Chronique et Mélanges*. J'ai connu le colonel Borrelli de Serres qui était un travailleur assidu de la Bibliothèque nationale, au temps où j'étais à l'Ecole des Chartes. Je me souviens de sa haute stature maintenue par deux béquilles et de la toux terrible de ce vieillard qui eut deux carrières dans sa vie. Vous pourriez peut être rappeler en quelques mots en tête de cet extrait le souvenir de la famille Borrelli de Serres qui a joué un role distingué à Mende et que vous connaissez mieux que moi. Il me semble en tout cas que l'on ne saurait laisser disparaître un Gévaudanais aussi authentique et de si haute valeur sans rendre hommage à sa mémoire et le signaler à ses compatriotes.

Croyez toujours, je vous prie, mon cher Président, à mon souvenir très fidèle.

BRUNEL.

« Nous avons appris avec beaucoup de regret la mort du colonel « Louis-Léon Borrelli de Serres. Il était né à Mende (Lozère) le 8 octo- « bre 1836 et entra dans l'armée où il se distingua. Il rédigea d'abord « des traités militaires ; ainsi, à l'époque où il était capitaine adjudant- « major au 69ᵉ de ligne, son *Instruction de l'infanterie dans le service en* « *campagne*. Il prit sa retraite comme colonel et se voua désormais aux « études historiques. Il apprit la paléographie, la diplomatique, toutes les « sciences auxiliaires nécessaires au médiéviste. Puis il se rendit aux « Archives nationales, dépouilla les pièces relatives au régime financier « de l'ancienne France, s'aperçut combien étaient erronées les assertions « des historiens sur ces questions si difficiles et publia les *Recherches* « *sur divers services publics du XIIIᵉ siècle au XVIIᵉ siècle*. Trois volumes « parurent sous ce titre en 1895, 1904 et 1909 (Paris, Alphonse Picard « et fils). Ces études portent particulièrement sur la comptabilité publi- « que du XIIIᵉ siècle au règne de Philippe VI, sur les officiers des finan- « ces de Philippe IV à François Iᵉʳ, sur la politique monétaire du même « Philippe IV. L'auteur s'élève avec beaucoup de raison, documents en « mains, contre les légendes les plus accréditées ; il montre par exemple « que la réforme de Louis IX nommant Etienne Boileau prévôt de « Paris, n'a point du tout le sens qu'on lui attribuait ; que Jacques Cœur « était simple argentier de Charles VII et n'avait jamais été administra- « teur des finances royales ; qu'à tort on faisait des frères Bureau des « grands maîtres de l'artillerie, etc. Toutes ces conclusions ont été adop- « tées par les érudits. Pourtant le nom du colonel Borrelli de Serres n'a « point pénétré dans le grand public : c'est que ses études toutes techni- « ques sont de lecture austère, et il s'est peut-être trop attardé à réfuter « les erreurs de ses devanciers, même des auteurs de manuel, au lieu

« de traiter directement son sujet, après avoir fait table rase de tous
« les travaux antérieurs. Un de ses travaux est de lecture plus facile ;
« dans son livre sur la *Réunion des provinces septentrionales à la cou-*
« *ronne par Philippe-Auguste* (1899), il indique fort bien comment ont
« été annexés au domaine de 1195 à 1216 l'Amienois, l'Artois, le Ver-
« mandois et le Valois, et Cartellieri s'est rallié à ses opinions. Avec le
« colonel Borrelli de Serres disparait un historien de haute valeur, qui
« s'était formé lui-même, loin de toute école, qui fut véritablement un
« autodidacte et qui pourtant a renouvelé l'histoire des institutions
« françaises aux XIII*, XIV* et XV* siècles ».

Extrait de la Revue historique, t. CXIII (1913), p. 445.

« M. Borrelli de Serres était issu d'une famille de Villefort à laquelle
s'était allié par son mariage Jean-André Barrot, né lui aussi à Villefort,
mais originaire de la localité voisine de Planchamp, où son père et ses
ancêtres avaient exercé les fonctions de notaire, député de la Lozère
à la Convention et père du célèbre Odilon Barrot et de ses frères, Ferdinand, Grand Référendaire du Sénat, sous le Second Empire, et Adol-
phe, Ambassadeur de France en Espagne. En meme temps que le
portrait de ces quatre éminents Lozériens, notre Musée possède celui,
donné par lui-même à la Société, du général Borrelli qui appartenait à
cette famille. Le père du colonel avait été maire de Mende et longtemps
vice-président de notre Société. Notre compatriote avait donc de nombreux titres à un souvenir sympathique dans ce recueil consacré à tout
ce qui touche notre antique petite province et à la mémoire de ceux de
ses enfants qui l'ont honorée par leurs talents et leurs services ».

Ad. M.

Anciennes églises du département de la Lozère antérieures au XV° siècle.

Albaret-Sainte-Marie

L'église d'Albaret-Sainte-Marie, style composite (romano-ogival) avec son clocher en éventail, à quadruple arcature, orné de deux cloches, aux murs à assises régulières, en moëllons de granit correctement appareillés, mais portant la trace de nombreuses retouches, remonte au XIII° siècle. A cette époque ce prieuré simple était desservi par les religieux de la Chaise-Dieu. En 1304, il fut réuni à la mense épiscopale de Mende. (1)

En 1614, les revenus de ce bénéfice étaient de 1600 l. t. (2). Une des cloches fut fondue en 1740 et elle porte le nom du curé Dumazel. (3)

Allenc

Cette église à plan tréflé accuse le XII° siècle. Elle paraît de construction bénédictine (de Burdin). Peints à fresques la voûte et les murs des deux travées ont été recouverts d'un maudit badigeon.

Ce bâtiment fut remanié au commencement du XVII° s. En 1611, Etienne Moret, bayle de la baronnie du Tournel, promet de satisfaire « à la perfection du contrat de prix-fait pour la construction de l'église « d'Allenc ». (4) Au XIV° et XV° siècles le Chapitre de Mende etait prieur de cette paroisse. (5)

Arcomie

Eglise romane du XII° ou XIII° siècle ; abside polygonale, type auvergnat ; édifice assez régulier, de construction bénédictine. Dès le principe ce prieuré simple dépendait de la Chaise-Dieu et il resta sous la direction de cette abbaye jusqu'au XVI° siècle (6). Clocher arcade à quatro baies, avec deux cloches. Eglise dédiée à Ste-Marie-Madeleine. En 1412, Jean Potier, de St-Chély, en était prieur. (7) En 1578, ce sanctuaire fut pillé et saccagé par une troupe de Calvinistes qui revenaient

(1) Arch. dép., Série G 832.
(2) id. G 1806.
(3) Archip. de Javols, p. 15, par M. l'abbé Foulquier.
(4) G 1807.
(5) Ibidem. Cf. Chronique et Mélanges par le D° Barbot, p. 115 et suiv.
(6) G 632, 226, 647.
(7) Chauchat, not.

du Cantal. (1) En 1793, les terroristes, n'ayant pu capturer le curé, en auraient fait autant. (2) En 1728, François Rampon en était prieur, et Antoine de Rochemure était curé de cette paroisse. (3)

Arzenc-d'Apcher

Cette église, jadis chapelle du château des Apcher, en style roman, mutilée en partie, à une seule nef, au chevet polygonal, aux chapiteaux curieux, remonte au XII' siècle. Sous les dalles du chœur existe le caveau des barons d'Apcher. Une clé de voûte porte leur blason. (4)

Jusqu'au XIV' siècle le château appartint à ces seigneurs, sous la suzeraineté de l'évêque de Mende. Dans le cours de ce siècle il devint la propriété de Bernard, comte de Rodez. Les Anglais commencèrent sa ruine ; les calvinistes la continuèrent, la Révolution et le temps l'ont consommée. (5)

Arzenc-de-Randon

Cet édifice, du style composite, d'un travail très soigné, dont la construction, d'après la tradition locale, serait l'œuvre des moines bénédictins, remonte au XIV' siècle. De Burdin le classe au XV' s. (6) Le chapitre de Mende était prieur-nominateur de ce prieuré et, en 1319, il assigna une pension au vicaire de cette paroisse. (7)

Banassac

« Cette église, dit M. Bourret, est une des plus anciennes du diocèse. « On dit que Saint-Firmin (mort en 401) y aurait été inhumé » (8) Elle paraît remonter au XII' siècle ; collatéral unique, dès l'origine ; aujourd'hui en forme de croix latine ; chevet à trois pans et abside semi-circulaire ; tribune massive au fond ; orientée de l'est à l'ouest, basse, humide, sans cachet architectonique. (9)

En 1518, le droit de présentation au bénéfice St-Médard de Banassac appartenait à l'archidiacre du chapitre de Mende, qui y nomma frère Alexandre de Roquefeuil. (10)

---

(1) Manuscrit Denisy.
(2) Ibidem.
(3) Statistique des paroisses, dressée, en 1728.
(4) Cf. *Semaine Religieuse*, n° 18 avril 1913.
(5) Bourret, Dict. géograp.
(6) Cf. Annales hist. ou *La Croix de la Lozère*, n° 2 mars 1913.
(7) Arch. dép. G 1811.
(8) Dictionnaire géographique.
(9) Cf. *La Croix*, 9 mars 1913.
(10) G 1827.

Dn 1655, ce bénéfice fut affermé par Esparbier, archidiacre, 1.600 livres t. (1)

Barjac

Cette église du style roman pur, ornée de quatre chapelles latérales, d'une abside semi circulaire, divisée par un cordon saillant en forme d'arc doubleau, dont le chœur a 6 m. de largeur sur 8 de profondeur, remonte au commencement du XIV* siècle. Elle fut consacrée, le mercredi après Pâques, en l'année 1324 par Mgr Guillaume Durand, neveu, d'après une inscription gravée sur le frontispice. *PNS. ecclesia fuit consecrata, feriâ* IIII *Paschæ 1324.* Une litre en décore l'intérieur. En 1328, ce prieuré était à la nomination et à la collation de l'évêque de Mende, Guillaume Durand y nomme Raymond Alamand, recteur de l'église de Vabres et il ordonne qu'on assigne au recteur des revenus suffisants. La lettre est datée de son manoir d'Argenteuil, diocèse de Paris, 11 mars 1328. (2) En 1749, on fit des réparations à la sacristie. (3)

Avant 1324, l'église de St-Véran (X* s.), sise sur la rive gauche du Lot, et aujourd'hui en ruines, servait, d'après M. Bourret. d'église paroissiale, et ce saint, natif de Barjac, était le patron de la paroisse.(4) On voit, dans l'église actuelle, les armes des barons de Cénaret qui en furent probablement les fondateurs. « Cette église était en très bon état en 1724 ». (5)

Balsiéges

Cette église, de style composite, « au chœur rond, en forme de niche, voûté, éclairé par trois fenêtres, de 4 m. d'ouverture, sur 4 m. de profondeur, (6) qui formait primitivement, à ce qu'on croit, la chapelle du château de Balsiéges construit par Mgr Odilon de Mercœur, vers le milieu du XIII* s., doit remonter à cette époque. En 1362, les Routiers s'en emparèrent. (7) En 1580, il tomba au pouvoir de Merle, après 12 jours de siège, et il le démolit en octobre de la même année. (8) Tout près se trouve l'antique ermitage de St-Théodore. « En 1656, Mgr de Marcillac donne, pour en jouir, sa vie durant, au frère Antoine Luquet, ermite, la chapelle et la maison qu'il avait fait reconstruire, à l'ermitage de St-Théodore, paroisse de Balsièges. (9) Ajoutons cependant

(1) G 1827.
(2) A. D. g. 1829.
(3) Dictionnaire géographique.
(4) Ibidem.
(5) G 3030. Chroniques p. 164.
(6) G 3030.
(7) Bourret, Dictionnaire géographique.
(8) Intendit. Notice sur Mathieu Merle, p. 15 et 18.
(9) G 1826.

que l'église paroissiale a été profondément remaniée, dans le cours du XIX⁰ siècle. Il ne reste de l'église primitive qu'une partie des fondations. Celles-ci émergent du sol, au chevet de l'église, à 2 m. de hauteur.

Bramonas

Cette église, qui remonte au XIV⁰ siècle, fut primitivement une chapelle de secours. Guillaume Durand, évêque de Mende, la fit construire en 1320. (1)

Vers 1810, cette chapelle devenue église paroissiale fut remaniée et agrandie. (2)

Bédouès

Cette paroisse possède deux églises remarquables dont l'une située dans le village est dédiée à St-Saturnin et l'autre sise au quartier du château, ou de la Tour, est dédiée à St-Pierre. Celle-ci sert d'église paroissiale.

1⁰. — La première, une des plus belles du diocèse, style roman très pur, bien châtié, à une seule nef, avec arc triomphal du chœur très surbaissé, abside polygonale, semi-circulaire, aux murs peints à fresques depuis 40 ans, ornée de châpiteaux très intéressants, remonte au XII⁰ siècle. Avant la construction de l'église St-Pierre, elle servait d'église paroissiale et devint même le siège primitif de la collégiale de Bédouès, en 1363. (3)

2⁰. — L'église St-Pierre ou de la Tour, style roman mitigé, est l'œuvre d'Urbain V et remonte au XIV⁰ siècle (1364). Elle n'a pas de cachet artistique et est en forme de croix latine. Son clocher à flèche, qui a été construit par M. le curé Ollier, vers 1875, est d'une coquetterie remarquable. Parlant de sa fondation, voici comment s'exprime l'auteur de l'Histoire des papes français : *in loco de Bedeasco, diœcesis Mimatensis... Urbanus V a solo œdificavit pulcram et satis nobilem ecclesiam quam muris altis et turribus, admodum castri, circumdedit ; in quâ constituit collegium canonicorum sœcularium et decani : qui ibidem haberent Deo perpetuo desservire, in memoriam sui et parentum suorum, quorum sepultura est et erat ibi ab antiquo. Dotavitque dictum collegium, tam de bonis paternis, quam aliis, bene et sufficienter.* (4)

« L'année deuxième de son pontificat, Urbain V transféra la collé-

(1) G 1826.
(2) Tradition locale.
(3) 1ᵉʳ Regeste d'Urbain V, nᵒ 245, fol. 201. *Sem. Rel.*, 28 janvier 1898.
(4) Histoire des Papes français par Fr. Bousquet, p. 188. Albanès, Bull. 1866.

« giale de l'église de St-Saturnin à celle du tertre de la Tour. *ad locum*
« *de Podio de Turre* ». (1)

Secondé par les capitaines Gondin et Porcarès, Mathieu Merle s'em-
para du château de Bédouès par trahison, le 17 janvier 1581, poignarda
de sa main le traître Montal, fit jeter la plupart des chanoines dans
un puits très profond (qui existe encore sur le tertre de la Tour) et
démantela la forteresse. (2).

Cette collégiale comptait 11 chanoines, 1 doyen, 1 sacristain curé et
1 précenteur. (3)

Belvezet

En 1255, Odilon de Mercœur, évêque de Mende, permet au seigneur
de Châteauneuf-Randon de construire une chapelle, à Belvezet. (4)
Celle-ci fut desservie pendant longtemps par un chapelain pourvu de
rentes convenables. (5) Primitivement cette chapelle fut dédiée à Ste-
Catherine. (6) En 1471, le vicomte de Polignac en était *patron fondateur* et Mᵉ Dalmas, chapelain. (Cf. arch. de M. Polge, vic. g., nᵒ 53).

Blavignac

Cette église, du style composite, romano-ogival, semble remonter
au XIIIᵉ siècle. Elle formait un prieuré-cure qui dépendait de la collégiale de Marvejols. Celle-ci en percevait les dîmes et les censives, à
son profit. (7) Cet édifice, type auvergnat, est intéressant sous certains
points de vue. Curieux chapiteaux, colonnettes légères.

Les Bondons

L'église des Bondons, style roman, en forme de croix latine, avec
une abside en forme de niche, fort massive, type provençal, surmontée
d'une tour quadrangulaire, à huit arcades romanes, ne présente aucun
cachet architectonique et paraît remonter au XIVᵉ siècle, peut-être
même au XIIIᵉ. En 1237, le pape, Grégoire IX, confirma le chapitre de
Mende dans ses droits de possession de l'église des Bondons et de ceux
des églises d'Altier, Arzenc-de-Randon, Châteauneuf-de-Randon, Allenc,
Balsièges, Brenoux, La Malène, St-Pierre-de-Nogaret, La Rouvière,

(1) Régeste. Ibid., fol. 201.
(2) Cf. Intendit, Louvreleul, Pourcher, documents du Bulletin, etc.
(3) G 36.
(4) A. D., G 1831. Ce seigneur affecte au service de la chapelle 1/3 de la
dîme de Belvezet, Gros-Viala et autres lieux.
(5) Ibidem.
(6) G 2089. Le 11 juillet 1699, l'abbé du Chaila fut nommé chapelain de
Ste-Catherine, de Belvezet, par la comtesse du Chaila (fonds de M. Polge).
(7) Cf. Lavigne, not. à Marvejols. A. D.

Le Born, Croissance, etc. (1) L'église des Bondons, dédiée à St Satur-
nin, fut brûlée par les calvinistes, en 1562. (2)

« En 1756, réparations faites à l'église des Bondons ; prix fait d'un
« tabernacle fait par Thomas Seguin, mineur conventuel, de Marve-
« jols : coût, 360 l. t. » (3)

Le Born

Eglise romane, primitivement à une seule nef ; abside remarquable
à six pans coupés, avec moulures et arêtes finement sculptées, unis
par une clé de voûte, un peu mutilée qui porte les armes du chapitre de
Mende ; ouverture du chœur 5 mètres, profondeur 7 mètres, peut remonter au XIII' siècle, vu que l'arc triomphal est légèrement ogival.
La chapelle de gauche, dédiée à St-Joseph, à arcs en diagonale, paraît
être du XV' siècle.

Les autres parties de l'église ont été remaniées assez grossièrement.
Elle est orientée du sud au nord. Le clocher arcade à deux baies, placé
sur le transept, entretient l'humidité et le suintement des eaux.

« En 1517, fondation de la vicairie de la paroisse du Born par le
« chapitre de Mende ». (4)

En 1700, le pape Innocent XII accorde une indulgence plénière aux
habitants du Born qu'ils pourront gagner le jour de la Nativité de St-
Jean-Baptiste, 24 juin. (5)

La chapelle de St Martin-du-Born fut fondée et bâtie en 1358. (6)

Le Buisson

Eglise du XIV' siècle pour les parties primitives, comme « l'abside
à huit pans et en cul de four ». (7) Remaniée en grande partie. En
1334, eût lieu une transaction entre l'évêque de Mende et le prieur du
Monastier, au sujet de l'église du Buisson Elle fut cédée aux bénédictins. (8) En 1451 M' Jacques Barthélemy, prêtre et prieur, y fondait
une chapellenie de St-Blaise. (9)

(1) A. D., G 1048.
(2) Bull. p. 38, octobre 1886.
(3) A. D., G 1834.
(4) G 1835.
(5) Ibidem.
(6) Ibidem.
(7) G 3030. Chroniques, p. 165.
(8) A. D., G 1839.
(9) Ibidem.

Brion

Cette église, aux fenêtres trilobées, à l'abside pentagonale, de construction bénédictine « n'a pas de cachet bien artistique. Elle parait être d'une époque de transition. Il serait téméraire de la classer au-dessus du XIII⁰ siècle ». (1) Elle est dédiée à St-Jacques.

En 1302, le prieuré de Brion dépendait de l'abbaye de la Chaise-Dieu et la collation canonique était réservée à l'évêque de Mende pour l'institution des prieurs, de même que pour Termes, St-Pierre-le-Vieux, Fournels et le Bacon. (2) En 1728, le curé s'appelait Jean Moisset et il était religieux de la Chaise-Dieu. (3)

Brugers

Cette église, en style roman rudimentaire, à une seule nef, bien orientée, de dimensions exigues. basse, humide, remonte à l'année 1519. Elle fut fondée et construite par Guillaume Rouvière, prêtre. (4) On sait qu'il existait, en ce lieu, une *villa* romaine, fondée par *Lucius Sévérius, Sévérus.* comme le porte l'inscription gravée sur un cippe romain, quadrangulaire, qui se trouve au coin (nord) du jardin de M. Raynal : traduction : « *Lucius Severius Severus, petit fils de Lucius Severius,* ayant obtenu toutes les magistratures de sa cité, a construit cette villa, et, de concert avec son fils ainé Decimus Severius, il a élevé cet édicule (autel sacré) pour son salut et celui des siens ». (5)

La Canourgue

Cette église, une des plus belles du diocèse, type composite provençal, d'après M. le D⁰ Barbot, sur le plan des anciens prieurés bénédictins, (6) voûte très élancée, nef unique à trois travées (et dont deux autres auraient disparu par suite de la chute du clocher, en 1670), entourée d'un ruban de chapelles rayonnantes, sur les bas-côtés et le déambulatoire, antique siège de l'abbaye bénédictine de St-Martin, dépendance de St-Victor de Marseille (1060), remonte au XII⁰ siècle. Elle est mentionnée en l'année 1155. (7)

---

(1) *Semaine religieuse,* 7 mars 1913.
(2) Arch. Dép., fonds de Brion.
(3) Statistique des paroisses par de Burdin. Cf. Bourret, etc.
(6) A. D., G 1955.
(7) Bull. 1881, p. 74. Item, année 1902, p. 108.
(1) *La Croix* Loz., 9 mars 1913.
(2) A. D., H 128.

« Les parties les plus anciennes (c. à. d. les constructions inférieures qui sont du style roman) datent du XI° siècle ». (1)

Ce sanctuaire aurait été construit sur l'emplacement d'une autre
église qui aurait servi de chapelle au monastère de St-Martin fondé,
disent nos chroniqueurs, vers l'an 540. (2) Celui-ci fut réuni à Saint-
Victor, en l'an 1060, 4 juillet. (3)

Avant le XII° siècle, les barons de Canillac, dont on voit le blason
dans l'église actuelle, étaient seigneurs de la Canourgue. Dans le cours
de ce siècle, le roi de France s'arrogea la juridiction sur les nobles et
le clergé, et les Canillac sur les simples laïques. (4) En 1298, après de
nouvelles contestations, on fondit les deux pouvoirs et tout devint
indivis entre le roi et les barons de Canillac. (5)

Au Moyen-âge, les eglises de St-Frézal, Salmon, St-Saturnin, La
Capelle, St-Pierre de-Lévéjac, St-Préjet-du-Tarn, ...Monstuéjouls
(Rodez), dépendaient de l'abbaye de La Canourgue. (6) En 1591, ce
monastère fut pillé, saccagé et ruiné par les seigneurs, ainsi qu'une
partie de la ville v. g. la *Carrière-Neuve*...... (7)

NOTA. — D'après deux monnaies trouvées à Banassac, il est certain que
le Monastère de St-Martin de La Canourgue existait en 628. — Cf. Saint-
Frézal, par le ch. Bosse, p. 32. Bull. Loz., décembre 1895.

St-Frézal de La Canourgue

Ce sanctuaire est un de nos monuments religieux les plus anciens.
Il accuse le XI° siècle. Cette église, style roman très pur, à une seule
nef, « est rebâtie sur ses ruines », d'après M. le D' Barbot. (8) Sous
l'autel se trouve un vieux sarcophage, en grès, fait tout d'une pièce.
On croit qu'il renferme les ossements de St-Frézal, évêque de Mende,
assassiné par son neveu *Bucilinus*, le 4 septembre 826. L'église fut restaurée en 1627 ; les Etats du Gévaudan accordèrent 200 l. t. (9) Tout

(1) Guide Joanne (Lozère), p. 56.
(2) Ollier, p. 32.
(3) Cf. Cartulaire de St-Victor. A. D., H 87. — Item *Gallia Chr.*, t. I, p. 23.
(4) Bourret, De Burdin. Charte de réunion.
(5) Ibidem. Bull. 1833.
(6) H 97, 107 et suiv. Plusieurs documents donnent à ce monastère le
nom d'abbaye. L'abbé Foulquier, p. 76.
(7) H 99. Lire la notice de l'abbé Girou 1857. L'église compte 7 chapelles:
elle a 23 mètres de longueur.
(8) *Croix* Lozère, 23 mars 1913.
(9) Archives départementales.

près, superbe bassin « qui serait de construction gauloise ». (1) Ne serait-il que de construction gallo-romaine, ce serait déjà bien respectable.

Canilhac

Cet édifice, à trois nefs, abside semi-circulaire, avec un arc triomphal très surbaissé, dont certains chapiteaux des lourds pilastes ont été affreusement mutilés, remanié sur divers points et surmonté d'un clocher à flèche, parait remonter, au moins, au XIII° siècle. Il y a des colonnettes très sveltes, à l'abside et à la sacristie, reliant des arcades aveugles avec chapiteaux à figurines. On y remarque les levriers du blason des barons de Canilhac ; l'un d'eux passe la tête sous le cou de son compagnon : *canes ligati*.

Dans une chapelle, à gauche, près du chœur, se trouve le tombeau ogival des barons de Canillac, ou des seigneurs de la Tour. La porte d'entrée est précédée d'un porche roman. Eglise bien orientée.

La Capelle

Cette église romane, austère et massive, parait remonter en partie au XII° s. Dédiée à St Martin, elle devait primitivement être une chapelle de secours desservie par les moines de La Canourgue, d'où serait né le nom du village. (2)

Abside remarquable, en forme de niche, avec arcades intérieures et extérieures ; colonnes doriques , chápiteaux à modillons. Chapelles postérieures ; petit portique ogival, avec une figurine de chaque côté. Arc triomphal, litre intérieure ; clocher moderne, composite, avec flèche ; au bas, fenêtre trilobée ; vieux cadran solaire. A droite, sur un pilastre du clocher, on trouve des armoiries représentant un personnage avec un chien d'arrêt et un chien courant. On y lit : PA. P. III (probablement Paulus Papa tertius) (1534-1549) et en dessous : LOIS CANI. (probablement Louis de Canilhac). Sur certaines pierres est gravée la figure d'une *hache*. On trouve cet instrument dans le blason des de Chayla. En effet, on trouve tout à côté le manoir du Chayla.

Jules Michel, ingénieur, dit « que l'église de la Capelle a été bâtie de « 1050 à 1100... L'abside était éclairée par cinq fenêtres en plein cein- « tre, décorées de colonnettes. A l'extérieur, l'abside, en belles pierres « de taille, était ornée de colonnettes sur chápiteaux, qui rappellent « celles de St-Sernin de Toulouse... Trois contreforts du XIII° siècle

(1) Guide Joanne (Lozère), p. 56.
(2) Cf. Bourret, Dictionnaire géographique.

« la soutiennent. Le porche et la porte d'entrée sont de cette épo-
« que ». (1) Nous croyons que les contreforts cylindriques du chevet
remontent au XI* siècle.

Chadenet

Cette église, du caractère roman, d'un travail très soigné, ornée
d'un chevet ou abside à cinq pans, revêt un certain cachet artistique
et accuse le XII* siècle. « Reproduction exacte de l'église de St-Julien-
« du-Tournel, elle paraît être l'œuvre du même architecte. Les deux
« monuments sont connus des archéologues, et De Burdin les juge
« hors pair ». (2) L'église est dédiée à St-Loup ; primitivement elle
dépendait de l'abbaye de St-Gilles. (3) Le 9 novembre 1676, ce prieuré-
cure fut uni au Grand Séminaire de Mende. (4)

Chanac

Le style de cette église n'est pas homogène ce qui empêche de déterminer approximativement la date de sa construction.

D'après M. le D' Barbot, certaines parties peuvent remonter au XII*
siècle ; (5) d'autres n'accusent tout au plus que le XIII*. La nef principale est élancée ; les pilliers qui la soutiennent et les chapelles latérales ont un cachet fort massif et très austère.

Le maître-autel, en bois sculpté, est l'œuvre d'un artiste. Le tabernacle passe pour un chef-d'œuvre de sculpture. L'église est dédiée à
St Jean-Baptiste. Guillaume IV, de Peyre, évêque de Mende, qui fit
construire le château de Chanac, fonda dans l'église et dota la chapelle
de St-Blaise, en 1218. (6) Ce prélat dota le maître-autel d'une table en
argent. (7) Une chapelle, en l'honneur de St-Joseph, y fut aussi fondée
en 1713. (8) Au cimetière, on remarque deux bijoux de chapelles ar-
chaïques, servant de tombeau aux familles Rimbaud et Cordesse, du
Sec. La première fut bâtie par Pierre Malaval, en 1666 ; revenu 22,500.
La seconde est plus ancienne ; elle date du 21 juin 1534 et fut édifiée
aux frais de Jean Pagès, donateur de la famille Cordesse : revenu

---

(1) Bull. Loz., novembre et décembre 1895, p. 137.
(2) *Semaine religieuse*, 28 avril 1913. Annales historiques.
(3) G 2089.
(4) A. D., G 1844.
(5) *Croix* Loz., 9 mars 1913.
(6) G 1846.
(7) *Ædificavit tabulam argenteam quæ est in majori altari*. G 1446.
(8) G 1847.

76 l. t. (1) L'église de Chanac fut saccagée par les calvinistes, en août
1562. (2)

Chasseradès

Eglise du XII° siècle ; type provençal ; plan rectangulaire avec abside
polygonale ; colonnes jumelles à l'arc triomphal, surmontées de chapiteaux géminés. (3) Cette église est mentionnée aux archives en 1255,
1291, 1302. (4) Chassérades était le chef-lieu de la viguerie du Chassé-
zac, du V° au X° siècle. (5) En 1433, son église relevait du clergé de
Mende qui en était prieur-nominateur. (6) En 1382, ses revenus étaient
de 56 florins d'or de France. (7) En 1677, de 1.700 livres tournois ; en
1784, de 4.150. (8) On y trouva une croix du XIII° siècle. (D° Barbot).

La Chaze

Eglise romane du XII° siècle ; chœur semi-circulaire ; nef remaniée
en 1728, par suite de la chute du clocher. (9) Ce dernier a été relevé ;
il est octogone avec flèche élancée et hardie.

On admire, au village de Las-Bros, la chapelle Ste-Croix que le Guide
Joanne fait remonter à l'an 1522. (10)

Chaudeyrac

Eglise du XV° siècle, (11) dédiée à St-Martin. Pendant de longs siècles elle releva du clergé de Mende qui avait droit de patronat. (12) Elle
aurait besoin de réparations, sinon elle tombera bientôt en ruines.

Chirac. – Eglise St-Romain

L'église St-Romain, qui sert d'église paroissiale à Chirac depuis le
XII° siècle, n'est pas homogène et est du style composite. Les colonnes

(1) Cf. Achard, not. à Mende, Arch. dép.. G 2089.
(2) Arch. Loz., G 46, G 969.
(3) *Croix* Loz., 9 mars 1913. D° Barbot.
(4) G 1849.
(5) Cf. Le Pagus gabalicus.
(6) G 2826.
(7) G 2823.
(8) G 1851 et 2089.
(9) *Croix* Lozère, 9 mars 1913. D° Barbot.
(10) Guide Joanne. p. 56.
(11) De Burdin. Classement des églises.
(12) Statistique de 1728.

avec chapiteaux à figurines ou feuilles d'acanthe, d'une rare finesse, la voûte principale, le chœur, l'abside polygonale soutenue par de sveltes colonnettes avec arcatures à l'intérieur et à l'extérieur, les deux portes d'entrée et le clocher fort massif sont du style roman très pur et remontent au XII' siècle (1) Les bas-côtés et les chapelles latérales, ainsi que la tribune sont ogivales et datent pour la plupart du XIV' siècle. Elles furent l'œuvre d'Urbain V, qui s'employa à relever les ruines des Anglais, routiers et malandrins. Ceux-ci commandés par Seguin de Badefol prirent et dévastèrent Chirac, vers l'an 1357 ou 1358. (2)

L'église Saint-Romain fut brûlée par les calvinistes, le 25 août 1562, les cloches furent fondues et la ville démantelée. (3) En 1614, le curé Mathieu de Fontanes fit construire, à la tribune, la chapelle Ste-Madeleine, et réparer une large brèche faite au clocher par les protestants. (4) Avant 1793, l'eglise Saint-Romain comptait 17 chapellenies. (5)

NOTA. — Pierre Andéol fonda, en 1377, la chapellenie de N.-D. dans l'église St-Sauveur de la Tourrette : Jean Courtilles en fonda une autre, à St-Romain en 1540 : celle des Saints Ferréol et Martial furent fondées en 1616 : et celle du Crucifix, en 1681, par le Baron de Montjézieu. (G 1861'.

Chirac. — Chapelle Saint-Jean-Baptiste

Cette chapelle servit d'abord d'église paroissiale aux habitants du *Castrum Kiriacum*, jusqu'au milieu du XII' siècle, c. à d. jusqu'à la construction de l'église St-Romain « par les seigneurs pairiers de Chirac ». (1) Construite en moëllons calcaires de grand appareil, en forme de croix de Malte, cette église compte trois chapelles : St-Jean-Baptiste, St-Jean l'évangéliste et Ste-Catherine (cette dernière fut plus tard dédiée à St Roch). La plus ancienne de ces chapelles et la partie inférieure des deux autres sont romanes ; la partie supérieure de ces deux dernières est ogivale. Les trois chapellenies remontent au XIII' siècle. (2, Les constructions romanes accusent le XI' siècle. La partie ogivale est du XIII' et XV' siècles. Celle-ci a subi des modifications postérieures. M. Malaval, curé, fit restaurer ce monument vers 1870.

(1) A. D., H 128.
(2) Bull. Invasion anglaise : Histoire d'Urbain V, par Bousquet. Cf. *Feuda Gabalorum*, p. 757.
(3) Bull. octobre 1886, p. 58.
(4) Registre Dieulofes, notaire de Chirac. Item Boissonnade, notaire.
(5) Titres personnels. Chirac, par Delaruelle. Bull.
(6) A. D., H 128.
(7) Archives de la paroisse. Etude de M° Delaruelle. G 1861.

« Urbain V contribua à la restauration de la chapelle de St Jean-
« Baptiste, située dans la paroisse de Chirac, non loin du monastère
« où il avait fait ses vœux de moine bénédictin. 1362-1379 ». (1)

Vers l'an 1700, le chapelain Rousset fit relever la voûte de la chapelle St-Jean l'évangéliste. La clé de voûte porte son blason : « d'azur
au lion d'or appuyant le pied sénestre sur un boulet d'argent ». (2)

Cubiéres

Eglise romane du XII° siècle. Bourret et Joanne la placent au XI°
siècle. (3) Abside à arcatures, chapiteaux à figurines grotesques. Le
clergé de Mende en était prieur-nominateur. (4)

« Le 14 septembre 1603, noble Claude de La Bastide, curé; noble
« Maurice de La Bastide, écuyer, et les habitants de Cubières adres-
« sent une requête au clergé de Mende, à l'effet de faire mettre en bon
« état leur église, qui estait ruinée, bruslée et démolie par ceux du
« contraire parti, estant découverte et la voûte tombée ; offrant de
« contribuer à la dépense ». Celle-ci s'éleva à 220 l. t. (5)

Cubiérettes

De Burdin classe cette église au XII° siècle. (6) On voit au clocher
une pierre portant le millésime de 1108. (7) Vu le style de cet édifice
qui est le roman pur, son cachet archaïque bien dessiné, il pourrait
fort bien remonter à cette époque. C'était d'abord le siège d'un prieuré
simple, érigé en succursale en 1604. (8)

En 1505, le droit de présentation du bénéficier appartenait à l'abbesse
de St-Sauveur de la Fontaine, à Nimes. (9)

En 1728, Dame Françoise Mouy de Caveirac, abbesse de St-Benoît,
de Nimes, en était la patronne. (10)

---

(1) Régeste d'Urbain V, t. XIX, fol 322. Cf. *Sem. Rel.* 25 mars 1898.
(2) Arch. de la paroisse de Chirac.
(3) Dict. géogr. Guide Joanne, p. 58.
(4) A. D., G 2840.
(5) G 2083.
(6) Ann. hist. Classement. *Croix Loz.*, 2 mars 1913.
(7) Bourret.
(8) Ibidem.
(9) G 1868.
(10) Statistique des paroisses en 1728. Bourret.

Cultures

Cette église, style roman, en forme de croix latine, basse, étroite, abside en demi cercle, aux croisées évasées, et profondément remaniée, parait remonter au XIII° siècle. De l'église primitive il ne reste 1° que l'avant-chœur ou première travée, avec un arc à plein-ceintre, qui repose sur deux colonnes semi-circulaires, aux chapiteaux taillés à feuilles d'acanthe, 2° les deux petites chapelles et 3° la partie inférieure de la nef, avec arcades intérieures, jusqu'à la naissance de la voûte. Celle ci a été refaite et est plus basse que l'ancienne ; l'abside a été remaniée presque en entier. On remarque un léger ruban mutilé de la litre primitive. Trois travées avec portail latéral.

L'église est dédiée à St-Pierre et à St-Paul. En 1293, Michel de Pessades en était recteur. A cette époque, les seigneurs de Cultures auraient possédé un château tout près et l'église actuelle devait leur servir de chapelle. (1) En 1728, le patronage du prieuré appartenait à la collégiale de Marvejols. (2)

Esclanédes

Eglise du XIII° siècle, « abside en forme de niche, en demi cercle ; chœur 5 m. 50 d'ouverture sur 5 m. de profondeur, voûte en berceau ». (3)

« En 1315, union de la cure d'Esclanèdes à la mense épiscopale « par Guillaume Durand, évêque, vacante par la mort de Guillaume Durand, son neveu, dernier titulaire ». (4)

Elle fut rebâtie en grande partie, en 1630. (5)

La sacristie fut construite en 1721. (6)

NOTA. — L'église d'Esclanèdes fut brûlée par les Calvinistes en août 1562. — Cf. G 969. Enquête d'Apcher.

La Fage-Saint-Julien

Eglise du XII° au XIII° siècle. Style composite ; abside semi-circu-laire, probablement de construction bénédictine. Au XII° siècle ce

(1) Cf. G 1869.
(2) Statistique des paroisses. G 2089 et 2090.
(3) G 3030.
(4) G 1870 et G 2089.
(5) M. l'abbé Foulquier, arch. de Barjac.
6) Chroniques et Mélanges, par le D' Barbot, p. 165.

prieuré dépendait de la Chaise Dieu ; il était administré par un religieux qui portait le nom de vicaire perpétuel, comme dans beaucoup d'autres églises. La nomination était dévolue à l'abbé de la Chaise-Dieu et la collation ou approbation à l'évêque de Mende. En 1302, il y avait un prêtre séculier. En 1312, ce prieuré fut uni à la mense épiscopale. (1)

On a découvert, dans le cimetière, des sarcophages creusés en forme d'auge grossierement travaillés. (2)

Fontans

Eglise du XII° siècle, de construction bénédictine, fort intéressante ; croix latine, abside à dix pans coupés pairs ; chœur 4 m. 40 d'ouverture sur 4 m. de profondeur ; (3) portail remarquable ; clocher à arcades du XV° s. (4)

Au XII° siècle ce prieuré dépendait de la Chaise-Dieu ; en 1300, il fut uni à la mense épiscopale. (5) Eglise dédiée à St-Pierre et à St-Paul.

Fournels

Eglise de construction bénédictine, type auvergnat, mais remaniée. Les parties primitives v. g. le chœur et l'avant chœur sont du XII° s. Les autres parties sont postérieures. (6) « Abside à huit pans ou faces, « cul de four à plein ceintre ; le chœur a 4 m. d'ouverture sur 3 m. de « profondeur ». (7) style roman pur.

Au XII° s., l'abbé de la Chaise-Dieu nommait le recteur de ce prieuré-cure, avec l'agrément de l'évêque de Mende ; mais en 1302, l'abbé Aymoin le céda à Mgr Guillaume Durand, neveu, ainsi que les prieurés de Brion, Termes, St-Pierre le Vieux et le Bacon. (8)

Fraissinet-de-Lozère

Eglise romane du XII° siècle ; croix latine ; abside semi circulaire, avec un arc triomphal surbaissé et un stylobate ; voûte élancée ; trois travées, avec litre à l'intérieur ; chapiteaux nus et austères ; bien orientée ; porte d'entrée très intéressante, précédée d'un porche, avec

(1) A. D., G 632. — Item. Bourret, Dictionnaire géographique.
(2) *Semaine religieuse*, 28 fév. 1913.
(3) G 3030. Chroniques, p. 167.
(4) *Semaine Religieuse*, 28 fév 1913.
(5) G 610 et 426.
(6) *Sem. Rel.*, 7 mars 1913.
(7) Enquête du XVIII° s. G. 3030. Chroniques p. 165.
(8) G 632.

voûte surbaissée à arêtes, que surmontait, avant 1702, un beau clocher roman, œuvre, dit-on, d'Urbain V, enfant de la paroisse, d'après
l'abbé Albanès. (1) Aujourd'hui, il n'y a qu'un clocher arcade, à deux
baies. (2) Belle façade en moëllons granitiques disposés en sises régulières, dont l'un porte la date de 1702, année où fut détruit le clocher.

Fraissinet-de-Fourques

Eglise romane, remaniée en partie, accusant le XIIIe siècle ; n'a pas
de cachet bien caractéristique.

Le 13 février 1430, elle fut unie, par un acte daté de Chanac, à l'université des prêtres de Mende, qui se composait alors de 119 membres. (3)
En 1603, on signifie aux paroissiens l'ordre de faire réparer leur église
« ruinée en partie par le laps du temps et guerres passées ». (4) On
réclame encore des réparations, en 1689. (5)

Grandrieu

Eglise romane du XIIIe siècle ; construite en granit ; abside intéressante ; chapiteaux à modillons variés, mais couverts d'un maudit badigeon. A l'extérieur on remarque la trace de la litre. Le clocher a la
forme d'une tour carrée. (6) Eglise remaniée en partie.

Grandvals

Eglise du XIIIe siècle ; type auvergnat, de construction bénéndictine;
placée sous le vocable de N.-D. de la Nativité. En 1234, elle relevait de
l'évèque de Mende ; (7) en 1728, de la Chaise Dieu. (8)

On mentionne ce prieuré-cure, en 1305. (9) Au XIVe siècle, les barons
de Canillac prétendaient que la surveillance de cette église leur appartenait, à la mort de chaque curé. (10)

---

(1) Cf. Albanès. Généalogie des Grimoard. Bull. an. 1858 et 1859.
(2) Campanile construit en 1804, par Pierre Quet.
(3) G 2841 et suiv.
(4) G 2846.
(5) Ibidem.
(6) Cf. *Croix* Lozère, 16 mars 1913. Dr Barbot, item. G 1886.
(7) G 100.
(8) Statistique des paroisses. Cf. Bourret,.
(9) G 1887.
(10) Ibidem.

Garde-Guérin

Eglise du XII° siècle ; abside pentagonale ; curieux chapiteaux à figures grotesques ; aurait été bâtie par les moines de la Chaise-Dieu. (1) Elle a dû être remaniée puisque de Burdin et Bourret ne font remonter sa construction qu'en 1587. (2)

Jean de Blavi, coseigneur de la Garde, fonda une chapellenie dans cette église en 1411. (3)

Grèzes

Eglise romane du XIV° siècle ; grande nef terminée par une abside ronde, ornée de quatre petites chapelles, dédiée à St-Frézal ; maître-autel en bois doré monumental. Ce prieuré dépendait de la collégiale de Marvejols. (4) Celle-ci payait au prieur une censive annuelle de 85 setiers de froment et un demi setier d'avoine ; de plus trois setiers de froment et 40 l. t. pour les pauvres. (5) La chapellenie St-Privat y fut fondée en 1409. (6) On y voit un beau calvaire doré dressé derrière le maître-autel. (7)

Hermeaux

Eglise du XIII° siècle ; abside remarquable ; à trois nefs ; probablement ancienne chapelle du château. En 1242, ce dernier était un arrière-fief de l'évêché de Mende et relevait des barons de Peyre et de Canillac. En 1360, les Astorg de Peyre le cédèrent aux Canillac. (8) Autour de la nef de l'église existe un déambulatoire ; il y a deux chapelles latérales et une tribune. Clocher roman sur la porte d'entrée. Cette église a été agrandie de près de la moitié.

Hures

Eglise romane à plan tréflé, à assises régulières de moyen appareil, avec une archivolte sur la porte d'entrée portant une hure de sanglier. Cet édifice accuse le XII° siècle. Ce prieuré relevait du monastère de

(1) *Croix* Lozère. 9 mars 1913. Dr Barbot.
(2) Ann. histor. — Dictionnaire géographique.
(3) G 1964.
(4) Statistique de 1728.
(5) Jean Maurin, notaire de Marvejols.
(6) Ibidem.
(7) Cf. *Semaine Religieuse*, 18 avril 1913. — Item, G 1889.
(8) G 460 et 461.

Ste-Enimie. (1) Ces religieux dotèrent le vicaire perpétuel d'Hures en 1491. Le pape Alexandre VI confirma cet acte par un Bref de l'année 1502. (2)

Inos

Eglise romane, basse, massive, du XIV⁰ siècle ; dédiée à St-Martin ; ancienne dépendance du monastère de Ste-Enimie. (3)

En 1655, Antoine de Barthélemy, originaire du marquisat de Sévérac, y fit une fondation pour la prédication de la doctrine chrétienne. (4)

Abside à pans coupés, aux trois fenêtres classiques, avec arcades aveugles à l'intérieur et à l'extérieur. Arc triomphal reposant sur culs de lampe allongés à figurines ; chœur, 5 m. d'ouverture, 9 m. de profondeur. Croix latine. Chapelle de St-Joseph ogivale ; voûte à pans coupés ; chapelle de la Ste Vierge romane, à voûte surbaissée, à arêtes, du XV⁰ siècle. Il y a deux travées du XIV⁰ siècle. La troisième a été ajoutée. Porte latérale avec portique ; clocher quadrangulaire à flèche.

Ispagnac

Eglise romane, type auvergnat, à trois nefs (croix latine aujourd'hui), abside en forme de niche, aux trois fenêtres classiques, avec arcatures intérieures, terminées en beaux médaillons à l'extérieur, paraît remonter au XIII⁰ ou XII⁰ siècle. Une coupole octogonale orne le transept et un petit clocher quadrangulaire surmonte la porte d'entrée. Sur la façade s'ouvre une rosace trilobée. Les pilastres à quatre tailloirs à arête et à colonnes circulaires géminées sont couronnés de chapiteaux à figurines diverses ou ornés de feuilles d'acanthe. En dehors du transept, la nef est divisée en trois travées. Ce prieuré régulier et conventuel dépendait, au XIII⁰ siècle, de St-Giraud d'Aurillac. (5)

En 1363, Urbain V y établit douze moines bénédictins et les plaça sous la dépendance de St-Victor de Marseille. (6) On y voyait jadis un cippe romain qui servait de support au bénitier.

Cette église fut restaurée en 1757, par Noel Boissonnade, architecte de Millau, qui y dépensa 6.000 l. t. (Arch. dép.)

En 1762, on y fonda une chapellenie, sous le titre de (*vitis*). (7)

(1) Cf. Notice du Monastère de Ste-Enimie. Item. Statistique de 1728.
(2) G 1832.
(3) Statistique de 1728. Bourret.
(4) G 1893.
(5) Grégoire, notaire, et Notice de M. André sur Ispagnac.
(6) Régeste, tome IX, fol. 501. *Semaine Religieuse*, 7 janvier 1898.
(7) G 2085.

Langogne

On a baptisé cette église « la perle architecturale du Gévaudan. » **(1)**
Classée ; type du Velay, à trois nefs ; chapiteaux à modillons et fleurs
d'acanthe ; accuse le XII⁰ siècle. (2) Dépendait au Moyen-Age de l'ab
baye de St-Chaffre. (3) Le clocher, détruit en 1793, fut reconstruit en
1831. Chapelle des Sœurs N.-Dame bâtie en 1663. Eglise des pénitents
construite en 1628. (4)

Lanuéjols

Eglise romane du XII⁰ siècle ; une des plus belles de la Lozère ; (5)
à trois travées et primitivement, à trois nefs dont la principale se termine par une abside semi-circulaire, entourée d'un ruban de fenêtres
qui sont ornées de sveltes colonnettes, et les deux autres par des absi-
dioles, en forme de niche. Les murailles sont en tuf spongieux L'édifice est surmonté d'une coupole sur trompes au transept ; arcatures-
aveugles sur les murs des bas-côtés ; chapiteaux à figurines ; entouré
à l'extérieur d'un ruban de corniche corinthienne, à modillons saillants
et originaux. Dans l'intérieur, sur le bas-côté du midi, on remarque
trois tombeaux en ogive dont un porte les armes des barons du Tournel ;
un autre celles des Châteauneuf, mais malheureusement cachés sous
les boiseries des fonds baptismaux ; et le troisième édifié probablement
par la noble famille des d'Auriac. En 1317, Bertrand d'Auriac fonda la
chapelle de la Trinité. (6)

Cette église fut remaniée au XIV⁰ siècle et agrandie. (7)

Le clocher-arcade ou en éventail fut réparé en 1691. (8) Seul le
chevet du bas-côté septentrional paraît intact. On y remarque un
ciborium en bois, forme ovale, très antique. Au moyen âge ce prieuré
simple relevait de l'abbaye de St Chaffre. (9) Au haut du village, sur le
linteau de la porte d'une maison, on remarque l'inscription suivante :
Jovi Optimo Maximo.

(1) *Croix* Lozère, 16 mars 1913. Dʳ Barbot.
(2) Ibidem.
(3) Revue de l'art chrétien, p. 415.
(4) Bourret, Dict. hist.
(5) Dʳ Barbot. *Croix* Lozère. 16 mars 1913.
(6) G 1983.
(7) Dʳ Barbot. *Croix* Lozère.
(8) G 1902.
(9) Statistique de 1728.

Tombeau de Lanuéjols

C'est un monument romain en forme de quadrilatère de 6 m. 75 de côté, hors d'œuvre, 5 m. 55 dans œuvre, sur 5 m. de hauteur, en pierres calcaires de grand appareil de 1 m. à 4 m. de longueur. Porte d'entrée à plein ceintre ; deux archivoltes et trois niches à l'intérieur et à l'extérieur, ornementés de sculptures diverses ; feuilles de vigne, grappes de raisin, colombes à longues queue, figure humaine à ailes déployées, tête de bélier, torse, guirlandes, frises, corniches, pilastres de l'ordre corinthien : en un mot, édicule ou temple sacré, servant de tombeau et d'enceinte pour offrir des sacrifices aux divinités. Voici la traduction de l'inscription latine qui est gravée sur le linteau de la porte :

« Monument élevé en l'honneur et à la mémoire de Julius, Pompo-
« nius Bassianus et de son frère, fils les plus tendres, par Bassianus
« leur père et Pomponia Régoia, leur mère : ils édifièrent ce temple de
« fond en comble et le consacrèrent, ainsi que les édifices qui l'entou-
« rent. » (1)

Le vulgaire apppelle ce monument *Lou Mazelet* et l'enclos où il est bâti s'appelle le pré des *Clastres*.

Les Laubies

Eglise du XII* au XIII* siècle, de construction bénédictine, style composite, voûte ogivale, « chœur sphérique de 6 m. d'ouverture sur 4 m. de profondeur , » (2) fenêtres de la nef remaniées, mais les deux de l'abside sont intactes ; romanes.

NOTA. — De 1200 à 1250 l'ogive fit d'abord ses débuts, grâce au retour des Croisés d'Orient : ensuite elle prit son élan chez nous et un siècle plus tard elle s'accusa dans toute sa hardiesse, témoin, certaines chapelles, le rond-point et les fenêtres inférieures de l'abside de la cathédrale de Mende, œuvre d'Urbain V, qui sont encore debout. Finalement le style ogival supplanta le roman et présida, en France, à la construction de monuments grandioses d'ordre religieux de notre pays, et du monde occidental. Elle atteignit chez nous tout son éclat, vers le milieu du XIII* siècle, et la Sainte-Chapelle élevée par St-Louis, en l'honneur de la couronne d'épines, est regardée par les spécialistes comme le prototype du genre. En Gévaudan ce style ne brilla que cent ans plus tard, sous le pontificat d'Urbain V. (3)

(1) Consulter Bulletin 1881, 1904... De Burdin, t. I, p. 385. Tourrette, 1857. Reisser, Tombeau de Lanuéjols, 1904. A. Loz., E 198. etc.
(2) G 3030. Chroniques, p. 165.
(3) Note de l'auteur.

L'église de St-Privat des Laubies étant passée, en 1155, sous la juridiction du monastère bénédiction de La Canourgue, M. de Burdin a pu la placer, de plein droit, au XII* siècle. (1)

Laval-du-Tarn

Eglise romane du XIII* au XIV* siècle ; croix latine ; abside demi-circulaire ; portail latéral ; dédiée à N.-D. de la Nativité ; clocher pyra-midal construit en 1884 par M. Cordesse. Au XIII* siècle le *Mas* de Laval possédait un manoir féodal qui appartenait à Guillaume de Laval, bailli du Roi. Celui-ci figure, en 1262, dans une transaction passée entre Mgr Odilon de Mercœur et les habitants de Mende. (2) En 1308, cette paroisse formait un prieuré simple qui dépendait de Sainte-Enimie. (3) Cédé, en 1778, au Petit Séminaire de Chirac par l'abbé de Retz, prieur. (4)

Luc

Cette église, style romano-ogival, remonte à la fin du XIII* siècle, ou au commencement du XIV* s. Une pierre, qui couronne son clocher arcade, à deux étages et à trois baies, porte la date de 1306. Avant cette époque, la chapelle du château servait d'église paroissiale. Elle était desservie par les chanoines de St-Augustin, dépendant de l'abbaye de Charais, en Vivarais, dont la fondation remontait à l'an 1000.

Le 19 juillet 1258, le pape, Alexandre IV, confirma à ce dernier monastère, par une bulle spéciale, la donation de Ste-Marie de Luc. Neuf ans plus tard (1267) le pape, Clément IV, inféoda la seigneurie de Luc à l'évêché du Puy, tout en maintenant les droits spirituels de l'évêque de Mende sur la paroisse de *St-Pierre de Luc*. C'est ce nom qu'elle a toujours porté depuis. (5)

L'église, bien orientée, n'a qu'une seule nef flanquée de cinq cha-pelles Le chœur, moins l'arc triomphal, les deux chapelles d'à-côté et le clocher-arcade sont les seules parties qui restent de l'église primitive. L'abside semi-circulaire, en cul de four, ornée de colonnes cylindriques en tuf noir, aux chapiteaux bien fouillés, embellis de plusieurs guirlan-des de feuillage et soutenant des arcatures aveugles, éclairée par deux fenêtres, offre un certain cachet artistique, surtout à cause de la dévia-

(1) *Semaine Religieuse*, 21 mars 1913. A. D., H 128.
(2) Charbonnel.
(3) Notice de M. André.
(4) Fonds du Petit Séminaire. Arch. Loz.
(1) Archives de la paroisse.

tion à gauche de son axe qui est très prononcée. Le reste de l'édifice a été refait dans le siècle dernier, selon les règles du style ogival. Le monument fut consacré par Mgr de la Brunière, le 29 juillet 1839. (1) En 1787, on afferma ce prieuré à M Borelly de Serres la somme de 3.400 l. t. (2)

Malbouzon

Eglise remaniée à diverses époques. Il n'existe que le chœur de la primitive église, avec abside romane polygonale, ornée d'arcatures bien conservées du XII' siècle : portail latéral. A cette époque, ce prieuré dépendait de la Chaise-Dieu et fut régi par un religieux de ce monastère jusqu'en 1304, époque où il fut uni à la mense épiscopale. (3) A côté de l'église on remarque encore les ruines d'un ancien monastère, dépendant de l'antique Dômerie d'Aubrac. (4) En 1392, la seigneurie de Malbouzon relevait des barons de Peyre. (5)

Malbosc

Eglise du XIII' ou XIV' siècle : style roman rudimentaire, servait de chapelle au château féodal de Malbosc qui dépendait primitivement des barons de Chabrières ; plan rectangulaire ; l'abside et une partie de la nef sont encore en assez bon état de conservation. Le fond est lézardé et cette partie demanderait des réparations urgentes. Erigée en succursale, le 30 juin 1839, dédiée à St-Privat. En 1488, Odilon de Malbosc était seigneur de Mirandol... (6)

La Malène

Eglise du XII' siècle ; à trois nefs très étroites ; trois travées ; type provençal-roman avec un petit dôme hexagonal ; large de 8 m. et longue de 20 m ; abside de la nef principale, à retraite, à trois pans coupés, polygonale à l'intérieur et à l'extérieur, avec arcatures ; pilastres lourds, massifs. On y remarque le cénotaphe, en marbre rayé, des martyrs de la Malène guillotinés à Florac, le 11 janvier 1793. (7) Chapiteaux défi-

(1) Bourret.
(2) G 3186. Cf. G 1908-1909 et suiv.
(3) G 632.
(4) Bourret, Dict. hist.
(5) G 1912.
(6) Cf. Bourret et Arch. Lozère. Nous croyons qu'il s'agit ici de *Malbos*, paroisse du Gard. (Cf. papiers de M. Polge).
(7) Vade-Mecum, par X p. 172.

gurés par un maudit badigeon. Ce prieuré dépendait du Chapitre de
Mende. (1) Au XIIIᵉ siècle, cette paroisse comptait une confrérie de
St-Jean-Baptiste qui payait une censive décennale de 6 deniers et 2
livres de cire au Chapitre de Mende pour la maison qui servait de lieu
de réunion à ses membres. Un différent étant survenu, à ce sujet, on
transigea, en 1401. (2) Aux archives de la Lozère il y a encore un acte
de 1247, entre Mᵉ Aldebert, recteur de l'église de la Malène et Guillaume de Montesquieu. (3)

Marchastel. (Eglise de St-Andéol pour mémoire)

L'ancienne église de Marchastel, qui remontait au XIIᵉ siècle a été
démolie en 1898 et remplacée par une neuve. Primitivement l'église
paroissiale était à St-Andéol, près du lac de ce nom.

« Nomination par Mᵉ Bernard de Revel, précepteur de la maison du
« Temple d'Espalion, diocèse de Rodez, à la cure de St-Andéol et à la
« chapelle de Marchastel, XIIIᵉ siècle ». (4)

« Présentation à la cure de St-Andéol par le P. Pierre Ruphi, pré-
« cepteur de la Commanderie de Palhers, ordre de St-Jean de Jérusa-
« lem, en 1440 ». (5)

Mende (St-Gervais)

Cet édifice, qui servait d'église paroissiale au moyen-âge, ne possède
plus que l'abside, à pans coupés, et une travée du monument primitif.
D'après M. le Dʳ Barbot, il paraît remonter au XIIᵉ siècle. (6) Cependant, à notre avis, les fenêtres, à plan tréflé, ne paraissent remonter
qu'au XIIIᵉ siècle.

« La date de cette antique église, dit M. André, (7) nous est incon-
« nue. Elle est mentionnée pour la première fois, en 1257, mais nous
« présumons qu'elle remonte au XIIᵉ siècle, sous Aldebert le Vénéra-
« ble. Elle fut détruite, sous les ordres de Merle, en 1581, à l'exception
« du chœur et de la première travée, qui forment la chapelle actuelle.

« L'ancienne église paroissiale de St Gervais possédait 13 chapelles,
« disposées autour de l'abside, ce qui indique l'importance du monu-

(1) G 1194 et 2089.
(2) G 1913.
(3) Ibidem.
(4) G 1915.
(5) Ibidem.
(6) *La Croix* Loz. 16 mars 1913.
(7) Cf Ville de Mende, p. 205.

« ment. (1) En 1728, ses revenus étaient de 836 livres, les charges de
« 500 l. (2) Cette église fut d'abord brûlée, le 24 juillet 1562, par les
« Huguenots. (3) En 1717, M. le chanoine de la Bretoigne légua à la
« paroisse de Mende 10.000 l. t. pour la construction d'une église pa-
« roissiale. (4)

Monastier

Cet édifice sacré, un des plus beaux du diocèse, remonte au XI⁰ s. Il
est en beau style roman, type provençal ; nef très élancée à deux bas-
côtés, supportée par des colonnes sveltes, adossees à des pilastres rec-
tangulaires, ornées de chapiteaux à figurines grotesques, personnages
et animaux fantastiques, bien fouillés, mais encrassés d'un maudit
badigeon. Aldebert 1ᵉʳ de Peyre fit consacrer cette église, d'après nos
chroniqueurs, par un cardinal, en présence du pape Urbain II, en
1095. (5) Par suite des dévastations des Anglais et des huguenots, ce
monument fût restauré et remanié au XIV⁰ et XVI⁰ siècles.

En 1840, il existait encore un tronçon de la tour carrée de 20 m. de
côté qui servait de clocher et de forteresse ; elle se trouvait au côté-
nord de l'abside. Celle-ci fut probablement ruinée avec la tour au XV⁰
siècle. Urbain V avait fait construire ce donjon, en 1366. Pierre Du-
peyron, natif de St-Flour, en fut le constructeur, avec Pierre Alméras,
du Monastier-les Chirac, sous la direction de noble Guidon de Moriès,
sacristain du Monastier. (6)

Sur une pierre extérieure, du côté du midi, on remarque encore les
armoiries d'Urbain V. La façade de cette église est remarquable de
tous points, avec sa rosace et ses arcs à moulures : elle était surmontée
d'une *visette*. La chaire en pierres de taille, couronnée d'un rebord,
est curieuse et revêt un cachet tout-à-fait archaïque : elle est du XVII⁰
siècle. (7)

Montjézieu

Cette église romane, d'un travail rudimentaire, dédiée à St-Jean-
Baptiste, servait probablement de chapelle au château-fort du lieu

(1) Id. p. 206.
(2) Statistique des églises.
(3) G 969.
(4) G 1918.
(5) De Burdin-Daudé, Arch. Loz.
(6) G 121.
7) *Semaine Religieuse*, 21 février 1913.

elle semble remonter, du moins quant à ses parties primitives, au XIII' ou XII' siècle. Remaniée plus tard sur divers points : le chœur est la partie la mieux conservée. La charte signée entre Louis IX et Odilon de Mercœur, en 1269, fait mention du château-fort de Montjézieu : *Castrum Montis Judœorum*. (1)

Montrodat

Eglise romane, en forme de croix latine , abside à trois pans : semble remonter au XII' siècle. Un grand arc, à plein ceintre, reposant sur deux colonnes semi-cylindriques, à chapiteaux historiés et adossés au mur, sépare la nef de l'abside, comme à Cultures.

En 1345, la communauté de Montrodat obtint d'Odilon de Mercœur et du prieur de Colagnet dont elle dépendait la permission d'établir un cimetière et des fonds baptismaux, dans son église, pour servir à l'usage du culte. (2) Ce prieuré-cure dépendait de celui de Colagnet, avant le XV' siècle ; il dépendit alors du chapitre de Marvejols. (3)

Au XVI' siècle cet édifice fut transformé, dit-on, en temple protestant. (4) Le clocher à flèche date seulement de 1872.

Montbrun

Cette église, style roman, lourd, primordial, sans cachet architectonique, servait de chapelle au château de Montbrun ; elle est du XIII' siècle et est mentionnée en 1322, comme dépendant du monastère de Ste-Enimie. (5)

En 1642, le château fut démantelé par ordre du roi. Roan, frère de Merle, l'occupa pendant quelque temps. (6) Au XVII' siècle il servit de refuge « aux voleurs, infracteurs et perturbateurs de l'ordre public, à l'effet de provoquer une révolte contre le roi ». (7) En 1335, M'" de Champferrat était recteur de la chapelle St-Mary ou mœen, sise au-dessus du château. '8)

(1) Gabalum Christ., p. 85. Item Prouzet. Cf. G 1949.
(2) Denisy, Note communiquée. Cf. Arch. Loz., Fonds Montrodat.
(3) Bourret. Arch. Loz., Ibid.
(4) Denisy, Canton de Marvejols. Bourret.
(5) G 1948.
(6) Cf. Guerres de Religion par André. Bull. Loz.
(7) G 625.
(8) G 1976.

Moriès

Edifice du style roman rudimentaire ; servait primitivement de chapelle au château qui se trouvait à côté et dont il existe encore une
tour. Il parait remonter, du moins en partie, au XIIe ou XIIIe siècle.
En 1220, Mgr Guillaume Ier de Peyre, céda à Aldebert de Peyre, prieur
du Monastier, l'église St-Martin du Pin et la chapelle du château de
Moriès ; il en reçut, en retour, la cession de l'église de St-Amans. (1)
Au XIVe siècle la chapelle de Moriès devint le siège d'une petite collégiale fondée par Raymond et Etienne Soleyran. (2) Les prêtres étaient
honorés du titre de chanoines. (3) En 1836, l'église fut agrandie de
moitié. (4)

Moissac

Cette ancienne église est peut-être le monument religieux le plus
antique de la Lozère ; il semble remonter au Xe ou IXe siècle. Du style
roman, bâti en pierres fraidonites de grand appareil, il a 23 m. de
long, sur 6 m de large et 9 m. 50 de haut. Le fameux paladin Roland,
neveu de Charlemagne, l'aurait dédié, dit-on, à N.-D. de la Victoire.
Le pape, Jean XI (931 936), donna cette église à Raynald, évêque de
Nimes, ce qui ferait croire, dit M. André, que le fondateur en avait fait
hommage au St-Siège. (5)

Cette église fut cédée plus tard aux abbayes de Cendras et de Sauve.
Au XVIIe siècle elle relevait de l'évêque de Mende *plenojure*. (6) Aujour-
d'hui elle est convertie en temple protestant.

Nasbinals

Edifice remarquable du XIVe siècle, œuvre des Anglais, d'après la
tradition. (7) « C'est une église de l'école auvergnate, dit M. Barbot,
« croix latine, abside circulaire, décorée intérieurement et extérieure-
« ment d'arcatures en plein ceintre, avec colonnettes et chapiteaux bien
« ouvragés. Tour octogonale sur carré du transept ; voûte en cou-
« pole ». (8) Le prieuré-cure de Nasbinals dépendait de la Dômerie

(1) G 640.
(2) G 2243 et 2244.
(3) Cf. Bourret. Notaires de Chirac Saumade, Boissonnade, Dieulofès.
(4) L'abbé Foulquier. Bourret.
(5) G 3094 et Bull. Loz., année 1868.
(6) Notice de M. André.
(7) Bourret, Dict. géog.
(8) *Croix* Loz., no 16 mars 1913.

d'Aubrac. (1) Il y a un beau portail en plein ceintre à 4 rangs de rainu-
res finement ciselées, dans le genre de celui de St-Gilles, à l'exception
du linteau et de l'archivolte.

Noalhac

Cette petite église, dédiée à St-Hillaire, du style roman assez chatié,
à une seule nef, avec porte latérale précédée d'un portique que surmonte un campanile à deux baies, ornées de deux cloches dont l'une
est fort curieuse, semble remonter au XII' siècle. (2) C'était jadis le
siège d'un prieuré simple dont le curé de Fournels était le nominateur
et l'évêque de Mende le collateur. (3) Le village de Noalhac est men-
tionné au XI' siècle. (4)

En 1261, les barons de Peyre affranchirent tous les habitants de cette
localité à l'instar de tous les vassaux de la *terre de Peyre*. (5)

Palhers

Eglise romane, ancienne chapelle de la Commanderie de ce nom,
sise à côté de la maison du commandeur encore debout, semble remonter au XIII' siècle. Sans cachet architectural bien caractérisé. En
1232, la Commanderie appartenait aux Templiers et elle payait une
censive annuelle au Monastère de Bonneval. (6) Au commencement
du XIV' siècle elle passa entre les mains des chevaliers de St-Jean de
Jérusalem. (7)

La Panouse

Cette église du style composite, romano-ogival, accuse le XII' et le
XIV' siècles. L'abside romane, demi circulaire, de 6 m. de longueur sur
4 m. 50 de largeur, ornée de beaux châpiteaux, sculptés, entourée à
l'extérieur d'une corniche, avec arcatures à curieux modillons, et la
chapelle (nord) de St-Michel, sont du XII' siècle.

Cette église dépendait de la Chaise-Dieu. (8) Une transaction datée
de l'an 1300 en fait mention. (9)

(1) Statistique de 1728.
(1) *La Croix* Loz., 16 mars 1913. *Semaine Religieuse*, 7 mars 1913. Dr Barbot, La Chaldette, 1908.
(3) G 104.
(4) Ibidem.
(5) Ibidem.
(6) Denisy. Bourret.
(7) G 1009 et 1955. Boyer, Lavigne, notaires de Marvejols.
(8) Cf. G 2083.
(9) Cf. G 1956.

La chapelle de la Ste-Vierge (côté du midi) n'a aucun cachet architectonique et est bien postérieure, ainsi que la porte d'entrée, style ogival.

En 1760, la chapellenie de St-Michel jouissait d'un revenu de 160 l. (1)

Pin-Moriès

Eglise du style roman assez pur, forme de croix latine, remaniée en partie, remonte probablement au XII* siècle ; en 1220, elle fut cédée aux religieux du Monastier par Mgr Guillaume de Peyre. (2) Au moyen âge, siège d'un pélerinage en l'honneur de St-Félix, où on portait les enfants atteints des *écrouelles* ou des *estouries* ? La chapellenie de St-Antoine et de St-Blaise y fut fondée avant 1500. (3)

Prades

Dans le cours des âges, cette église a subi de profondes modifications. Seul le chœur roman est conservé sans trop de retouches : l'abside peut remonter au XII* siècle. La porte d'entrée est digne d'attention. Ce prieuré-cure dépendait de Sainte-Enimie. (4) Le château de Prades, où se trouvait une petite chapelle dédiée à St-Julien, fut unie au Monastère, en 1310. (5) Il est probable que la donation de l'église eut lieu vers la même époque.

La chapelle St-Michel, de Prades, existait en 1418. (6)

Prévenchères

Eglise du XII* siècle, à plan tréflé, en forme de croix latine, avec coupole basse, ellipsoïde, très originale, sur le transept ; très beaux chapiteaux à figures grotesques. Au XIV* siècle, cette église devint un prieuré dépendant de l'abbaye de St-Gilles. (7)

Bourret fait dépendre, dès le principe, ce prieuré des bénédictins de la Chaise-Dieu. (8) Cette église gratifiée d'un beau vaisseau, à voûte

(1) G 2087.
(2) G 634 et 640.
(3) G 1960.
(4) Statistique de 1728. *Semaine Religieuse*, 7 mars 1913.
(5) G 1085.
(6) G 1963.
(7) D' Barbot, *Croix* Coz, 16 mars 1913. Bull. Monumental, année 1909, p. 259 et Bull. Loz. 1910, p. 109.
(8) Dict. géog.

ogivale, se trouve mentionnée en 1455. (1) M. Barbot a donné une description très détaillée de ce monument. (2)

Prunières

Eglise du XII° siècle (Bourret la place au XI°) ; très belle, malgré des réfections successives, rectangulaire, sans chapelles ; abside fort intéressante par sa décoration et une façade intacte du type saintongeois. Clocher à arcades, roman, unique dans la région (3)

Cet édifice est probablement de construction bénédictine, puisque avant 1314, il dépendait de la Chaise-Dieu. A cette époque il fut érigé en paroisse et uni à la mense épiscopale. (4)

Jusque là cette église était dédiée à St-Blaise ; mais alors on lui donna St-Caprais pour patron. « On y voyait une vieille image de ce saint, en 1650, sur l'autel, et les malades atteints de sciatique ou goutte froide, s'y rendaient pour être guéris. » (5)

Cette église se trouve mentionnée en 1309. (6) Depuis longtemps elle a attiré l'attention des connaisseurs par le cachet classique de son architecture Il a été question de la classer comme monument d'Etat. L'architecte départemental en a envoyé le plan au ministère et on attend la décision du ministre.

Pierrefiche

Bourret fait remonter cette église au XIV° siècle et M. le Dr Barbot au XIII°. Elle pourrait être l'œuvre des chevaliers de St-Jean de Jérusalem, car elle dépendait de la Commanderie de Gap-Français, fondée vers 1175 (7). Voilà pourquoi l'antique bénitier de cette église porte une croix de Malte. Deux chapellenies y furent fondées, en 1249 et 1293. (8) Cet édifice est digne d'attention.

Puylaurent

Eglise de construction bénédictine, romane, en granit, voûte en plein

(1) G 1964.
(2) Chroniques et Mélanges, p. 124-125.
(3) Dr Barbot. *Croix Loz.*, 23 mars 1913.
(4) Arch, dép., fonds de Prunières.
(5) Notice de M. André, *Lieux de dévolion et pèlerinage.*
(6) G 1974.
(7) Bourret, Dict. géog. G 2083.
(8) G 1959 et 2090.

ceintre, chapiteaux curieux, semble remonter au XII* siècle. (1) Au moyen-âge on l'appelait St-Laurent-de-Puylaurent du-Fraisse. (2)

Quézac

L'église de Quézac, en style gothique fleuri, au vaisseau élancé, entouré de plusieurs chapelles, à trois travées à arcs-doubleaux, en diagonale, ornés d'une clé de voûte où sont gravées les armoiries d'Urbain V, remonte au XIV* siècle. L'abside est en hémicycle, à six pans coupés reposant sur cul de lampe, avec quatre croisées à plan tréflé et trilobé, à meneaux, embellie de vitraux d'une rare finesse, présente un coup d'œil très artistique. Les vitraux représentent : 1* la famille de la Vierge Marie ; 2* L'apparition de la Ste-Vierge à St Dominique ; 3* La fuite en Egypte ; 4* Urbain V présentant l'église de Quézac à N.-Dame. Les chapiteaux représentent des figures symboliques, des ceps de vigne ou des guirlandes de fleurs. Urbain V y établit une collégiale, en 1363. (3) Celle ci se composait de 8 chanoines, d'un doyen, 1 sacristain-curé et d'un précenteur ou grand chantre. (4) L'église aurait été construite en 1365. (5) Elle a été mutilée à diverses reprises, notamment en 1562, 1580, voire même lors des inventaires, en 1906.

« Le 9 juin 1562, les Réformés mirent presque en ruyne la dite église, clochier (qui se trouvait au chevet) fort et tappies ». (6)

« Aussi auraient rompu le pontillon partant du fort et allant à l'église, et emporté la chaîne de fer ». (7) Cependant, on y a fait d'intelligentes réparations, v. g. en 1642. (8) ainsi qu'au XIX* siècle et tout récemment. Les deux fenêtres du côté du nord paraissent intactes. On y remarque un bel autel en marbre et un portique très ancien, mais en mauvais état. Le clochier est roman, à flèche et quadrangulaire.

Recoules-d'Aubrac

Eglise du style roman auvergnat, très simple, du XII* siècle. Décoration multicolore, obtenue à l'aide de matériaux différents. Nef unique, avec abside pentagonale, sans ouvertures. (9)

(1) D* Barbot. De Burdin. Bourret.
(2) G 1974.
(3) Regeste, tome IX, fol. 513.
(4) Gabalum Christ.
(5) Bourret. Dict. géog.
(6) Fournier, not. de Quézac, 1562.
(7) Ibidem, Arch. Loz., g 2240.
(8) De Burdin.
(9) D* Barbot. *Croix* Loz., 25 mars 1913.

La porte en plein cintre possède une archivolte ornée de fleurons.
La nef a cinq travées dont la dernière porte le clocher, tour carrée
ajourée de quatre baies. A l'intérieur se trouvent quelques anciens
chapiteaux. (1)

Le Recoux

Cette église romane, avec une abside polygonale à 7 pans-coupés,
ornementée de cinq arcatures au chevet, à l'intérieur et à l'extérieur,
percée de cinq petites fenêtres qu'on a malheureusement fermées,
ornée de sveltes colonnettes, présente un certain cachet artistique et
semble remonter au XIII' siècle. Primitivement elle était en forme de
croix latine, mais plus tard, on y a ajouté deux chapelles et on l'a
allongée d'une travée. Le chœur a 4 m. d'ouverture sur 8 m. de profondeur et est embelli par un arc triomphal. La porte est latérale précédée d'un portique. Le clocher rectangulaire, avec flèche, se trouve
à l'extrémité du chevet. Il y a une tribune en bois. En 1312, cette église
fut érigée en prieuré-cure et unie à la mense épiscopale. Le curé s'appelait alors Louis Olivier. (2)

La Rouvière

Cette église est du XII' siècle, d'après M. le D' Barbot. (3) M. de
Burdin la place au XIV' siècle. (4) Nous optons pour le XIII', vu que
l'ogive se dessine timidement à l'arc triomphal du chœur.

Cet édifice est « un type bien conservé d'une église romane du Causse,
« construite en calcaire, terminée par une abside polygonale à cinq
« pans. Intéressants et curieux chapiteaux. » (5)

L'abside porte, à son soubassement, des arcades à l'intérieur et à
l'extérieur, avec chapiteaux à modillons et figurines assez bien conservés. La porte est latérale ; l'église petite, basse et humide demanderait
certaines réparations. Clocher-arcade. Ce prieuré dépendait du chapitre de Mende, qui nommait le curé et l'évêque accordait l'institution
canonique. (6)

(1) La Chaldette, p. 20.
(2) G 643 et 2089.
(3) *Croix* Loz., 29 mars 1913.
(4) Classement de Burdin.
(5) *Croix* Loz., 23 mars 1913 et M. Philippe.
(6) Statistique de 1728. G 2086.

Rozier

Dans ses parties primitives, l'église du Rozier, jadis chapelle du Monastère de ce nom, semble remonter au XIIe siècle. Elle fut profondément modifiée, au XVIIe siècle. Le prix-fait date du 5 mars 1633. Cette restauration fut faite par Pierre Brondel, maitre-maçon du Rozier. (1)

Cette église est du type méridional, à trois nefs , la voûte principale est supporté par quatre énormes pilastres de 4 m. de circonférence ; les nefs collatérales sont voûtées en quart de cercle et terminées par une abside semi-circulaire. Les piliers n'ont ni socle ni couronnement; l'abside principale est à cinq pans coupés, entourée d'arcades qui reposent sur des colonnettes cylindriques avec chapiteaux à cône tronqué. Elles sont appuyées sur un stylobate qui règne sur tout le parcours de l'abside. (2)

Le monastère du Rozier relevait de l'abbaye d'Aniane et il fut fondé le 12 juillet 1075, par Deodat de Canillac et ses frères, Raymond de Monstuéjols, et Bernard de Peyreleau. (3) « Le moine Dieudonné acheta un champ appelé le *Rozier, et in ipso campo monasterium situm est* ». (4)

Saint-Alban

Cette église romane, modifiée dans le cours des siècles, à abside polygonale, presque intacte, ornée de 8 arcatures intérieures et 6 extérieures, qui reposent sur des colonnettes assez sveltes et cylindriques, remonte, d'après M. Barbot, au XIe siècle. (5) En 1312, le pape Clément V autorisa Guillaume Durand à unir à la mense épiscopale les églises de Saint-Alban et du Recoux, avec le consentement de MM. Chadelién et Louis Olivier, recteurs de ces églises. Les deux sanctuaires furent dotés en conséquence. (6) Le chœur de l'église a 5 m. 50 d'ouverture et 8 m. de profondeur. (7)

---

(1) Acte reçu par François Durand, not. à Peyreleau. L'abbé Foulquier, p. 493.
(2) Brochure de l'abbé Fuzier, sur N.-D. des Champs, p. 7.
(3) Cartulaire d'Aniane. Prouzet.
(4) Ibidem.
(5) *Croix* Loz., 23 mars 1913. Zigzags, Bull. Loz., décembre 1901.
(6) G 643 et 2083.
(7) G 3030.

Saint-Amans

L'église romane de Saint-Amans, primitivement à une seule nef, et
aujourd'hui en forme de croix latine, à trois travées avec arcs en diagonale fort simples, ornée d'une abside à cinq pans coupés, qui est
encadrée d'arcatures avec des colonnettes aux chapiteaux curieux, entourée d'un stylobate et embellie d'un arc triomphal surbaissé, paraît
remonter au XII* siècle, dans ses parties primitives. (1) Dès le principe
cet édifice était consolidé, à l'extérieur, par six contreforts ; mais, dans
la suite, deux d'entre eux ont été démolis par la construction de deux
chapelles latérales. Celles-ci sont très basses, sans cachet artistique,
et elles déparent la beauté du monument.

La chapelle de St-Jean-Baptiste existait en 1403. (2)

Saint-André-Capcèze

Eglise du style roman, en forme de croix latine, de construction
bénédictine, remontant au XIII ou XII* siècle. Assez bien conservée
et bien entretenue. Elle releva jusqu'au XIII* siècle de la Chaise-Dieu.(3)

Saint-Bauzile

Cette église semble remonter au XIV* siècle quant aux parties pri
mitives qui la composent, vu qu'elle a été profondément remaniée. (4)
L'abside polygonale est à 5 pans coupés ; le chœur mesure 5 mètres
d'ouverture sur 5 m. 50 de profondeur. (5) Elle a trois nefs, mais les
latérales sont récentes. Dans une bulle datée du 14 des calendes de
septembre (18 août) 1306, le pape Clément V autorise Guillaume Durand, évêque de Mende, à unir à sa mense épiscopale quatre églises de
son diocèse, parmi lesquelles celle de St-Bauzile (Sti Baudilii). (6) Voilà
pourquoi elle appartint à l'évêque, *pleno jure*, jusqu'en 1792. (7)

Toutefois, cette paroisse existait bien avant 1306 : puisque d'après
des actes datés des ides de mars 1261 et 1283, relatifs au Falisson, il
en est fait mention toute spéciale. (8) Les chapelles de la Ste-Vierge

(1) G 640.
(2) G 1988.
(3) G 2143.
(4) Bourret, Dict. géog.
(5) G 3030. Chroniques, p. 167.
(6) Une copie de cet acte se trouve dans les archives de la paroisse.
(7) Statistique de 1728.
(8) Arch. paroissiales.

et de St-Joseph ont été agrandies par M. Monginoux, curé, qui y dépensa une dizaine de mille francs. Les chapiteaux qui couronnent les quatre colonnes cylindriques de la grande nef, assez bien fouillés et à crochet, présentent un caractère archaïque.

Le tombeau des seigneurs de Chavaniac se trouvait dans la chapelle du Rosaire. (1)

Saint-Chély-d'Apcher, (*Chapelle du cimetière*).

Cette charmante petite chapelle, du style roman, à une seule nef, dont l'abside en hémicycle est remarquable, remonte au XII⁴ siécle. On y a ajouté deux autres petites chapelles, dans le cours des âges. (2)

Saint-Chély-du-Tarn

Eglise du type provençal, à nef unique, en forme de croix latine, avec abside octogonale, en hémicycle, décorée à l'intérieur par des arcatures reposant sur des colonnettes cylindriques, aux chapiteaux à figurines, remonte au XII⁴ siècle. (3) Vers le milieu de ce siècle, elle fut cédée par l'évêque (en 1175) à St-Victor de Marseille. Plus tard ce prieuré releva de Ste-Enimie. (4) On y remarque une litre extérieure et on y a ajouté deux chapelles, dans la suite des âges. Sur la porte d'entrée il y a un modillon représentant la chute de nos premiers parents. Adam et Eve sont séparés par un arbre dont un serpent entoure le tronc de ses plis tortueux.

La *Cénarète*, de St-Chély-du-Tarn, est un gracieux petit édicule dédié à la Ste-Vierge. Il porte la marque de deux époques. Le chœur, qui est la partie la plus ancienne, accuse le XIII⁴ siècle. (5) La porte est en style ogival tréflé. Derrière la chapelle, dans une belle grotte, se trouve un lac de 40 m. de longueur. On s'y promène en barque.

A l'extrémité du jardin de M. le curé, il y a un petit recoin qu'on appelle encore St-Ilère. Il est probable que c'est, en ce lieu, que le St évêque construisit l'oratoire primitif.

---

(1) On trouve ce détail dans la vente de la baronnie de Montialeux consentie par le chevalier de Chavaniac et la veuve de Guérin de Chavaniac à Mʳ Guillaume Périer, le 15 juillet 1786. La baronnie fut vendue 170.000 l.t. (papiers de M. Polge).

(2) *Croix* Loz., 23 mars 1913.

(3) Dʳ Barbot. *Croix* Loz., 23 mars 1913.

(4) Arch. dép., H 128. En 1307, le château relevait de la Baronnie de Roquefeuil, mais pour la moitié seulement. G 757.

(5) G 644. Notice de M. André. *Semaine Religieuse*, 21 fév. 1913. En 1307, la chapelle de Cénaret relevait des Roquefeuil et des d'Arpajon. G 744 et 763.

Ste-Colombe-de-Peyre

Cette église romane, en forme de croix latine, basse et humide, sans cachet architectural, parait remonter au XIII* ou XII* siècle. En 1246, elle fut unie à la mense épiscopale, en même temps que celle de Saint-Sauveur-de-Peyre (1)

Ste Colombe-de-Montauroux

Eglise romane, construite en moëllons de grès de moyen appareil, à abside polygonale, longue de 12 m. 60 et large de 5 m., remonte au XIII* siècle. (2) Cependant de Burdin ne la classe qu'au XIV* s. (3) Abside polygonale ; trois travées ; clocher arcade, à deux baies ornées de deux cloches, restauré en 1825, et construit à l'entrée du chœur. Ce prieuré relevait de la mense épiscopale. (4)

Ste-Croix-Vallée-Française

Cette église, ancienne chapelle du château adjacent, ne manque pas de cachet architectonique. Elle est romane, type provençal, très bien entretenue et accuse le XI* siècle. (5) Elle formait un prieuré simple dépendant d'abord du chapitre de Mende et après, en 1471, de la collégiale de Bédouès. (6) En 1292, Pierre du Pas, recteur de Ste-Croix, rendit hommage à l'évêque Etienne pour tous les biens de son église. (7)

Ste-Enimie

Cette église romane, à nef unique, abside à cinq pans, ornée d'arcatures au dedans et au dehors, remonte au XIII* ou XII* siècle.

Elle dépendait du monastère de St Chaffre, en Velay, depuis le milieu du X* siècle (8) (5 mai 951). Elle est surmontée d'un clocher rectangulaire, à flèche. On l'appelait jadis N.-D. du Gour, *de Gurgite*.

Le réfectoire de l'ancien monastère (*Réfectou*) est encore debout. C'est un édifice rectangulaire, de gros appareil, à 4 travées, de 24 m.

---

(1) Cf. Arch. dép.. fonds de Ste-Colombe-de-Peyre.
(2) *Semaine Religieuse*, 7 mars 1913.
(3) Classement de Burdin.
(4) G 2083.
(5) *Semaine Religieuse*, 7 février 1913.
(6) Arch. dép., G 2219, 2220, 2221.
(7) G 523.
(8) Archives de St-Chaffre. Le Gévaudan, par Ollier, p. 46.

de longueur, sur 6 m. de large et 14 m. de haut ; la voûte est supportée par quatre arceaux, en plein cintre, saillants, en pierres de taille. D'après M. André, ce monument remonte au XI° siècle : (1) chapiteaux intéressants. Il est couronné par une terrasse.

St-Etienne-Vallée-Française

Eglise de construction bénédictine, cioix latine, porte et voûte en plein cintre ; les fenêtres et l'abside sont à arc légèrement brisé, ce qui prouverait que la construction de cet édifice ne remonte qu'au XIII° siècle. (2) Elle fut restaurée sur le même plan au milieu du XVII° siècle. (3) Pendant plusieurs siècles ce prieuré dépendit de St-Pierre-de-Sauve, diocèse de Nimes, avec St-Germain-de-Calberte, Meyrueis et St-André-de-Lancise. (4)

St-Flour-de-Mercoire

Cette église, de construction bénédictine, (5) avec abside polygonale, arcatures et chapiteaux à modillons, est de la même époque et de la même facture que l'église de Langogne et elle doit être classée au XI° ou XII° siècle. (6) Elle relevait de l'abbaye de Mercoire. En 1793, la démolition du clocher roman coûta 24 livres tournois, y compris le transport de la cloche, au chef-lieu du district. (7)

St-Frézal-d'Albuges

M. Barbot classe cette église au XII° siècle, (8) et de Burdin au XIII°. (9) Elle est du type provençal : plan rectangulaire, avec abside polygonale, colonnes jumelles, avec arc triomphal, couronnées de chapiteaux géminés. (10)

---

(1) Notice de M. André sur le Monastère de Ste-Enimie.
(2) Arch. Loz., G 824, 1024, 928.
(3) G 2005. L'abbé Foulquier, p. 195.
(4) Goiffon, p. 390.
(5) De Burdin.
(6) *Semaine Religieuse*, 28 février 1913.
(7) Bourret. dict. géog.
(8) D' Barbot, *Croix* Loz., 23 mars 1913.
(9) Classement de Burdin.
(10) De Mende à La Bastide. Club-Cévenol, 1903.

St-Gal

Eglise romane du XII* siècle ; abside a cinq pans coupés ; à l'extérieur, comme à Lanuéjols, la corniche est soutenue par des corbeaux,
à figurines, représentant une croix, un double anneau, un coin, une
console... Le linteau de la porte démolie, il y a quelques années, par
M. le curé Puech, portait cette inscription : DMS. AMOROS FES
AQUESTA OBRAT. M. Amouroux a fait ce travail. (1)

St-Georges-de-Lévéiac

Eglise du XIV* siècle. Style romano-ogival ou composite : abside en
hémicycle, à pans coupés reposant sur des culs de lampe allongés dont
deux portent des figurines, avec une clé de voûte ornée d'une croix de
Malte ; forme de croix latine ; nef à trois travées ; chœur 5 m. d'ouverture sur 6 m. de profondeur ; arc triomphal un peu surbaissé. On
remarque une petite niche trilobée à chacune des chapelles. Porte
latérale précédée d'un portique, clocher rectangulaire, à flèche, avec
escalier tournant. Fenêtres romanes. On y remarque un bénitier antique, en calcaire, orné de deux petits anges ailés ; tribune. Edifice remanié.

En 1739, les revenus de ce prieuré s'élevaient à 950 l. t. (2) Le curé
Gransaigne fit des réparations à cette église en 1730. (3) Il dut probablement changer la porte primitive et agrandir l'église. Ce prieuré dépendait du clergé de Mende. (4)

St-Germain-de-Calberte

D'après Louvreleuil, en 1700, « cette église était la plus belle des
Cévennes et elle était assez bien ornée. » (5)

C'est un bel et vaste édifice, en style roman pur, aux curieux chapiteaux, œuvre d'Urbain V. (6) On y remarque une chaire sculptée,
en bois dur, acquise par l'abbé du Chaila, au prix de 500 l., mutilée
malheureusement par les sans-culottes de 1793, avec le portrait de
Notre-Seigneur et des quatre évangélistes. M. Giral, curé-doyen, a

(1) *Semaine Religieuse*, 18 avril 1913.
(2) Arch. Loz. G 2014. Cette église est mentionnée en 1300. G 2083. Le
curé ne touchait que 561 l. t.
(3) G 2924.
(4) Statistique de 1728. G 2086.
(5) G 2015.
(6) Louvreleuil. Fanatisme renouvelé.

orné cette église, à la fin du XIX' siècle, d'un clocher pyramidal, à quatre pans.

Pendant de longs siècles, ce prieuré dépendit du monastère de Sauve (Gard). (1) A la fin du XVIII' siècle, Mgr de Serroni le céda aux pères de la Doctrine Chrétienne du Grand Séminaire de Mende, en 1671. Cette cession fut confirmée par Mgr de Piencourt, le 14 octobre 1700.(2)

St-Juéry

Eglise très ancienne : style composite ; jadis adossée au château. Ce dernier fut construit, au XIII' siècle, par les ducs de Mercœur, qui, en 1317, le cédèrent au baron de Canillac, en arrière-fief, d'où il passa par vente, à la fin du XVI' siècle, à la famille d'Escorailles-Fontanges. (3) Clocher pyramidal : sur le pont, il y a une croix du XI' siècle, en trachyte du Cantal, avec personnages. Au cimetière se trouve une croix fleuronnée du XIV' siècle. (4)

St-Julien-du-Tournel

Eglise romane, avec une seule nef, à abside à trois pans coupés, ornée d'un stylobate, peut remonter au XII' siècle. (5) C'est une église très ancienne, dit de Burdin. (6) La nef compte quatre travées et un ensemble de 8 colonnes ; à la naissance de la voûte se déroule, à l'intérieur et à l'extérieur, un cordon de maçonnerie ou corniche, reposant à l'extérieur sur un encorbellement à modillons ouvragés et historiés. Le chevet se trouve orné d'arcatures. (7) L'extérieur est embelli de pilastres assez sveltes. En 1728, ce prieuré simple dépendait du chapitre de Montpellier. (8)

St-Jean-du-Bleymard

« Eglise du XII' siècle ; nef unique, à chevet polygonal, à trois pans et abside semi-circulaire. Inscription sur le linteau de la fenêtre

(1) L'abbé Goiffon, p. 378.
(2) Insinuations, Série G 1700. Paroisses des Cévennes, p. 71.
(3) Denisy et Bourret.
(4) Dr Barbot. La Chaldette.
(5) Dr Barbot, *Croix* Loz., 23 mars 1913. M. Philippe, Baronnie du Tournel.
(6) Classement de Burdin. L'abside est malheureusement masquée par de vieux tableaux.
(7) *Semaine Religieuse*, 23 avril 1913.
(8) Statistique de 1728. Cf. G 2086.

nord ». (1) En 1513, Léon X confère le prieuré de St-Jean à Mʳ Michel
André. (2) En 1671, le prieur Chauchat lègue 240 l. pour la lampe du
St-Sacrement et 950 l. pour aider à la construction d'une chapelle que
les habitants du Bleymard font construire en l'honneur de la Ste-Vierge
à l'endroit appelé *Peyrefioc*. (3) L'église de St-Jean a subi de nombreuses modifications dans le cours des âges : porte d'entrée ogivale.

Entre le Bleymard et le Mazel se trouve la petite chapelle de Saint-
Julianet. Elle est très ancienne, de forme ronde ou circulaire. (G 2087).

St-Julien-d'Arpaon

Eglise du XII⁰ siècle adossée au château du même nom. A cette
époque et au XIII⁰ siècle, ce dernier était l'apanage des barons d'Anduze. En 1265, Isabelle d'Anduze « en fit la reddition au bailli de l'évêque de Mende, Odilon de Mercœur. » (4) Douze ans plustard (1277)
Odilon transigea avec Etienne et Frézal de Chavanon, Guillaume Alamand et Bérenguier de la Garde, coseigneurs du lieu. La seigneurie
fut déclarée indivise entr'eux. (5)

En 1346, Albert de Lordet, évêque, acheta, au prix de 200 l.t., à Raymond de Felgeires, damoiseau, et à Delphine Rebolli, son épouse, les
maisons et la tour qui étaient attenantes au château de St-Julien. (6)

En 1793, Chaptal, du Bougès, acheta l'église et le presbytère, qui furent rachetés par M. de Lapierre. Ils sont aujourd'hui la propriété de
M. Paul Boyer de Florac. (7) En 1407 et 1437, ce bénéfice fut uni d'a-
bord à la Sacristie, et ensuite, au chapitre de la cathédrale de Mende. (8)
Cette église est du style roman.

St-Laurent-de-Veyrès

Eglise du XII⁰ ou XIII⁰ siècle. (9) Style roman châtié. En 1289, on
stipula que la justice *haute* appartiendrait au baron d'Apcher ; et la
moyenne et *basse* au seigneur du lieu. (10) Ce bénéfice dépendait des
évêques de Mende. (11)

(1) Dʳ Barbot. *Croix* Lozère. 23 mars 1913.
(2) G 1833.
(3) Ibidem.
(4) G 537.
(5) G 538.
(6) G 539.
(7) D'après la tradition.
(8) G 1120 et 1129.
(9) *Semaine Religieuse*, 21 février 1913.
(10) Arch. dép., fonds de St-Laurent-de-Veyrès. Cf. G 764.
(11) Statistique de 1728.

St-Martin-de-Lansuscle

Eglise romane, avec voûte semi-circulaire et fenêtres en plein cintre, type provençal, remarquable par sa simplicité et sa solidité, accuse le XII⁰ ou le XI⁰ siècle. (1) Les murs d'une grande épaisseur ne paraissent pas avoir subi d'importantes retouches. (2)

En 1223, Jean de Ripo donna à cette église, pour le repos de son âme et le luminaire, une censive de 10 l. assise sur une châtaigneraie du Mas de Plantier. (3) En 1301, Pierre de Roland, Bertrand d'Anduze, prêtre, et Pierre d'Anduze, son frère, firent hommage d'une censive assez considérable pour le même objet. (4)

Aux XI⁰ et XII⁰ siècles, St Martin possédait un monastère bénédictin qui relevait de l'abbaye de Cendras (Nimes). (5) Démantelé très probablement par les Albigeois, cet établissement disparut, dans la première moitié du XIV⁰ siècle. (6) Fut il, peut-être, ruiné par les Grandes Compagnies, anathématisées par Urbain V.

D'après l'abbé Mingaud « l'église et le presbytère de St-Martin furent brulés par les Camisards, le 16 janvier 1703 ». (7)

Par un décret du 4 décembre 1805, cette église fut transformée en temple protestant ; mais, le 3 décembre 1828, elle fut rendue de nouveau au culte catholique. (8)

St-Pierre-de-Nogaret

Eglise romane ; abside à cinq pans, semble remonter au XII⁰ s. (9) C'est une construction remarquable, malheureusement défigurée par d'inintelligentes restaurations. Depuis 1236 jusqu'à la Révolution, ce bénéfice simple releva du chapitre de Mende, qui en nommait le curé et auquel l'éveque conférait l'institution canonique. (10)

St-Pierre-des-Tripiers

« Edifice très original et très caractéristique, avec son abside en hémicycle, ses lourds piliers et sa porte d'entrée, d'un style roman pur

(1) Paroisses des Cévennes, p. 289.
(2) *Semaine Religieuse*, 14 mars 1913.
(3) G 548.
(4) Ibidem.
(5) G 551.
(6) Paroisses des Cévennes, p. 285.
(7) Relation.
(8) Bourret et l'abbé Foulquier, p. 289.
(9) Dʳ Barbot. *Croix* Loz., 23 mars 1913.
(10) Annuaire de 1873, p. 41. G 1048. Bull. Loz., 1893, p. 304. La chapelle de St-Pierre-de-Nogaret fut fondée, le 25 novembre 1427, et bâtie à cette époque. (Cf. G 2085).

et sévère et d'un bel effet archaïque ». (1) La porte au lieu du cintre est surmontée d'un linteau plein à ligne droite. Elle était surmontée d'un clocher pyramidal à quatre baies, abattu par les sans culottes de 1793. (2) Ce prieuré dépendait des moines du Rozier, et, en 1266 et 1298 la seigneurie relevait des seigneurs de Capluc. (3) L'église est du XII° siècle.

St-Préjet-du-Tarn

Edifice roman du XII° siècle très régulier, aujourd'hui en forme de croix latine, à la suite de la construction de deux chapelles, mais primitivement à une seule nef rectangulaire, très élancée, du style roman très pur. Abside en hémicycle, supportée par quatre grandes colonnes et par trois arcades percées au milieu par des fenêtres en plein cintre, qui reposent à l'intérieur sur six sveltes colonnettes corinthiennes à modillons ouvragés et historiés. Le chevet est entouré à l'extérieur d'un encorbellement de petites arcatures à figurines malheureusement recouvertes d'un impur badigeon. La porte d'entrée en plein cintre, précédée d'un large portique, est accotée de deux colonnettes ainsi que la fenêtre du fond qui fait face à l'abside et surmonte la porte. Le chœur, de 4 m. d'ouverture sur 7 m. de profondeur, est embelli d'un arc triomphal. Dans ces derniers temps on a découvert, à l'abside, une fresque antique, représentant l'apothéose de St-Préjet. Cette église, d'un cachet architectonique peu ordinaire, mérite d'attirer l'attention des connaisseurs. La petite chapelle de Couret qui fait face à la sacristie, fut bâtie en 1549 et dédiée à St-Jacques le Majeur. (4) Le mur du côté du sud est orné d'arcades aveugles : l'édifice est entouré d'une litre, à l'intérieur. Un clocher arcade surmonte l'arc triomphal du chœur. M. Monestier, curé, fit construire en 1855, les deux chapelles latérales aux deux côtés de la seconde travée. (5) L'église en a quatre. Par acte du 28 octobre 1155, Aldebert le Vénérable céda ce prieuré simple à l'abbaye de St-Victor de Marseille. Il fut rétrocédé par cette dernière à Mgr Odilon de Mercœur, cent ans plus tard. (6)

> St-Préjet dans le Tarn se mire,
> Avec l'église et son ormeau. ·
> Le sanctuaire nous attire ;
> Du gai vallon c'est le joyau. (7)

(1) Martel, Les Cévennes, ch. 26.
(2) L'abbé Foulquier p. 622.
(3) G 569. En 1307 le Castrum Sti Petri de Stirpia relevait des barons de Roquefeuil. G 757.
(4) L'abbé Foulquier, p. 663.
(5) Tradition.
(6) Arch. Loz., H 128.
(7) Poésie sur le Taru, par X.

St-Privat-de-Vallongue

Eglise remaniée presque de fond en comble, en 1674 ; n'offre d'antique que la chapelle de N.-D. de la Salette et la sacristie qui lui fait suite. Ces restes pourraient bien être l'ancienne chapelle de St-Restitut, à laquelle on adjoignit le bâtiment qui forme le corps de l'église actuelle. La chapelle N.-D., en style roman, parait remonter au XIII° ou XII° siècle. (1) En 1239, elle fut cédée par Guillaume Durand à l'abbaye de Cendras. (2)

St-Rome-de-Dolan

Edifice roman pouvant remonter au XIV° siècle ; remanié, surtout en 1633. (3) Sans grande valeur architecturale. Clocher pyramidal, quadrangulaire avec flèche ; porte latérale précédée d'un portique. Ce prieuré dépendait du monastère du Rozier. (4)

St-Saturnin

Eglise à chevet plat, à collatéral unique, avec décoration d'arcatures à l'abside, style roman presque rudimentaire, basse, étroite, précédée d'un portique. Semble remonter au XII° siècle. (5)

Ce prieuré fut cédé, avec l'église, par Aldebert le Vénérable, le 28 octobre 1155, à l'abbé de St-Victor de Marseille. (6) En 1307, le château et le mandement de St-Saturnin dépendaient des seigneurs de Cénaret. (7)

Salelles

Eglise romane, remaniée et restaurée, pouvant remonter au XII° s. Vers l'an 1095, Puel. seigneur du Besset, se disposant à partir pour la première croisade, donna aux moines du Monastier le lieu des Salelles. (8) Le 30 mai 1155, Aldebert le Vénérable leur confirma la possession de cette église. (9) L'abbé Charbonnel nous dit que celle-ci aurait été entourée, dès le principe, d'un couvent bénédictin qui fut

(1) Paroisses des Cévennes, tome II, p. 300.
(2) G 640-642.
(3) Archiprêtré de Barjac, p. 696.
(4) G 2127, fol. 125.
(5) D' Barbot. *Croix* Loz., 25 mars 1913.
(6) Arch. Loz., II. 128.
(7) Cf. G 757 et 558.
(8) Bull. Loz. et Arch. de Barjac, p. 664.
(9) Arch. Loz., fonds Salelles.

ruiné par les Réformés, en 1562. (1) L'année suivante le château des
Salelles fut héroïquement[défendu par Anglic Baisson.(2) Ce sanctuaire
est le centre d'une dévotion célèbre en l'honneur de *N. D du Bon
Secours.*

St-Léger-du-Malzieu

Eglise romane ; abside polygonale , de construction bénédictine ;
dépendait de la Chaise-Dieu ; semble remonter au XIII° siècle. (3)
L'abbaye de la Chaise-Dieu avec ses dépendances fut donnée à Mgr
Serroni, en 1672, par Louis XIV, pour le récompenser de lui avoir
fourni un régiment de huit compagnies, à l'effet de réprimer une révolte des paysans du Vivarais. (4) L'église de St Léger était jadis le
siège d'une antique dévotion, en l'honneur de St-Mén, qu'on invo-
quait pour guérir de la gale. (5)

St-Pierre-le-Vieux

Eglise romane du XII° s., (6) remplacée par une nouvelle construite
à Vareilles, cependant encore debout ; on y dit la messe de temps en
temps. On pourrait, avec certaines réparations, la remettre en bon
état. Elle relevait de la Chaise-Dieu. (7) Inscription en latin sur une
cloche qui date de 1730.

St-Privat-du-Fau

Eglise romane du XIII° siècle remaniée. En 1301 elle relevait des
chanoines de Pibrac (8) qui la possédaient encore en 1728. (9)

Les Salces

Edifice roman, en forme de croix latine ; abside semi-circulaire ;
fenêtres étroites, évasées, semble remonter au XIII° siècle. Clocher
pyramidal sur la sacristie.

(1) Origine de l'Eglise de Mende.
(2) Arch. dép. Charbonnel, Eglise de Mende.
(3) Dr Barbot. *Croix* Lozère, 23 mars 1913.
(4) Charbonnel. De Burdin.
(5) Cf. Annuaire Lozère, 1872.
(6) Dr Barbot. *Croix* Lozère. 23 mars 1913.
(7) G 2090.
(8) Arch. Loz., G 933.
(9) Statistique de 1728. G 2090.

St-Symphorien

Cette église accuse deux époques différentes ; le XII' et le XIV' s. L'abside demi-circulaire à pans coupés, avec un œil de bœuf et sa fenêtr romane et les deux chapelles d'à côté remontent au XII' siècle.

La nef, supportée par des colonnes ogivales, aux chapiteaux ornés de curieux modillons, dont deux à tête humaine, et les deux tombeaux cachés derrière les confessionnaux, ainsi que la tour qui sert de clocher, paraissent ne remonter qu'au XIV' siècle. Eglise propre et bien tenue.(1)

St-Bonnet-d'Auroux

Cette église, style composite, remaniée dans la suite des âges, et imitation de celle de Grandrieu, avec ses colonnes aux chapiteaux saillants, bien ouvragés, à curieux modillons, ses arcs en plein cintre et son abside polygonale, semble remonter au XII' siècle, quant à ses parties primitives. (2)

Ce prieuré relevait de la mense épiscopale. (3)

St-Jean-la-Fouillouse

Eglise romane, de construction bénédictine, de moyen appareil ; à une seule nef, abside semi-circulaire, avec clocher bas, massif, quadrangulaire, parait remonter au XIII' siècle. On fait mention de cet édifice, en 1286, comme dépendànt de l'abbaye de Cluny et relativement à la nomination de l'abbé Pons, comme curé de la paroisse. (4) Celle-ci portait alors le nom de St-Jean-de-Lacham (*de Calma alias de Falhosa*). (5) Vital Angelard, prêtre de Mende y fonda la chapellenie de la Trinité, en 1422. (6) Avant la Révolution ce prieuré possédait un revenu de 1500 l. t. (7)

---

(1) Cf. *Semaine Religieuse*, 7 février 1913 et le classement de Burdin. Documents historiques.
(2) De Burdin.
(3) G 2086.
(4) G 2021.
(5) Ibidem.
(6) G 2022.
(7) G 2087.

Serverette (église du cimetière).

Eglise à chevet polygonal, collatéral unique ; addition de chapelles postérieures. Dans le chœur, tombeau des anciens seigneurs de Bois du Mont. (1) Remonte au XII' siècle.

La chapellenie de St-Robert et Ste-Enimie y fut fondée, le 15 mai 1542, par Robert Gerbal. (G 2085).

Le Villard

Eglise en forme de croix latine, du XIII' siècle, quand à ses parties primitives, à savoir l'abside, le chœur et les deux chapelles dont le style est roman, à l'exception de la crédence. Abside polygonale en berceau, ornée de six nervures, reposant sur des colonnettes demi-circulaires encastrées dans le mur, couronnées de chapiteaux à figurines. Arc triomphal à l'entrée du chœur reposant sur des colonnes géminées adossées à un pilastre et dont l'un a été affreusement mutilé, comme à l'église de la Capelle, lors de l'installation de la chaire.

Les deux chapelles sont ornées de nervures ou d'arcs en diagonale. La clé de voûte porte un lion. La nef, style ogival rudimentaire, est postérieure. La porte d'entrée, précédée d'un petit portique qui soutient le clocher à flèche, est ogivale et a été construite en 1863. Le clocher rectangulaire remonte à l'année 1867. « En 1300, l'évêque Guil-« laume Durand trouvant trop pénible et trop long le trajet des habi-« tants du Villard. pour assister aux. offices religieux, à l'église des « Salelles, en établit une au Villard, avec les fonds baptismaux et un « cimetière. » (Arch. dép.)

On croit que primitivement cette église servait de chapelle au château épiscopal du Villard, puisqu'elle était renfermée dans sa vaste enceinte. Celui-ci était défendu par d'épais remparts, de hautes tours et deux portes d'entrée dont la seconde se trouvait munie d'une herse, comme on peut facilement s'en convaincre.

NOTA. Le maître-autel de l'église du Villard est confectionné en pierres calcaires du pays, d'une finesse remarquable.

Villefort (chapelle St-Jean)

Edifice roman du XII' siècle à nef unique ; chapiteaux curieux. (2)

(1) D' Barbot, *Croix* Loz.. 23 mars 1913.
(2) Ibid.

DESIDERATA

Qu'on nous permette de terminer cette étude consciencieuse de nos vieux monuments religieux par les *desiderata* suivants.

En visitant nos vieilles églises nous avons constaté que plusieurs d'entr'elles périclitaient misérablement, que d'autres tombaient presque en ruines par l'insouciance — j'allais dire la méchanceté — d'un conseil municipal sectaire, ou bien parce que la commune, si grande que soit sa bonne volonté, est véritablement trop pauvre. Remédier à ce mal serait encore possible. Il faudrait que l'*Etat le voulût et acceptât le concours des communes et des catholiques.*

Ecoutons M. Maurice Barrès ? « L'Etat, a-t-il dit à la tribune, est le premier gardien et le sauveur de ces monuments d'architecture religieuse, parce qu'ils ont un caractère national. Qu'il continue d'abord à protéger les monuments historiques déjà classés, et qu'il élargisse son action par de nouveaux classements. Qu'il inscrive ensuite dans son budget une somme globale qui sera distribuée à titre de subvention.

Que la commune intervienne par des secours comme l'y autorise la loi actuelle. Les catholiques sauront faire leur devoir pour conserver l'édifice sacré qui est le centre de la vie religieuse dans leur village ».

Cet appel vibrant sera-t-il écouté? Ce serait cependant le désir ardent des memòres de la *Société d'Agriculture, Industrie, Sciences et Arts de la Lozère*, désir qui a été exprimé chaleureusement dans les séances d'avril et de juin 1913. On n'ignore pas que les touristes se plaisent à visiter nos monuments religieux.

M. Deschanel ne disait-il pas déjà, à la tribune de la Chambre, en 1905 ! « Oui nous pouvons calculer exactement en francs et en centi-« mes la valeur d'un champ, d'une mesure, d'un bâtiment quelconque. « Mais pouvons-nous calculer de même la valeur d'un temple ?

« Il y a un peu du ciel dans ces vieilles pierres. L'église est comme « un calice ou l'homme éphémère essaye d'enfermer une part de l'e-« ternel et de l'infini ».

Nous plaidons la meme cause surtout en faveur des *cent quinze églises séculaires* dont nous venons de tracer une esquisse, hélas ! trop courte et trop imparfaite.

L'abbé L. Costecalde

Mort d'un évêque Lozérien

Le 13 juillet dernier, sous les voûtes grandioses de la cathédrale de Montpellier, née comme celle de Mende d'une généreuse pensée d'Urbain V, avaient lieu au milieu d'une grande affluence et sous la présidence du Cardinal de Cabrières, les obsèques solennelles d'un enfant du Gévaudan, Mgr Lavigne, décédé l'avant-veille dans cette ville où il était de passage.

Charles Lavigne était né à Marvejols le 6 juin 1840. Entré en 1866 dans la Compagnie de Jésus ; après avoir enseigné à Toulouse et occupé le poste de confiance de Secrétaire particulier du Général de l'ordre, il fut envoyé par ses supérieurs dans l'ile de Ceylan, où, revêtu en 1887 de la dignité épiscopale, il se consacra tout entier à la réorganisation de l'eglise du rite Syrien qu'il a laissée pacifiée et prospère. Il avait été en 1898 appelé au siège épiscopal de Trincomali nouvellement fondé dans l'île.   A. M.

Un Lozérien inhumé dans la Cathédrale de Reims

(Communication de M. E. BOSSE, membre titulaire)

L'étranger qui passe par la ville de Reims ne manque pas d'aller visiter la magnifique cathédrale gothique qui en est l'ornement, l'une des plus belles de la France, dont l'histoire se lie intimément à celle de la nation et dont les voûtes ont retenti des acclamations qui suivaient le sacre de ses rois. Tout, à l'extérieur comme à l'intérieur, concourt à émerveiller le visiteur, qui va de surprise en surprise et dont l'admiration ne cesse pas.

Les plus illustres personnages ont désiré reposer auprès du lieu où St-Nicaise et ses compagnons avaient été martyrisés en 406, et depuis l'archevêque Adalbéron d'Ardennes (mort en 982) dont il subsiste encore une notable partie de la pierre tombale en pierre calcaire blanche, des prêtres, des chanoines, des cardinaux ont été inhumés sous les dalles de la cathédrale. M. Henri Jadart, le savant conservateur de la bibliothèque de la ville et secrétaire général de l'Académie, a consacré un volume entier à la description des pierres tumulaires et des épitaphes qui subsistent ou dont il a pu retrouver la trace (1). C'est à son ouvrage que nous empruntons les renseignements qui suivent relatifs à un de nos compatriotes qui par « un honneur exceptionnel bien dû à ses vertus » a reçu la sépulture dans le caveau des archevêques de Reims.

Au centre de la Cathédrale, dans le soubassement du sanctuaire, au milieu de la largeur, à la hauteur de l'autel central, et au rez du sol en face le croisillon sud du transept et des fonds baptismaux une plaque en marbre noir (hauteur 0 m. 68, largeur 1 m. 20) sans ornements ni armoiries (fixée vers 1876) porte en lettres majuscules dorées :

Hic jacent in Christo Patres
RR. DD. Joannes Carolus de Coucy Archiepiscopus
Remensis obiit 9ᵉ Martii 1824
RR. DD. Stephanus Blanquet de Rouville, Episcopus
Numidiensis, Vicarius Generalis 3 nov. 1838.
RR. DD. Romanus Fredericus Gallard archiepiscopus
Anazarbensis, coadjutor Remensis 28 sept. 1839
Em. ac RR Joannes-Baptista Cardinalis de Latil
Archiepiscopus Remensis 1ᵉ decembris 1839

Requiescant in pace　　　　　　　　　A. Coquet

Nous ne dirons rien des éminents personnages mentionnés dans cette inscription, sauf du deuxième qui par son origine et par sa famille, qui existe encore, appartient à notre département.

Blanquet de Rouville (Etienne-Trophime), né à Marvejols le 30 janvier 1768, chanoine de la cathédrale de Chartres avant la Révolution, n'émigra pas, exerça ensuite les fonctions de curé de Meyrueis (Lozère), redevint en 1821 chanoine de Chartres puis vicaire général du cardinal de Latil à Chartres et à Reims en 1824, fut ensuite nommé évêque *in partibus* de Caryste, puis de Numidie en 1828 ; administra le diocèse de Reims depuis le départ du cardinal en 1830 et mourut à Reims le 3 novembre 1838. Il était le frère de l'amiral Blanquet de Rouville (*Intermédiaire des chercheurs et des curieux*, 10 février 1904, col. 186). Sa mort arriva au palais archiépiscopal de Reims, à l'âge de 70 ans. Ses obsèques furent présidées par l'évêque de Soissons et un discours du sous-préfet de Reims fit l'éloge du prélat. Le compte rendu de ses funérailles et les discours qui y furent prononcés sont rapportés dans

---

(1) Travaux de l'Académie de Reims. — 118ᵉ volume, 1907, 300 pages avec nombreuses gravures.

les (*Mémoires historiques sur la ville de Reims*, par Lacatte Joltron, tome III, p. 304 à 307. (H. Jadart, op. cit., p. 156).

Le D' Gosset, membre de l'Académie de Reims, dans ses recherches généalogiques tirées des registres paroissiaux des communes du canton de Reims signale encore dans la région le décès d'un presque compatriote : « 27 juin 1782. Décès, au château de Nuire, dépendance de Tinqueux, de messire Victor Valguières de Rebourguille, natif de Millau (Aveyron), sous-lieutenant des gardes du corps de M. le Comte d'Artois, âgé de 32 ans ». (*Travaux de l'Académie*, 1 10-1911, vol. 130, tome 2', page 141). (Sur la famille Falguières de Rebourguille voir de Gaujal, *Etudes historiques sur le Rouergue*, tome IV, p. 318-319. L'officier dont s'agit ici y est dénommé Bouman.

L'on croit utile de compléter la communication qui précède par quelques détails empruntés par M. l'abbé Costecalde à l'important travail historique de M. l'abbé Foulquier sur les *Paroisses des Cévennes* paru dans la *Semaine Religieuse* de Mende (n' du 9 avril 1886).

— « Etienne Blanquet de Rouville était fils du chevalier Dominique Blanquet de Rouville, officier des mousquetaires du Roi et de dame Marie Bombernard du Chaila. Il naquit à Marvejols, le 18 juin 1868 : il fit ses premières études à Chartres, sous la direction de son oncle Jean Blanquet de Rouville, qui était chanoine de l'insigne basilique de N.-D. de Chartres.

L'abbé Blanquet suivit ensuite les cours de philosophie et de théologie à St-Sulpice, à Paris, et il fut ordonné prêtre pendant la Révolution. Il fut pourvu d'un canonicat de la cathédrale de Chartres, très probablement de celui de feu son oncle. A la fin de la Révolution on le trouve à Marvejols au sein de sa famille.

En 1809, il fut nommé vicaire de Mende et en 1812 curé-doyen de Meyrueis. Il pacifia cette paroisse et y fit un grand bien pendant neuf ans. En 1821, Mgr Latil, évêque de Chartres, le sollicita de venir reprendre possession de son canonicat. L'abbé Blanquet se rendit à ses désirs. Peu après, Mgr Latil le nomma grand-vicaire et plustard nommé à l'archevêché de Reims et cardinal, il emmena l'abbé Blanquet dans son nouveau diocèse.

Huit ans plustard, Mgr Latil fit nommer l'abbé Blanquet, évêque de Cariste (*in partibus infidelium*), titre qu'il échangea bientôt en celui d'évêque de Numidie. Celui-ci fut sacré par Mgr Latil, en 1829, dans la chapelle des Dames du Sacré-Cœur, rue de Varennes, à Paris. En 1830, le cardinal Latil ayant suivi le roi Charles X, en exil, l'administration du diocèse de Reims fut confiée à Mgr de Numidie. Ce prélat lozérien mourut le 3 novembre 1838.

L'abbé de Rouville était frère puiné de l'amiral Armand-Simon (de Rouville) *du Chaila*. qui s'illustra sous le Premier Empire. Celui-ci, selon l'usage des cadets des grandes familles nobles, avait pris le nom de sa mère. L'amiral mourut retiré à Versailles en mai 1826, à l'âge de 67 ans ».

BIBLIOGRAPHIE

Armanac de Louzero. 1913, Mende, Pauc (12ᵉ année).

AGNEL (Arnaud d'). *Les possessions de Saint-Victor de Marseille dans le Sud Ouest de la France.* — (*Revue Mabillon*, t. II, p. 177-184).

AGULHON. *Lozère-Tourisme-Séjour.* — 1 op. in-8. Mende. Ignon-Renouard, 1913.
Plaquette abondamment illustrée destinée aux touristes et recommandant les sites remarquables et stations d'estivage de notre pays.

BARBOT (Dʳ). *Fouilles à St-Ilpide. (Croix de la Lozère,* nᵒˢ des 18 et 25 mai 1913).

BERTHELÉ. *Ephemeris campanagraphica.* 1910, fasc. 1 et 2. — Notices sur diverses cloches de la Lozère.

BÉLARD. *La Société populaire de St-Flour et la mission de Châteauneuf-Randon dans cette ville.* — Aurillac, Bancharel, 1913.
Cette savante étude est extraite de la Revue la *Haute-Auvergne* et intéresse particulièrement la Lozère.

CHARETON. *La Réforme et les Guerres civiles en Vivarais.* — Paris, Catin, 1913.

Club Cévenol (Revue illustrée du). Millau, Artières et
Maury. XIXᵉ année. 1913.
— N° 1. Masson. Du Vigan à Meyrueis (13 gravures).
— N° 2. *Ignotus*. Environs de la Canourgue (7 gravures).
X... Barre des Cévennes (2 gravures).
— N° 3. J. Barbot. Route des Causses et Cévennes.

GRELLET DE LA DEYTE et C. FABRE. *Généalogie des d'Apchier. Teusons d'Apchier. Torcafol.* — *(Bull. scientif.
... de la Hte-Loire*, 1ʳᵉ année, 1911, fasc. 4, p. 321-326).
C'est une étude sur la grande famille qui a joué un rôle si important
dans le Velay et le Gevaudan.

GUILLOREAU (Dom). *L'obituaire de St-Martin de la Ca-
nourgue, en Gévaudan, dépendant de St-Victor de
Marseille.* — (Annales de la France monastique. *Revue
Mabillon*, 1907, t. III. p. 390-428).

GANGOLPHE (Dʳ). *Syphilis osseuse préhistorique.* — Gazette
médicale de Paris, 6 mars 1912.
Il y est question de la Lozère.

LUCAS-CHAMPIONNIÈRE (Dʳ). *Trépanation préhistorique.*
— (Journal de médecine et de chirurgie pratiques, 25 nov.
1913).

MALZAC (Dʳ). *Les cachettes huguenotes des Cévennes.*
— 1 vol. in-18 orné de plans et photographies. 1913.

MICHEL. *La défense d'Avignon sous Urbain V et Grégoire
XI.* — In-8° de 30 pages. Rome, Caggiani.

MOLLAT. *Les papes d'Avignon.* 1305-1378. — Paris, Ga-
balda, 1912.

MONJOUX-CAPILLÉRY. *Jean Cavalier. L'homme et le héros.*
— (Historia, n° du 5 août 1913). Paris, Taillandier.

PAUL. *Armorial général du Velay.* — 1 vol. in-4°, Paris,
Champion, 1912. — Intéresse le Gévaudan.

RÉMY. *Le Musée de Mende. Catalogue analytique et des-*

criptif des tableaux et objets d'art. — Mende, Ignon-
Renouard, 1913.

Intéressante plaquette, parue en feuilleton dans le *Moniteur de la Lozère* et où l'auteur, avec une compétence toute spéciale consacre une étude à chaque tableau ou objet, complétant ainsi et corrigeant un précédent *Catalogue* où fourmillent des erreurs par trop grossières.

SOLANET (Albert). *L'Abbé du Chaila. Sa mémoire.* — 1 op. in-8 de 45 pages. Mende, Magne, 1913. — Etude parue dans les *Etude* des RR. PP. de la Cie de Jésus, des 5 et 20 septembre 1913, sous le titre : *Un Episode de la Guerre des Camisards.*

C'est un substantiel résumé de la vie de l'abbé François de Langlade du Chaila, qu'il est entrain de publier dans la *Semaine Religieuse* du diocèse.

Le savant auteur, après avoir montré le rôle de l'Inspecteur des Missions dans les Cévennes, à la suite de la révocation de l'Edit de Nantes, nous fait assister à son martyre, qu'il subit héroïquement au Pont-de-Montvert, en haine de la foi catholique, le 24 juillet 1702.

Dans une seconde partie, M. l'abbé Solanet détruit victorieusement, à l'aide de témoignages contemporains et authentiques, la fausse légende de cruauté que le fanatisme de quelques auteurs huguenots avait créée autour du vénérable ecclésiastique, qui fut au contraire un modèle de douceur autant que de zèle et de piété.

Cette étude consciencieuse, documentée, écrite d'un style lucide comme la vérité, a été éditée en une superbe plaquette que tous les amis de notre histoire locale et de la vérité historique se feront un plaisir de lire et de répandre.

VÈZE. *La transformation économique d'un régime par la voie ferrée.* — Brochure in-12. Auxerre, Gallot, 1913. Conférence faite le 12 septembre 1913, à l'Assemblée générale du *Club cévenol*, à Meyrueis.

Dr BARBOT

BIBLIOGRAPHIE

1914—1915

Armanaç de Louzéro. — Mende, Pauc, 1914 (13ᵉ année).

Barbot (Dʳ J.). — *Pages inédites de l'Histoire de Marvejols.* 1 vol. grand in-4°, à deux colonnes de texte, avec un plan hors texte et une gravure. A Mende, chez Magne ; à Marvejols, chez Vieilledent, imprimeur.

Baron. — *Lettres de que'ques soldats lozériens,* 1805-1813. Tirage à part in-12 d'un feuilleton du *Moni'eur de la Lozère,* juillet-août 1915.

Brunel (Cl.). — *Répertoire numérique des Archives de la Lozère.* — Série C (Administration provinciale). 1 op. in 4°, Mende, Privat, 1910.
   Ibidem. — Série Q (Domaines). 1 op. in 4°, Mende, Privat 1910.
   Ibidem. — Série Y (Etablissement de repression). 1 op. in 4°, Mende, Ignon-Renouard, 1913.

Foulquier (Abbé). — *Notes biographiques sur le clergé desservant des paroisses comprises dans les trois anciens archiprêtrés de Barjac, Javols et Saugues.* Feuilleton du *Courrier de la Lozère.* (En cours de publication).

   M. Foulquier a achevé en 1913 le Tome Iᵉʳ de son étude, sur l'archiprêtré de Barjac, d'une étendue de 1.000 pages environ. Il publie actuellement le tome II relatif à l'archiprêtré de Javols. Nous ne dirons rien de la méthode de l'auteur que nous avons critiqué déjà ; mais les pages en cours de publication prouvent qu'il ne connaît pas les nombreux travaux publiés sur la Lozère depuis quelques années, et qui auraient pu documenter son étude ou lui éviter de reproduire des erreurs.

Nègre (P.). *Catéchisme théologique de la vie spirituelle et du mérite surnaturel*. Mende, Magne 1914.

— *Petit Catéchisme sur l'Oraison et les quatre fins du sacrifice*. 1 vol. in 12, 32 pages. Mende. Magne, 1914.

Ces deux brochures, très précieuses pour les âmes dévotes, ont été composées, avec clarté et compétence, par un professionnel, M. le chanoine Nègre, supérieur du Grand-Séminaire de Mende

Puaux (F). — *Le dépeuplement et l'incendie des Hautes-Cévennes* (oct.-décembre 1703). Bull. de la Soc. Hist. du protestantisme. LXIV, sept. oct. 1915, p. 592-608.

Etude d'un sectarisme remarquable, comme tous les travaux de ce farouche auteur protestant sur la guerre des Camisards. Il répète à satiété que M. Julien fut le «brûleur des Cévennes»; mais il oublie qu'il existe des *Dictionnaires géographiques*, et estropie des tas de noms : le Bougel, St Andéol de Clergemort, Castagnolles, Montlezon, etc.

Semaine Religieuse du diocèse de Mende, 1914. Privat, imp.

Finance. — (Dom T. de). — *St Frézal, évêque de Mende et martyr*. N° du 16 janvier et suivants.

Savante étude où l'auteur prouve, par de nombreux textes, que pendant huit siècles, St Frézal a été honoré en Gévaudan comme martyr, et qu'il a suffi du caprice d'un puissant Janséniste qui réussit à faire adopter une liturgie de sa fabrication, pour voir retrancher, au XVIII° siècle, St Frézal du nombre de nos évêques.

Il est regrettable que le travail de Dom Finance soit imprimé de façon si déplorable : citations, mentions d'auteurs et d'ouvrages, tout est publié en caractères uniformes, avec nombreuses fautes et des erreurs de dates : c'est un véritable sabotage typographique.

Solanet. — L'abbé du Chaila. (Suite), n°ˢ des 2 et 9 janvier.

X... — Les juifs en Lozère. N° du 3 avril 1914.

X.... — Trois Séminaires en Gévaudan à la fin du XVII° siècle. N° du 24 avril.

X.... — Le tombeau d'Urbain V. N° du 1ᵉʳ mai et suivants.

X.... — Mgr Sabadel, archevêque de Corinthe. Notice nécrologique sur ce prélat, né à Langogne, plus connu sous le nom de P. Pie. N° du 15 mai et suivants.

Costecalde. — Mgr Chapelle, archevêque de la Nouvelle Orléans. Biographie. N° du 17 juillet et suivants. La fin est dans le N° du 16 avril 1915,

X.... — La nouvelle église du Massegros. N° du 31 juillet.

X.... — La famille De l'Eglise en Gévaudan. XIII° siècle. N° du 25 septembre.

De La Tour (Com¹). — *Duroc, duc de Frioul* 1772-1813. Paris, Chapelot, 1913. On y voit un portrait du maréchal.

Rohmer (R.). — *Répertoire numérique des Archives de la Lozère.* — Série U (Justice) et série U (Cultes). 1 op. in 4°, Mende, Ignon-Renouard, 1913. — Série U (Administration et comptabilité départementales) 1. op. in 4°. Mende, Ignon-Renouard. 1916.

X.... *Chapelle de Ste Thècle, à St-Bonnet-de Chirac.* (1 vol. in-18. 24 pages. Mende, Pauc, 1913).

Cette plaquette comprend la vie de Ste Thècle et une relation de ses miracles, faite en 1687, sur l'ordre de Mgr de Marcillac, évêque de Mende.

Théophile ROUSSEL

ET LA

MÉDECINE SOCIALE

Appelé en 1909 à prononcer l'éloge posthume de Théophile Roussel, le professeur Jaccoud, secrétaire perpétuel de l'Académie de Médecine et véritable savant en même temps qu'orateur, débutait en ces termes : « Telle est, disait-il, « l'infinie grandeur des bienfaits conférés par les lois dues « à Théophile Roussel que le *législateur* fait trop souvent « oublier le *médecin* ». — Le médecin, cependant, avait dès longtemps conquis une légitime célébrité par d'importants travaux ; mais son œuvre scientifique importait moins à la foule que son prestige social.

Et de fait, qu'on inspecte les monuments élevés à sa mémoire, qu'on compulse les discours prononcés en ces occasions, tant à Paris qu'à Mende, sans oublier son Jubilé en Sorbonne, lors de son 80me anniversaire, (20 décembre 1896), partout et toujours on verra qu'est exalté le législateur ou l'homme politique, tandis qu'est passé sous silence ou à peine effleuré le rôle important de *précurseur* qu'a rempli en *médecine sociale* notre éminent compatriote. C'est à combler cette lacune que j'ai voulu consacrer cette étude, me proposant de développer avant tout le côté *scientifique* et le côté *moral* de l'œuvre médicale de Théophile Roussel.

J'ai bien dit le côté scientifique et le côté moral, sans que cette association m'ait paru contradictoire dans une œuvre telle que la médecine sociale. Qu'est-ce en effet que la *médecine sociale*? C'est en un mot la médecine qui s'occupe des *maladies populaires* et qui s'efforce de les combattre. Or, cette lutte pour être efficace ne doit pas seulement emprunter les armes matérielles de la thérapeutique ou de l'hygiène; elle doit aussi s'exercer par l'usage du libre effort individuel qui relève directement de la morale. Si guérir le mal n'est pas toujours possible à cette médecine, il lui faut tâcher au moins de le prévenir, et dans cette mise en garde contre un danger évitable, contre nos passions, ne doit-elle pas en même temps éclairer l'esprit et armer la volonté? N'est-ce pas là faire œuvre à la fois de savant et de moraliste?

Qui niera d'autre part que derrière la plupart des misères sociales se cache le plus souvent une question d'hygiène ? Les questions d'éducation physique, de puériculture, de logements salubres et de jardins ouvriers, les graves problèmes de la tuberculose, de l'alcoolisme, des maladies infectieuses et tant d'autres que je ne saurais énumérer, tout cela relève de la médecine sociale. Plus nous allons, plus l'hygiène prendra de place dans la vie collective et ses progrès, pour ne pas être de pure façade, devront marcher de pair avec les progrès moraux. — La bonne sociologie ne peut donc pas plus se passer de l'hygiène que la bonne hygiène de la morale.

Telle est la complexe réalité qui démontre l'enchevêtrement des questions d'hygiène et de morale en médecine sociale. Peu importe après cela qu'on oppose science **et** morale, à moins qu'on ne veuille prouver qu'il n'y a pas, qu'il ne saurait y avoir de *morale scientifique* ; il n'en est pas moins vrai que la science, à condition d'être largement comprise, peut être d'une façon indirecte une auxiliaire de la morale. La demi-science seule est redoutable ; car, on l'a dit depuis longtemps, la science vraie n'est qu'*une igno-rance qui se connaît*, et ce n'est pas seulement d'aujourd'hui « qu'il y a dans le monde, comme disait Hamlet, plus de « choses que n'en rêve notre philosophie ».

§. — Dans un siècle qui a vu précisément grandir la vraie science et la médecine française partir de Bichat pour aboutir à Claude Bernard et à Pasteur, le progrès ne saurait s'enfermer ni dans une formule unique, ni dans un seul nom, et bien que le nom de Pasteur domine tous les autres, il serait profondément injuste de méconnaître ou d'oublier tout ce qu'ont fait avant lui, pendant le XIXme siècle, nos hygiénistes et nos sociologues. Or, l'idée féconde du *parasitisme* dans les maladies n'est pas née d'hier et c'est à la faire triompher qu'ont travaillé avant Pasteur des savants plus modestes, tels que Davaine, Hameau (d'Arcachon) et Théophile Roussel lui-même. Sous ce rapport, notre compatriote avait bien profité du temps de son internat à l'hôpital Saint-Louis, vers 1840, pour étudier au microscope la *pathogénie des teignes* et d'autres maladies cutanées ; ainsi entraîné dans le courant parasitaire, il en avait gardé une forte empreinte avec la conviction que c'était là une des plus sûres voies d'avenir pour la médecine, comme il le démontra plus tard dans ses études sur la pellagre. Cette prescience lui fait donc le plus grand honneur et pour son époque, constitue même un de ses plus beaux titres de gloire scientifique, quoique le moins célébré.

Après s'être rompu aux méthodes sévères du laboratoire,

l'esprit synthétique du jeune savant ne tarda pas à quitter l'analyse des maladies pour en atteindre la prophylaxie. C'était pénétrer du même coup dans le domaine de la médecine sociale et là encore, comme en science pure, devancer le nom par la chose : ainsi, de *précurseur scientifique*, Th. Roussel devenait, par une évolution toute naturelle et dans le sens de la préservation des maladies populaires, un *précurseur social*. Pour passer du premier rôle au second, il n'avait eu besoin que d'une simple, mais ferme notion, la notion du mal évitable, ce qui suppose de prime abord l'idée de *contagion*, principe même de l'hygiène moderne consacré après lui par le triomphe des théories pasteriennes.

§. — A mesure qu'il avançait dans la sociologie et dans le maniement des hommes, Th. Roussel n'était pas non plus sans s'être rendu compte que le succès de toute croisade sanitaire dans les collectivités dépendait avant tout du concours intime de l'hygiène et de la morale, comme l'organisation de la nature humaine dépend du concours de la matière et de l'esprit : « *mens sana in corpore sano* », telle était sa devise favorite, avec son goût personnel du travail, par laquelle il entendait que la morale est l'hygiène de l'âme comme l'hygiène est la morale du corps. — Il était bien convaincu d'ailleurs et il exprimera, nous verrons, fortement son idée que tout progrès social est le résultat du libre effort individuel ou de l'éducation et que le bien-être d'une collectivité se compose des sacrifices de la liberté de chacun de ses membres, double formule à recommander à nos modernes constructeurs de la cité future. « Est-il besoin « en effet, dit un hygiéniste moderne(1), de rappeler que la « vie en société ne comporte aucune liberté absolue et que

(1) *L'Hygiène moderne*, par le Dr J. Héricourt, 1907. Paris.

« si elle doit aspirer aux plus larges libertés possibles, elle
« n'existe en somme que grâce aux restrictions apportées
« à toutes les libertés ? » — Quant à l'individu, il en est de
sa formation comme de l'amère leçon que nous donne la nature : celle-ci ne développe son printemps que sous la rude
étreinte des frimas ou des vents, et dans la vie humaine,
toutes les rares fleurs qui embellissent notre pauvre monde,
la générosité, l'honneur, la charité demandent pour s'épanouir l'épreuve de la lutte, de l'abnégation, du sacrifice ; à
ce prix seulement la paix est acquise aux hommes de bonne
volonté.

Ces généralités m'ont paru indispensables avant d'aborder en détail ce que fut Théophile Roussel

      I° Comme hygiéniste,
      II° Comme sociologue.

<h1 style="text-align:center">I</h1>

En pénétrant la définition sommaire qui a été déjà donnée
de la médecine sociale, on constate qu'au point de vue exclusivement scientifique, le premier à considérer, il est
permis de la décomposer en deux facteurs d'inégale importance, à savoir l'*hygiène* ou médecine *préventive* et la
thérapeutique ou médecine *curative*.

§. — Si l'hygiène s'adresse à l'homme sain et la thérapeutique au malade « il est certain, dit d'Héricourt dans
« son ouvrage déjà cité, qu'au point de vue social, l'homme
« malade présente moins d'intérêt que l'homme valide ; sa
« valeur est réduite, sinon annulée, au point de vue de la
« production, et il constitue un danger pour la collectivité,

« tandis que l'homme sain a toute sa valeur immédiate et,
« par sa famille, représente l'avenir. C'est donc à protéger
« l'homme sain, la collectivité saine, que doit travailler
« l'hygiéniste ». — Cette protection contre les maladies
qu'on appelle encore la prophylaxie, doit surtout s'éclairer
de l'étude de leurs causes, et sous ce rapport, on a pu depuis l'époque pastorienne diviser en deux grandes catégories les maladies populaires, objet direct de la médecine
sociale :

1° les maladies *contagieuses* ou *d'origine parasitaire,*
telles que la tuberculose, la syphilis, le paludisme, le cho-
léra, la peste, la fièvre typhoïde et les fièvres éruptives, la
diphtérie et certaines maladies de la peau.

2° les maladies d'*intoxication*, telles que l'alcoolisme et
celles *d'origine professionnelle* comme l'empoisonnement
par le phosphore, le mercure et le plomb.

Ce sont là autant de maladies aiguës ou chroniques qui
touchent surtout le peuple et constituent par leur extension
un véritable danger social ; ce sont aussi des maladies
presque toutes évitables contre lesquelles doit s'organiser
la défense sociale, et cette défense n'est autre que la marque
de la vraie civilisation : *paix aux forts, secours aux faibles ;* car, il y aura toujours des forts et des faibles à la
surface de notre planète et toute solidarité bien entendue
doit s'occuper des uns comme des autres, parce que *tous
ont un droit égal à la vie et à la santé.*

§. — N'empêche que le droit des faibles a toujours paru
le plus fort en principe puisqu'il a séduit non seulement
d'ambitieux démagogues, mais jusqu'à des natures d'élite
et Th. Roussel est de ce nombre. Je ne saurais mieux faire
pour caractériser son œuvre de jeunesse et ses premières
préoccupations en hygiène sociale que de transcrire ici un
portrait de lui peu connu, saisi sur le vif et tracé, quand il

n'avait guère que 30 ans, dans le mémorial d'un **savant**
d'autrefois, le Dr Léon Dufour, de Saint-Sever [1]. Cet illustre savant avait offert l'hospitalité à notre jeune compatriote
qui, peu après son internat, se rendait en Espagne, aux
mines d'Almaden, pour y étudier les effets de l'hydrargyrisme en même temps que la pellagre, et ce fut là l'occasion
du portrait suivant :

« Docteur THÉOPHILE ROUSSEL — agrégé de la Faculté de Médecine
« de Paris — me fit visite les 4 et 5 octobre 1847, chargé par le minis-
« tre de l'agriculture et du commerce d'étudier la pellagre : trente ans
« environ, taille au-dessous de la moyenne, assez d'embonpoint, teint
« décoloré, allure méridionale , il est de la Lozère, mais réside à Pa-
« ris. Pendant deux ans, il a été à l'hôpital Saint-Louis : il est par con-
« séquent familiarisé avec la connaissance des *affections cutanées;* il
« a de l'esprit, de l'instruction et la parole facile. Pour accomplir sa
« mission, il a parcouru la Lombardie, le Centre et le Midi de la France,
« les Pyrénées ; il va se rendre à Bordeaux, à Agen, dans la Lande
« maritime jusqu'à Bayonne, et en Espagne jusqu'à Madrid. D'après
« ses observations, la pellagre ne se produirait que dans les pays où
« l'on cultive le maïs et sur les gens pauvres ; en Bourgogne où le
« maïs mûrit rarement, la pellagre a presque disparu depuis que les
« habitants ont pris l'habitude de faire *sécher au jour tout le maïs des-*
« *tiné à la consommation* ; ils séparent les plus beaux épis pour les
« conserver comme semence. M. Roussel assure que *ces précautions,*
« *prises depuis vingt ans en Bourgogne, ont fait disparaître la pella-*
« *gre.* Il n'a rencontré aucun cas de pellagre dans les environs de
« Luchon ; mais il en a observé plusieurs à Nay, à Sempé, à Pau. Les
« médecins italiens traitent cette maladie avec succès par une alimen-
« tation azotée et tonique, régime approuvé par M. Roussel.
« Je lui ai fait visiter notre petit hôpital ; je lui parlai du traitement
« de la teigne par la pommade au goudron qui m'a fourni plusieurs
« cas de guérison. Il serait essentiel de savoir si l'espèce de teigne
« appelée *favus* se guérirait par ce moyen ; ce qui constituerait une

---

(1) *Un savant d'autrefois. Son mémorial (1780-1865)*, publié par
ses fils N. et G. Léon Dufour. Reproduit par la *Gazette des Hôpitaux,*
1886.

« précieuse découverte ; la teigne flavescente qui est la plus commune
« est la moins rebelle à ce traitement. M. Roussel croit que le favus
« dépend du développement d'une sorte de cryptogame ou mucédinée,
« *Sporotrichum* : ce cryptogame siègerait surtout dans la croûte
« fondamentale. — Nous avons aussi parlé de la gale : M. Roussel a
« observé que le *Sarcopte* ne se trouve jamais qu'aux vésicules des
« mains, très rarement aux pieds, chez les individus qui marchent
« pieds nus, jamais aux bras, aux cuisses, à l'abdomen, où l'on cons-
« tate cependant vésicules et démangeaisons. — Quant à l'ergotisme,
« M. Roussel pense que l'ergot possède une propriété déprimante,
« sédative, plutot qu'irritante. — J'indiquai à M. Roussel la localité
« d'Aurice (plaine de l'Adour) comme pouvant présenter quelques cas
« de pellagre : deux officiers de santé purent en effet lui soumettre
« quelques sujets à observer » (1).

De cet ingénieux et pittoresque croquis se dégage l'impression fort nette qu'entre le jeune et le vieux savant, réunis
fortuitement par des goûts et des travaux communs, les
entretiens roulaient de préférence sur *l'origine parasitaire*
des maladies, question qui commençait à peine de voir le
jour, car la première révélation des champignons parasites

(1) Le même auteur de ce portrait qui, après Réaumur et avant
Henri Fabre (d'Avignon) a su le mieux décrire les mœurs des Insectes, nous a laissé dans son mémorial une véritable galerie de tableaux
de ses contemporains, de ceux du moins qui ont entretenu avec lui des
relations scientifiques et qui composent la majorité des savants de la
première moitié du XIXe siècle. On peut y relever les deux biographies
suivantes qui intéressent plus spécialement notre pays :

1° « PROST, de Mende (Lozère). — Botaniste fort zélé, cryptoga-
« miste d'une grande sagacité, entra en correspondance ave moi en
« 1823 Sans nous connaître personnellement, nous continuâmes nos
« relations très cordiales jusqu'à sa mort, 1843. *Loyauté, générosité* et
« *probité scientifiques*, telles étaient les qualités maîtresses de cet excel-
« lent botaniste.

2° « BARDOL, Médecin principal de l'armée. — Le Docteur Bardol
« avait en 1808 environ 55 ans : taille au-dessous de la moyenne. blond,
« d'une physionomie agréable, caractère doux et bon, assez enjoué,

des teignes de l'homme (Gruby, Robin, Bazin) datait de
1842, et le premier à l'hôpital Saint-Louis, Gibert, esprit
ouvert à toutes les nouveautés, avait pu écrire dès lors que
c'était là « *la découverte la plus importante de son époque* ». Th. Roussel avait précisément profité des leçons de
Gibert au même hôpital Saint-Louis où il était interne ; sa
perspicacité lui avait fait étendre ses recherches à d'autres
maladies contagieuses que les teignes, et de 1845 à 1847,
il s'était déjà particulièrement occupé de la *pellagre*, dont
il avait décrit avec Balardini le Champignon parasite, le
Sporisorium maïdis, ou *verdet,* qu'il croyait alors spécial
au maïs altéré, mais qui depuis a été retrouvé ailleurs que
sur le maïs. Peu importe d'ailleurs que, dans la suite des
temps, il soit survenu des modifications de détails à la première théorie de la pellagre : déjà était pénétrée sa nature
intime et on pouvait dire avec le professeur Bouchard que
le maïs ainsi altéré par des parasites agissait comme le
seigle ergoté à la façon d'un véritable poison, poison convul-
sivant d'origine céréale avec élection spéciale sur les centres nerveux primitivement atteints. Qu'on change la nature de ce poison végétal en un poison animal ; qu'on trouve
d'abord le virus, puis le microbe de la rage qui a fabriqué

« esprit naturel réservé, énergie morale laissant à désirer, amateur
« passionné des insectes plutôt qu'entomologiste ; malgré l'infirmité
« de son bras gauche qui était un peu atrophié, il maniait très bien
« ces petits animaux, les piquant et les disposant avec goût dans leurs
« boîtes. C'est à Bardol que je dois mon séjour temporaire dans la mé-
« decine militaire et ses douces jouissances, mes persévérantes explo
« rations des richesses naturelles du sol de l'Espagne et les belles et
« bonnes relations que j'ai entretenues avec de vaillants guerriers de-
« venus illustres ; à cette résidence prolongée sous le climat ibérien,
« je dois aussi peut-être cette robuste santé trempée aux vicissitudes
« et qui m'a fait survivre à tous mes contemporains. Donc, merci à
« Bardol. Il disparut dès la fin de 1808 et prit sa retraite du côté d'An-
« tibes »

ce virus et qui siège également dans le système nerveux, et l'on arrivera, 30 ans plus tard, à combattre efficacement l'un des maux les plus redoutables de l'humanité.

La relation est évidente entre la nature de ces maladies et de même, quand Th. Roussel rapporte à Léon Dufour que si la pellagre a disparu en Bourgogne, cela est du à l'action épuratrice du four sur le maïs par destruction des germes parasites, ou encore à la séparation des bons épis d'avec les mauvais, son expérience rapportée vaut celle du grand Pasteur qui, déjà en 1849 et près de nous à Alais, peut combattre avec succès les maladies des vers à soie en séparant les vers malades des colonies saines.

Comme d'ailleurs tout s'enchaîne en médecine aussi bien que dans les autres sciences, il n'est pas sans intérêt de constater rétrospectivement que la notion nouvelle du *parasitisme*, devenue de nos jours si féconde en nosologie, avait été elle même préparée par la notion plus ancienne de *spécificité des maladies*, due d'abord au génie de Laënnec qui avait établi vers 1826 la différenciation du *tubercule* d'avec les inflammations chroniques du poumon et de la plèvre. - Bretonneau (de Tours) avait continué son œuvre pour la *diphtérie* et son élève le grand Trousseau, avait pu écrire, dans ses cliniques, vers le milieu du XIXe siècle que « la spécificité domine toute la médecine, qu'elle en est « la clef et que sans elle il est impossible de marcher avec « quelque certitude dans la pratique de notre art ». Cette spécificité des maladies, ajoute-t-il en substance, qui leur confère des caractères invariables, est due non à la *quantité*, mais à la *qualité de la cause morbifique*, invariable elle-même dans sa nature et comparable aux graines des plantes dont les germes ne reproduisent que l'espèce ensemencée. — C'est donc avec raison qu'on peut assimiler *les espèces nosologiques aux espèces animales ou végétales.*

§. — Emule de ces divers savants dont la plupart étaient ses contemporains et même ses amis, Th. Roussel tendait déjà à s'en distinguer par une inclination plus marquée vers la médecine sociale : après l'étude des maladies parasitaires et de la science pure qu'il délaissait trop tôt, il abordait l'étude des *maladies professionnelles,* telles que le *phosphorisme* en 1846, l'*hydrargyrisme* en 1847 ; mais il s'occupait déjà en 1849 de la *réforme des logements insalubres* et après son éloignement des affaires publiques pendant toute la durée du second Empire, il put reprendre ses occupations favorites et ses plans de réformes sociales comme membre de l'Assemblée nationale en 1871. Il se met aussitôt à combattre les progrès de l'alcoolisme et à faire voter en 1872 la loi qui porte son nom sur *l'ivresse publique ;* puis en 1874 *la loi, dite aussi loi Roussel,* sur *la protection de l'enfance,* de marque essentiellement française, etc., etc.

Je dois arrêter là cette énumération de l'œuvre médicale de Th. Roussel pour ne pas sortir du cadre scientifique que je me suis d'abord tracé et qui est à peu près rempli, laissant au professeur Jaccoud (1), déjà cité au début de cette étude, le soin de juger son œuvre purement médicale et d'affirmer « que cette œuvre suffisait déjà à illustrer son « auteur et qu'elle lui méritait le titre enviable de bienfai- « teur avant que le médecin, devenu législateur, entreprît « la noble tâche d'associer à la protection efficace par la « prophylaxie la protection tutélaire par la loi ».

(1) Académie de Médecine. Séance annuelle du 14 décembre 1909 : Eloge de Théophile Roussel, par le professeur Jaccoud, secrétaire perpétuel.

II

Je puis aborder maintenant le côté moral de l'œuvre de
Th. Roussel et l'examen des principes fondamentaux de sa
sociologie, cette seconde partie de mon étude se trouvant,
comme je l'ai démontré plus haut, indissolublement liée à
l'analyse complète de la médecine sociale. Après le *savant*,
c'est donc le *moraliste* qu'il reste à envisager.

§. — Et quelle que soit l'excellence de la loi, base de toute
autorité publique, on ne saurait d'abord prétendre que la loi
suffit à tout : — « *quid leges sine moribus?* » a-t-on dit depuis longtemps, sans que ce vieil adage ait jamais cessé de
se vérifier. En vain fut propagée l'erreur du XVIIIme siècle
et des philosophes pour qui la *question morale n'est qu'une
question sociale* : ce n'est plus là qu'une formule commode
à l'usage de ceux qui, voulant esquiver toute responsabilité,
préfèrent rejeter sur le compte de la société leurs erreurs
ou leurs vices, formule qui aboutit malgré tout au pire
individualisme, celui qui ne reconnaît que des droits au
mépris de tout devoir et qui sombre dans l'anarchie
pure.

« Renversement du pour au contre », aurait dit Pascal ;
car, avec un tel principe de sociologie, de l'acccessoire on
fait le principal et du contingent l'absolu ; on ruine la mo-

rale dans son fondement immuable et dans son impérieux commandement de la contrainte et de l'effort. Est-il d'ailleurs possible de concevoir la lutte contre l'alcoolisme autrement qu'une question morale au premier chef, mais essentiellement individuelle avant de devenir sociale, se réclamant en conséquence beaucoup plus de l'éducation privée que des réformes publiques et des lois de prohibition? Changer d'abord l'individu doit donc primer tout essai de régénération sociale : à l'individu la loi du plus grand effort, à la société la loi du moindre et la *question sociale n'est plus en réalité qu'une question morale,* c'est-à-dire qu'on aboutit par le raisonnement et l'expérience à la proposition inverse de l'erreur du XVIIIme siècle.

Là dessus il est impossible de transiger et, malgré son rôle de législateur, Th. Roussel ne poussait pas sa confiance dans les lois jusqu'à leur sacrifier son rôle de moraliste ; pour plus ample démonstration, je ne saurais mieux faire que de transcrire ici, après Georges Picot [1], une des pensées directrices de sa philanthropie, qui n'avait rien d'une philanthropie aveugle : « N'oublions pas, écrivait donc Th. « Roussel, que le but comme l'objet de la civilisation *est* « *dans l'homme lui-même.* Nous nous trompons en la « faisant consister dans les seules découvertes du genre « humain, dans les progrès matériels, dans l'accroissement « des moyens de jouissance, dans l'embellissement de « l'habitation humaine. L'essentiel, ajoutait-il avec force, « c'est de *faire l'habitant,* de penser à l'homme et à la « question qui domine toutes les autres, à *l'éducation qu'il* « *voulait professionnelle morale et religieuse* ».

(1) Georges Picot. *Notice historique sur la vie et les travaux de Théophile Roussel.* Bulletin de l'Académie des Sciences morales et politiques. Paris. 1904.

§. — Il y a d'autre part dans la société un enchaînement logique de tous les maux comme de tous les biens et pour les maladies populaires en particulier qui intéressent la médecine sociale, il existe, dit Paul Strauss (1, « un lien « évident de connexité qui rattache les uns aux autres, « tous les mauvais risques de l'existence ». — Après l'individu, c'est surtout son habitation qui doit attirer l'attention de l'hygiéniste et du sociologue ; c'est la *guerre au taudis* qui doit être la première entreprise de défense sociale contre les maladies contagieuses et spécialement contre la tuberculose. Th. Roussel l'avait parfaitement compris quand il proposa, dès 1849, sa loi sur la *réforme des logements insalubres* : son juste coup d'œil allait droit à la racine de tout mal et lui méritait ainsi le titre de *précurseur social* longtemps avant sa loi complémentaire sur l'alcoolisme. N'est-il pas vrai en effet qu'un logis convenable est plus propre à retenir l'ouvrier et à l'éloigner du cabaret que toutes les campagnes et les lois antialcooliques ?

Certainement de grands progrès ont été réalisés sous ce rapport depuis quelque années. Certainement les grandes villes de France, après celles de l'étranger, ont institué le bureau du *casier sanitaire* pour chaque habitation et peut-être verra-t-on ainsi disparaître, ou au moins diminuer de nombre les *tuberculoseries* modernes comparables aux *léproseries* du moyen-âge, avec cette aggravation que les premières se trouvent disséminées un peu partout. Certainement encore, on a contruit des *cités ouvrières*, sur le modèle de celles de Mulhouse; mais là surtout apparaît une constatation grave relevée ces derniers temps par une feuille médicale, c'est l'incapacité fondamentale de nombre d'ouvriers à acquérir le *sentiment de la propreté*. On a principalement remarqué que si l'ouvrier devient propriétaire de

(1) Paul Strauss. *Renaissance sanitaire.* Journal le *Figaro.* 1913.

son logis, c'en est fini de l'hygiène, tandis que s'il demeure locataire à vie, il se soumet plus facilement à un contrôle sévère et à des disciplines d'hygiène imposées par le patron. Pareille faillite suggère des réflexions peu flatteuses pour le système social de la bonté collective sans l'*autorité* nécessaire à la direction du plus grand nombre ; pareille faillite vérifie une fois de plus l'infini des distances qui séparent les hommes et même les ouvriers entre eux, les uns qui veulent travailler et s'élever, les autres qui n'obéissent qu'à la force, même pour la simple propreté.

Si l'égalité dans la nature humaine est ainsi prise en défaut, ce n'est pas une raison pour que les uns soient dans la société les victimes des autres, mais c'en est une pour que l'*autorité* intervienne dans le redressement des infirmités de notre nature préjudiciables à la société tout entière. Car c'est bien sous ce jour et dans cet esprit qu'il faut comprendre la *guerre au taudis*, c'est-à-dire à ces bouges trop délaissés, dit en substance notre hygiéniste moderne d'Héricourt, d'où s'élancent comme autant d'oiseaux de proie, des colonies de microbes infectieux qui sèment la contagion dans la rue et jusque dans les somptueux hôtels par le moyen des poussières de toute sorte, des animaux domestiques et des insectes, des vêtements, des parures, des jouets et surtout des aliments. — « Et ainsi, ajoute le même « auteur (1), apparaît au grand jour, avec son caractère « d'implacable fatalité, cette grande loi naturelle de la soli- « darité qui, par des liens d'airain, réunit le pauvre et le « riche, le malade et le bien portant, et les contraint de « subir en commun le mal comme le bien que les uns peu- « vent infliger aux autres ».

Je crois qu'il est difficile de mieux traiter la question de *solidarité*, mot creux qu'on détourne aujourd'hui un peu

____

(1) *L'Hygiène moderne*, par le Dʳ J. d'Héricourt. 1907. Paris.

trop aisément de son vrai sens et qui ne signifie pas autre chose en hygiène, comme je l'ai déjà dit, que *le droit égal de tous à la vie et à la santé*, ce qui implique *pour tous* une corrélation étroite de devoirs et de pratiques nécessaires à la conservation de la vie et de la santé. C'est en vertu de cette solidarité bien comprise qu'on peut espérer voir disparaître un jour prochain l'infect taudis, source de tant de maux qui s'enchaînent les uns aux autres comme la mortalité infantile ou le vagabondage, l'alcoolisme ou la tuberculose : c'est là l'avenir du vrai socialisme et il y a pour lui matière à travail, voire même matière à succès si la crainte des microbes devient le commencement de la sagesse et qu'elle soit renforcée d'une horreur salutaire pour certaines utopies sociales encore plus dangereuses que les microbes.

§. — Après avoir fait œuvre de préservation en médecine sociale, d'abord comme *savant*, puis comme *moraliste*, Th. Roussel devait couronner sa carrière bien remplie de sociologue par l'exercice d'un *véritable apostolat*, en ne s'attachant plus qu'aux œuvres de prévoyance sociale et d'assistance, assistance aux faibles et aux désarmés comme les mères et les enfants, assistance aux malades et aux dégénérés de toute espèce, assistance aux coupables encore susceptibles de relèvement, assistance aux vaincus de la vie comme les vieillards et les incurables. — C'est qu'en avançant en âge il se sentait lui-même plus ému dans ces puissances de sentiment dont parlait Pascal, ému surtout par le cri de l'humaine misère et qu'après avoir vainement essayé avec sa raison d'en sonder les abîmes, il avait fini avec son cœur par s'apitoyer indistinctement sur toutes les victimes du sort, laissant à d'autres le soin de dégager leur obscure responsabilité.

Cependant qu'il s'agisse de préservation ou d'assistance sociale, les avis sont partagés, au moins autant à notre époque qu'à celle où Th. Roussel élaborait ses lois réformatrices et il y avait alors comme aujourd'hui deux camps en présence parmi les sociologues : le camp des *étatistes* ou *interventionnistes* qui veulent résoudre tous les problèmes sociaux par l'appui des pouvoirs publics et des obligations légales, le camp des *individualistes* ou *libertaires* qui rejettent toute contrainte pour l'initiative privée et le libre exercice de la bienfaisance. Or, Th. Roussel était fidèle à la liberté, dit son ami et son collègue de l'Institut, Georges Picot [1] : « il n'entendait pas demander à l'Etat de « remplacer les initiatives privées, maie de les stimuler », ce qui revient à dire par contre-coup que la prévoyance sociale ne saurait prétendre à tout ni surtout à remplacer la prévoyance individuelle.

C'est donc contre l'omnipotence de l'Etat que l'opinion de Georges Picot engage celle de son ami et bien qu'à première vue, cela paraisse extraordinaire de la part d'un législateur convaincu qui se double d'un homme politique comme Th. Roussel, il faut néanmoins se rappeler le caractère élevé de sa philanthropie, le libéralisme de ses idées et son penchant pour le droit des faibles tempéré par une exacte notion de la justice sociale. Si ardue que soit la solution du conflit entre l'autorité et la liberté dans les divers problèmes sociaux, peut-être est-il permis de penser avec Paul Strauss [2] que cette solution ne devrait pas être cherchée dans les termes extrêmes et que, sans parti-pris de doctrine, on pourrait adopter une opinion moyenne ménageant les droits de l'Etat et ceux de l'initiative privée. — « D'ailleurs, ajoute le même publiciste, les individualistes « les plus intrépides sont bien obligés de faire appel à l'ap« pui de l'Etat, de même que les interventionnistes les plus

<hr>

(1) G. Picot. *loco citato*, v. p. 13.
(2) Paul Strauss, *loco citato*, v. p. 14

« absolus reconnaissent l'impossibilité d'agir sans le sup-
« port et la coopération des particuliers. Devant l'énormité
« de la tàche à accomplir, il faut donc désirer l'alliance
« nécessaire des pouvoirs publics et des concours béné-
« voles pour rapprocher tous les dévouements et pour unir
« toutes les bonnes volontés par devoir ou par intérèt ».

J'aime à croire que s'il vivait de nos jours, Th. Roussel
applaudirait à ce langage si mesuré et qu'il s'efforcerait de
tenir la balance égale entre l'autorité des lois qui contraint
au nom de la justice et la liberté généreuse qui veut s'épan-
cher *au nom de la charité* ; il serait le premier à reconnaître
avec son robuste bon sens que c'est tout profit économique
pour l'Etat que de favoriser la liberté des associations et
des mutualités, en se déchargeant d'autant sur celles-ci de
ses besognes excessives d'assistance ou même d'éducation.
De plus, pour réussir dans un acte de bienfaisance, il ne
faut pas toujours s'embarrasser du formalisme adminis-
tratif, il ne faut pas seulement obéir à la raison, il faut surtout obéir aux impulsions du cœur, à la spontanéité du
dévouement, à la délicatesse de l'àme, et seule, la vraie
charité, qui résume tous ces sentiments, a des élans qu'on
n'arrète pas, des ingéniosités qu'on ne remplace pas et des
consolations qu'on ne tarit pas.....

Aussi, quand l'un des panégyristes de Th Roussel, un
poète à ses heures, le compare à un *saint Vincent-de-Paul
laïque*, je veux bien, toute hyperbole à part, admettre la comparaison en ce sens surtout que Th. Roussel a su concilier
dans son œuvre la *justice laïque* avec la *charité chrétienne*.
Qu'on ajoute à cet éloge poétique l'admirable unité de sa
vie, la sincérité de ses opinions et la loyauté de son
caractère, on conclura que ce *vrai savant* était aussi
un *parfait honnète homme* et que cette double auréole
est déjà suffisamment belle pour glorifier notre pauvre
humanité.

Au terme de cette étude, je dois avouer que si j'ai essayé parfois de rétablir en meilleure lumière quelques traits un peu trop oubliés de la noble figure que fut Théophile Roussel, c'est parce qu'enfant de Saint Chély-d'Apcher comme lui, et nous retrouvant en plein Paris où je lui succédais dans l'Internat des hôpitaux à 50 années de distance, il m'est arrivé de recueillir assez souvent sa pensée intime pour ne pas la dénaturer et même pour la graver profondément dans mon esprit avec mes meilleurs souvenirs de jeunesse. Puissé-je ainsi par ce modeste, mais sincère hommage rendu à sa mémoire, alléger la dette sacrée de ma reconnaissance !

DOCTEUR A. BARDOL.

TABLE
des matières parues dans le Bulletin de la Société
(Année 1911).

3° ÉTUDES HISTORIQUES

4° MÉTÉOROLOGIE

Chroniques et Mélanges

TOME II

1909–1915

TABLE DES MATIÈRES

1909

1910

1911

1912

1913

1914

1915

---

(1) Cette étude, formant un tirage à part, doit être insérée à la fin
du volume, avant la Table des matières, pour ne pas interrompre la
pagination des *Chroniques et Mélanges*,